Python 数据分析实例精解

[美] 阿约德尔·奥卢勒约 著

马路俊 译

清華大学出版社

北 京

内 容 简 介

本书详细阐述了多个 Python 数据分析的基本解决方案，主要包括生成汇总统计数据、为探索性数据分析准备数据、在 Python 中可视化数据、在 Python 中执行单变量分析、在 Python 中执行双变量分析、在 Python 中执行多变量分析、在 Python 中分析时间序列数据、在 Python 中分析文本数据、处理异常值和缺失值、在 Python 中执行自动化探索性数据分析等内容。此外，本书还提供了相应的示例、代码，以帮助读者进一步理解相关方案的实现过程。

本书适合作为高等院校计算机及相关专业的教材和教学参考书，也可作为相关开发人员的自学用书和参考手册。

北京市版权局著作权合同登记号 图字：01-2023-5934

图书在版编目（CIP）数据

Python 数据分析实例精解 / （美）阿约德尔・奥卢勒约著 ； 马路俊译. -- 北京 ： 清华大学出版社，2024. 7. -- ISBN 978-7-302-66857-2

Ⅰ. TP311.561

中国国家版本馆 CIP 数据核字第 20245U0Q30 号

责任编辑：贾小红
封面设计：刘　超
版式设计：文森时代
责任校对：马军令
责任印制：丛怀宇

出版发行：清华大学出版社
网　　址：https://www.tup.com.cn，https://www.wqxuetang.com
地　　址：北京清华大学学研大厦 A 座　　**邮　　编：**100084
社 总 机：010-83470000　　**邮　　购：**010-62786544
投稿与读者服务：010-62776969，c-service@tup.tsinghua.edu.cn
质量反馈：010-62772015，zhiliang@tup.tsinghua.edu.cn
印 装 者：涿州汇美亿浓印刷有限公司
经　　销：全国新华书店
开　　本：185mm×230mm　　**印　　张：**24　　**字　　数：**492 千字
版　　次：2024 年 8 月第 1 版　　**印　　次：**2024 年 8 月第 1 次印刷
定　　价：129.00 元

产品编号：104121-01

感谢我的妻子和女儿，非常感谢你们在本书写作过程中对我坚定不移的支持。你们的爱和鼓励是我不断前进的力量来源，你们的牺牲和对我的信任一直是我灵感的源泉。我真的很幸运，有你们在我身边。

感谢我的父亲，感谢您让我在成长中打下了坚实的技术基础。在我十几岁的时候，您让我接触到了科技的世界，这对于我的职业技术生涯非常有帮助。感谢我的母亲，感谢您对我能力的坚信，并不断督促我成为最好的自己。

感谢普华永道尼日利亚分公司、Data Scientists Network（DSN）公司和 Young Data Professionals（YDP）集团，感谢你们支持我在数据科学领域成长和发展所发挥的宝贵作用。你们坚定不移的支持为我的职业生涯提供了重要资源和机遇。

——Ayodele Oluleye

译 者 序

大数据常被称为信息时代的“新石油”，这个虚拟“新石油”和现实世界中的石油一样，也需要进行采集、提炼和加工，才能获得有价值的结果。对于大数据来说，提炼和加工的过程可以有多种方式，而探索性数据分析就是最常见的方式之一。

本书以实用秘笈的方式介绍了进行探索性数据分析时涵盖的诸多操作，具体包括以下6个方面。

（1）为探索性数据分析准备数据。这需要掌握加载、连接和合并数据，删除重复数据，替换数据，处理缺失值和异常值等数据清洗和准备操作。另外，还需要掌握一些汇总统计方面的基础知识，例如，了解数据集的平均值、中位数、众数、方差、标准差、全距、百分位数、四分位数和四分位距等。

（2）对数据执行可视化操作。这需要掌握常见的可视化库（如Matplotlib、Seaborn、GGPLOT和Bokeh等）的应用，以及了解直方图、箱线图、小提琴图、条形图、折线图、散点图、热图和饼图等的绘图方法和应用场景。

（3）在Python中执行单变量、双变量和多变量分析，掌握相应的分析技术。例如，使用汇总表执行单变量分析、使用数据透视表分析两个变量、对不同变量组合进行相关性分析、使用Kmeans算法进行聚类分析、对多个变量实施主成分分析和因子分析等。

（4）分析时间序列数据。与时间相关的数据是一类较为特殊的数据，可以对其执行分解、平滑和差分等操作，以发现数据中可能存在的趋势和季节性变化。常见的平滑操作（如移动平均和指数平滑）对于执行股票交易数据分析很有意义。

（5）在Python中分析文本数据。文本数据属于非结构化数据，有其特定的分析技术，例如，准备文本数据（包括扩展缩写、删除标点符号、转换为小写形式、执行标记化和删除停用词等）、词性分析、执行词干提取和词形还原、n-gram分析、创建词云、执行文本中的情感分析和主题建模等。

（6）使用自动化探索性数据分析库（如pandas profiling、D-Tale、AutoViz、Sweetviz）以快速有效的方式执行数据清洗、可视化和统计分析等操作。此外，本书还介绍了如何使用自定义函数实现自动化探索性数据分析，使得数据分析人员在执行日常分析任务时更加轻松。

以实用秘笈方式编写是本书的一大特色，秘笈中不但包括理论知识讲解，也包括实用操作步骤，方便读者跟随学习，快速掌握各种探索性数据分析技术。

在翻译本书的过程中，为了更好地帮助读者理解和学习，本书对大量的术语以中英文对照的形式给出，这样的安排不但方便读者理解书中的代码，而且有助于读者通过网络查找和利用相关资源。

本书由马路俊翻译，此外黄进青等人也参与了本书的部分翻译工作。由于译者水平有限，疏漏之处在所难免，在此诚挚欢迎读者提出任何意见和建议。

前 言

在当今以数据为中心的世界中，从大量数据中提取有意义的见解的能力已成为跨行业的一项宝贵技能。探索性数据分析（exploratory data analysis，EDA）是这一过程的核心，使我们能够理解、可视化各种形式的数据并从中获得有价值的见解。

本书是使用 Python 编程语言作为 EDA 的综合指南，介绍有效探索、分析和可视化结构化与非结构化数据所需的实用步骤。本书还提供了各种概念的实践指导和代码，例如，生成汇总统计、分析单个和多个变量、可视化数据、分析文本数据、处理异常值、处理缺失值以及自动化 EDA 流程等。

本书适合希望获得各种必要知识和实践步骤指导来分析大量数据以发现有价值见解的数据科学家、数据分析师、研究人员或求知欲强烈的学习者。

Python 是一种开源的通用编程语言，因其简单性和多功能性而广泛应用于数据科学和数据分析。它提供了多个可用于数据清洗、分析和可视化的库。本书将探索一些流行的 Python 库（如 Pandas、Matplotlib 和 Seaborn），并提供了使用这些库在 Python 中进行数据分析的实用代码。

阅读完本书之后，你将获得有关 EDA 的全面知识，并掌握分析结构化与非结构化数据以获得有价值见解所需的强大 EDA 技术和工具集。

本书读者

无论你是数据科学家、数据分析师、研究人员，还是希望分析结构化与非结构化数据的求知欲强烈的学习者，这本书都会吸引你。它旨在为你提供分析和可视化数据以发现有价值见解的基本知识和实践技能。

本书涵盖了多个探索性数据分析概念，并提供了使用各种 Python 库应用这些概念的实践说明。熟悉基本统计概念和 Python 编程基础知识将帮助你更好地理解本书内容并最大限度地提升你的学习体验。

内容介绍

本书分为 10 章，各章内容如下。

- 第 1 章“生成汇总统计数据”，探讨了一些统计概念，例如集中趋势和变异性的度量，这有助于有效地汇总和分析数据。本章通过一些实例和逐步指导，详细介绍了如何使用 Python 库（例如 NumPy、Pandas 和 SciPy）计算各种统计度量（例如平均值、中位数、众数、标准差、百分位数和其他关键汇总统计数据）。学习完本章内容，你将获得在 Python 中生成汇总统计信息所需的知识。本章内容也为你理解后续章节中介绍的一些更复杂的探索性数据分析技术打下了基础。
- 第 2 章“为探索性数据分析准备数据”，重点介绍了为执行分析而准备数据所需的关键步骤。现实世界的数据很少以现成可用的格式出现，因此在探索性数据分析中，准备数据是一个非常关键的步骤。本章通过实例介绍了分组、连接、追加和合并等聚合技术。你还将学习一些数据清洗技术，例如处理缺失值、更改数据格式、删除记录和替换记录等。此外，你还将学习如何通过对数据进行排序和分类来转换数据。学习完本章内容，你将初步掌握为探索性数据分析准备数据所需的 Python 技术。
- 第 3 章“在 Python 中可视化数据”，介绍了对于揭示数据中隐藏的趋势和模式至关重要的数据可视化工具。本章重点讨论了 Python 中流行的一些可视化库，例如 Matplotlib、Seaborn、GGPLOT 和 Bokeh 等，它们可用于创建非常有吸引力的数据表示。本章也为后续章节的学习打下了基础，因为有很多数据分析操作都需要熟练掌握可视化功能。通过实际示例和分步指南，你将学习如何绘制图表并对其进行自定义以有效地呈现数据。学习完本章内容，你将掌握 Python 可视化功能的基础知识和实践经验，并了解如何发现有价值的见解。
- 第 4 章“在 Python 中执行单变量分析”，重点介绍了分析和可视化感兴趣的单个变量以深入了解其分布和特征的基本技术。本章深入研究了理解单个变量的基本分布并揭示变量中隐藏模式所需的各种可视化效果，例如直方图、箱线图、小提琴图、条形图、汇总表和饼图等。本章还讨论了分类变量和数值变量的单变量分析。学习完本章内容，你将具备在 Python 中执行全面的单变量分析以发现见解所需的各种基础知识和技能。
- 第 5 章“在 Python 中执行双变量分析”，探讨了分析两个感兴趣的变量之间的关系并揭示其中蕴藏的有意义见解的技术。本章深入研究了有效理解两个变量之间存在的关系、趋势和模式所需的各种技术，例如相关性分析、散点图和箱线图等。本章还探讨了不同变量组合的各种双变量分析选项，例如数值-数值、数值-分类和分类-分类。学习完本章内容，你将获得在 Python 中执行深入的双变量分析以发现有意义见解所需的知识和实践经验。

- 第 6 章“在 Python 中执行多变量分析”，以前面的章节为基础，深入研究了识别多个感兴趣变量中的复杂模式并获得有价值见解所需的一些更高级的技术。本章通过一些实际示例，详细介绍了诸如聚类分析、主成分分析和因子分析之类的方法，以理解多个感兴趣变量之间的相互作用。学习完本章内容，你将具备应用高级分析技术来发现多个变量中隐藏模式所需的一些基本技能。
- 第 7 章“在 Python 中分析时间序列数据”，提供了分析和可视化时间序列数据的实用指南。本章详细阐释了时间序列术语和技术（例如趋势分析、数据分解、季节性检测、差分和平滑等），并提供了使用 Python 中的各种库实现它们的实际示例和代码。本章还讨论了如何揭示时间序列数据中的模式以发现有价值的见解。学习完本章内容，你将具备探索、分析时间序列数据并从中获取见解所需的相关技能。
- 第 8 章“在 Python 中分析文本数据”，涵盖了分析文本数据（一种非结构化数据）的技术。本章提供了有关如何有效分析文本数据并从中提取见解的全面指南，阐释了数据预处理的关键概念和技术，例如停用词删除、标记化、词干提取和词形还原等。本章还涵盖了文本分析的基本技术，例如情感分析、n-gram 分析、主题建模和词性标记。学习完本章内容，你将具备处理和分析各种形式的文本数据以发现有价值见解所需的必要技能。
- 第 9 章“处理异常值和缺失值”，探讨了有效处理数据中异常值和缺失值的过程。本章强调了处理缺失值和异常值的重要性，并提供了使用 Python 中的可视化技术和统计方法处理它们的分步说明。本章还深入研究了在不同场景下处理缺失值和异常值的各种策略。学习完本章内容，你将掌握处理各种场景中缺失值和异常值所需的工具和技术的基本知识。
- 第 10 章“在 Python 中执行自动化探索性数据分析”，重点介绍了通过自动化加速探索性数据分析的流程。本章探讨了 Python 中流行的一些自动化探索性数据分析库，例如 pandas profiling、D-Tale、AutoViz 和 Sweetviz 等。本章还提供了有关如何构建自定义函数以自行自动化探索性数据分析流程的实践指导。通过分步说明和实际示例，本章将使你能够快速从数据中获得有价值的见解，并在探索性数据分析过程中节约时间和精力。

充分利用本书

要充分利用本书的内容，只需具备有关 Python 和统计概念的基础知识即可。

表 P.1 显示了本书中涉及的软硬件和操作系统要求。

表 P.1　本书中涉及的软硬件和操作系统要求

本书涉及的软硬件要求	操作系统要求
Python 3.6+	Windows、macOS 或 Linux
512GB 硬盘、8GB 内存、i5 处理器（首选配置）	

下载示例代码文件

本书的代码包已经在 GitHub 上托管，网址如下，欢迎访问：

https://github.com/PacktPublishing/Exploratory-Data-Analysis-with-Python-Cookbook

如果代码有更新，也会在现有 GitHub 存储库中更新。

下载彩色图像

我们提供了一个 PDF 文件，其中包含本书中使用的屏幕截图/图表的彩色图像。可以通过以下地址下载：

https://packt.link/npXws

本书约定

本书中使用了许多文本约定。

（1）有关代码块的设置如下所示：

```
import numpy as np
import pandas as pd
import seaborn as sns
```

（2）当我们希望你注意代码块的特定部分时，相关行或项目将以粗体显示：

```
data.shape
(30,2)
```

（3）任何命令行输入或输出都采用如下所示的形式：

```
$ pip install nltk
```

（4）术语或重要单词在括号内保留其英文原文，方便读者对照查看。示例如下：

众数（mode）是数据集中出现最频繁的值，或者用更直白的话来说，就是数据集中最常见的值。与必须应用于数值的均值和中位数不同，众数既可以应用于数值，也可以应用于非数值，因为其重点在于值出现的频率。

（5）界面词汇将保留其英文原文，在后面的括号中提供其译文。示例如下：

我们在Data Selection（数据选择）参数下选择了数据实例，在图表列表下选择了Histogram（直方图）选项，然后在Col（列）和Bins（分箱）参数下提供了列名称和分箱数量。我们还将Load（载入）参数设置为100%，以确保100%的数据显示。输出图表提供了用于导出图表并与图表交互的各种选项。

（6）本书还使用了以下两个图标。

表示警告或重要的注意事项。

表示提示或小技巧。

关于作者

Ayodele 是一位拥有近十年经验的数据专家。他的职业生涯让他在战略分析、数据科学和数据管理等各个领域都获得了宝贵的经验。此前，他曾在全球四大财务咨询公司之一担任顾问，成功为客户提供数据驱动的解决方案和见解。目前，他在一家金融服务集团担任领导职务，领导着一个动态数据团队，推动为组织提供支持的分析事业。

除了在专业领域的努力，他还热衷于分享自己的知识和经验。他在 LinkedIn 上发表了很多富有洞察力的文章，并积极参与数据社区的活动。

关于审稿人

Kaan Kabalak 是一位数据科学家，特别专注于探索性数据分析以及数据分析领域机器学习算法的实现。他有语言导师的背景，善于利用自己的教学技能来教育各个领域的专业人士。他教授数据科学理论、数据策略、SQL、Python 编程、探索性数据分析和机器学习等课程。除此之外，他还帮助企业制定数据策略并构建数据驱动的系统。

他是数据科学博客 Witful Data 的作者，以简单易懂的方式撰写了许多有关各种数据分析、编程和机器学习主题的文章。

Sanjay Krishna 是一位经验丰富的数据工程师，在数据领域拥有近十年的经验，曾在能源和金融领域工作。他拥有使用 SQL 和 Python 等各种工具开发数据模型和进行分析的丰富经验。他还是一名官方 AWS 社区构建者，曾参与使用 AWS 服务开发基于云的数据系统，并作为社区构建者提供了有关 AWS 产品的反馈。

他目前受雇于美国最大的金融资产管理公司，致力于将该公司的数据平台迁移到基于云的解决方案，目前居住在马萨诸塞州波士顿。

目　录

第1章　生成汇总统计数据 1
1.1　技术要求 1
1.2　分析数据集的平均值 1
1.2.1　准备工作 2
1.2.2　实战操作 2
1.2.3　原理解释 3
1.2.4　扩展知识 4
1.3　检查数据集的中位数 4
1.3.1　准备工作 4
1.3.2　实战操作 5
1.3.3　原理解释 5
1.3.4　扩展知识 6
1.4　识别数据集的众数 6
1.4.1　准备工作 6
1.4.2　实战操作 6
1.4.3　原理解释 7
1.4.4　扩展知识 7
1.5　检查数据集的方差 8
1.5.1　准备工作 8
1.5.2　实战操作 8
1.5.3　原理解释 9
1.5.4　扩展知识 9
1.6　识别数据集的标准差 9
1.6.1　准备工作 9
1.6.2　实战操作 9
1.6.3　原理解释 10
1.6.4　扩展知识 10

1.7　生成数据集的全距 10
1.7.1　准备工作 11
1.7.2　实战操作 11
1.7.3　原理解释 12
1.7.4　扩展知识 12
1.8　识别数据集的百分位数 12
1.8.1　准备工作 12
1.8.2　实战操作 12
1.8.3　原理解释 13
1.8.4　扩展知识 13
1.9　检查数据集的四分位数 14
1.9.1　准备工作 14
1.9.2　实战操作 14
1.9.3　原理解释 15
1.9.4　扩展知识 15
1.10　分析数据集的四分位距 15
1.10.1　准备工作 15
1.10.2　实战操作 15
1.10.3　原理解释 16

第 2 章　为探索性数据分析准备数据 17
2.1　技术要求 17
2.2　数据分组 17
2.2.1　准备工作 18
2.2.2　实战操作 18
2.2.3　原理解释 19
2.2.4　扩展知识 20
2.2.5　参考资料 20
2.3　追加数据 20
2.3.1　准备工作 21
2.3.2　实战操作 21
2.3.3　原理解释 23

2.3.4　扩展知识 23
2.4　连接数据 23
2.4.1　准备工作 24
2.4.2　实战操作 24
2.4.3　原理解释 26
2.4.4　扩展知识 26
2.4.5　参考资料 26
2.5　合并数据 26
2.5.1　准备工作 28
2.5.2　实战操作 28
2.5.3　原理解释 29
2.5.4　扩展知识 29
2.5.5　参考资料 30
2.6　数据排序 30
2.6.1　准备工作 30
2.6.2　实战操作 30
2.6.3　原理解释 32
2.6.4　扩展知识 32
2.7　数据分类 32
2.7.1　准备工作 33
2.7.2　实战操作 33
2.7.3　原理解释 34
2.7.4　扩展知识 35
2.8　删除重复数据 35
2.8.1　准备工作 35
2.8.2　实战操作 35
2.8.3　原理解释 36
2.8.4　扩展知识 37
2.9　删除数据行和列 37
2.9.1　准备工作 37
2.9.2　实战操作 37
2.9.3　原理解释 38

2.9.4　扩展知识 39
2.10　替换数据 39
2.10.1　准备工作 39
2.10.2　实战操作 39
2.10.3　原理解释 40
2.10.4　扩展知识 41
2.10.5　参考资料 41
2.11　更改数据格式 41
2.11.1　准备工作 41
2.11.2　实战操作 42
2.11.3　原理解释 43
2.11.4　扩展知识 43
2.11.5　参考资料 43
2.12　处理缺失值 44
2.12.1　准备工作 44
2.12.2　实战操作 44
2.12.3　原理解释 45
2.12.4　扩展知识 46
2.12.5　参考资料 46

第 3 章　在 Python 中可视化数据 47
3.1　技术要求 47
3.2　为可视化做准备 47
3.2.1　准备工作 48
3.2.2　实战操作 48
3.2.3　原理解释 49
3.2.4　扩展知识 50
3.3　使用 matplotlib 可视化数据 50
3.3.1　准备工作 50
3.3.2　实战操作 51
3.3.3　原理解释 54
3.3.4　扩展知识 55

3.3.5　参考资料 56
3.4　使用 seaborn 可视化数据 56
3.4.1　准备工作 56
3.4.2　实战操作 57
3.4.3　原理解释 60
3.4.4　扩展知识 61
3.4.5　参考资料 61
3.5　使用 ggplot 可视化数据 61
3.5.1　准备工作 62
3.5.2　实战操作 62
3.5.3　原理解释 65
3.5.4　扩展知识 66
3.5.5　参考资料 66
3.6　使用 bokeh 可视化数据 66
3.6.1　准备工作 67
3.6.2　实战操作 67
3.6.3　原理解释 71
3.6.4　扩展知识 73
3.6.5　参考资料 73

第 4 章　在 Python 中执行单变量分析 75

4.1　技术要求 75
4.2　使用直方图执行单变量分析 75
4.2.1　准备工作 76
4.2.2　实战操作 76
4.2.3　原理解释 78
4.3　使用箱线图执行单变量分析 79
4.3.1　准备工作 80
4.3.2　实战操作 80
4.3.3　原理解释 82
4.3.4　扩展知识 82
4.4　使用小提琴图执行单变量分析 83

4.4.1 准备工作 84
4.4.2 实战操作 84
4.4.3 原理解释 86
4.5 使用汇总表执行单变量分析 87
4.5.1 准备工作 87
4.5.2 实战操作 87
4.5.3 原理解释 89
4.5.4 扩展知识 89
4.6 使用条形图执行单变量分析 89
4.6.1 准备工作 89
4.6.2 实战操作 89
4.6.3 原理解释 91
4.7 使用饼图执行单变量分析 92
4.7.1 准备工作 92
4.7.2 实战操作 92
4.7.3 原理解释 94
第 5 章 在 Python 中执行双变量分析 97
5.1 技术要求 97
5.2 使用散点图分析两个变量 97
5.2.1 准备工作 99
5.2.2 实战操作 99
5.2.3 原理解释 101
5.2.4 扩展知识 102
5.2.5 参考资料 102
5.3 基于双变量数据创建交叉表/双向表 102
5.3.1 准备工作 103
5.3.2 实战操作 103
5.3.3 原理解释 104
5.4 使用数据透视表分析两个变量 104
5.4.1 准备工作 104
5.4.2 实战操作 105

5.4.3 原理解释 106
5.4.4 扩展知识 106
5.5 生成两个变量的配对图 107
5.5.1 准备工作 107
5.5.2 实战操作 107
5.5.3 原理解释 108
5.6 使用条形图分析两个变量 109
5.6.1 准备工作 109
5.6.2 实战操作 109
5.6.3 原理解释 111
5.6.4 扩展知识 112
5.7 生成两个变量的箱线图 112
5.7.1 准备工作 112
5.7.2 实战操作 112
5.7.3 原理解释 114
5.8 创建两个变量的直方图 115
5.8.1 准备工作 115
5.8.2 实战操作 115
5.8.3 原理解释 118
5.9 使用相关性分析分析两个变量 118
5.9.1 准备工作 118
5.9.2 实战操作 119
5.9.3 原理解释 121

第 6 章 在 Python 中执行多变量分析 123
6.1 技术要求 123
6.2 使用 Kmeans 实现多个变量的聚类分析 124
6.2.1 准备工作 124
6.2.2 实战操作 125
6.2.3 原理解释 127
6.2.4 扩展知识 128
6.2.5 参考资料 128
6.3 在 Kmeans 中选择最佳聚类数 129

6.3.1 准备工作 129
6.3.2 实战操作 129
6.3.3 原理解释 132
6.3.4 扩展知识 133
6.3.5 参考资料 133
6.4 分析 Kmeans 聚类 133
6.4.1 准备工作 134
6.4.2 实战操作 134
6.4.3 原理解释 137
6.4.4 扩展知识 138
6.5 对多个变量实施主成分分析 138
6.5.1 准备工作 139
6.5.2 实战操作 139
6.5.3 原理解释 141
6.5.4 扩展知识 142
6.5.5 参考资料 142
6.6 选择主成分的数量 142
6.6.1 准备工作 142
6.6.2 实战操作 142
6.6.3 原理解释 145
6.7 分析主成分 146
6.7.1 准备工作 146
6.7.2 实战操作 146
6.7.3 原理解释 149
6.7.4 扩展知识 150
6.7.5 参考资料 150
6.8 对多个变量实施因子分析 150
6.8.1 准备工作 150
6.8.2 实战操作 151
6.8.3 原理解释 154
6.8.4 扩展知识 154
6.9 确定因子的数量 155

6.9.1　准备工作 155
6.9.2　实战操作 155
6.9.3　原理解释 158
6.10　分析因子 159
6.10.1　准备工作 159
6.10.2　实战操作 159
6.10.3　原理解释 163
第 7 章　在 Python 中分析时间序列数据 167
7.1　技术要求 168
7.2　使用折线图和箱线图可视化时间序列数据 168
7.2.1　准备工作 169
7.2.2　实战操作 169
7.2.3　原理解释 172
7.3　发现时间序列数据中的模式 173
7.3.1　准备工作 173
7.3.2　实战操作 173
7.3.3　原理解释 176
7.4　执行时间序列数据分解 177
7.4.1　准备工作 179
7.4.2　实战操作 179
7.4.3　原理解释 184
7.5　执行平滑——移动平均 185
7.5.1　准备工作 186
7.5.2　实战操作 186
7.5.3　原理解释 190
7.5.4　参考资料 191
7.6　执行平滑——指数平滑 191
7.6.1　准备工作 192
7.6.2　实战操作 192
7.6.3　原理解释 196
7.6.4　参考资料 196

7.7 对时间序列数据执行平稳性检查 197
7.7.1 准备工作 197
7.7.2 实战操作 198
7.7.3 原理解释 199
7.7.4 参考资料 200
7.8 差分时间序列数据 200
7.8.1 准备工作 200
7.8.2 实战操作 201
7.8.3 原理解释 203
7.9 使用相关图可视化时间序列数据 204
7.9.1 准备工作 205
7.9.2 实战操作 205
7.9.3 原理解释 208
7.9.4 参考资料 209
第 8 章 在 Python 中分析文本数据 211
8.1 技术要求 211
8.2 准备文本数据 212
8.2.1 准备工作 213
8.2.2 实战操作 213
8.2.3 原理解释 217
8.2.4 扩展知识 218
8.2.5 参考资料 218
8.3 处理停用词 218
8.3.1 准备工作 219
8.3.2 实战操作 219
8.3.3 原理解释 224
8.3.4 扩展知识 225
8.4 分析词性 225
8.4.1 准备工作 226
8.4.2 实战操作 226
8.4.3 原理解释 230

8.5 执行词干提取和词形还原操作 231
8.5.1 准备工作 232
8.5.2 实战操作 232
8.5.3 原理解释 238
8.6 分析 n-gram 239
8.6.1 准备工作 240
8.6.2 实战操作 240
8.6.3 原理解释 244
8.7 创建词云 244
8.7.1 准备工作 245
8.7.2 实战操作 245
8.7.3 原理解释 247
8.8 检查词频 248
8.8.1 准备工作 249
8.8.2 实战操作 249
8.8.3 原理解释 252
8.8.4 扩展知识 253
8.8.5 参考资料 254
8.9 执行文本中的情感分析 254
8.9.1 准备工作 254
8.9.2 实战操作 255
8.9.3 原理解释 259
8.9.4 扩展知识 259
8.9.5 参考资料 260
8.10 执行主题建模 260
8.10.1 准备工作 262
8.10.2 实战操作 262
8.10.3 原理解释 266
8.11 选择最佳主题数量 267
8.11.1 准备工作 267
8.11.2 实战操作 267
8.11.3 原理解释 271

第 9 章　处理异常值和缺失值 273
9.1　技术要求 273
9.2　识别异常值 274
9.2.1　准备工作 275
9.2.2　实战操作 275
9.2.3　原理解释 277
9.3　发现单变量异常值 278
9.3.1　准备工作 278
9.3.2　实战操作 278
9.3.3　原理解释 281
9.4　寻找双变量异常值 282
9.4.1　准备工作 282
9.4.2　实战操作 282
9.4.3　原理解释 285
9.5　识别多变量异常值 285
9.5.1　准备工作 286
9.5.2　实战操作 286
9.5.3　原理解释 290
9.5.4　参考资料 292
9.6　对异常值执行封顶和封底操作 292
9.6.1　准备工作 292
9.6.2　实战操作 292
9.6.3　原理解释 295
9.7　删除异常值 296
9.7.1　准备工作 296
9.7.2　实战操作 297
9.7.3　原理解释 299
9.8　替换异常值 299
9.8.1　准备工作 300
9.8.2　实战操作 300
9.8.3　原理解释 302
9.9　识别缺失值 303

9.9.1　准备工作 304
9.9.2　实战操作 305
9.9.3　原理解释 307
9.10　删除缺失值 308
9.10.1　准备工作 309
9.10.2　实战操作 309
9.10.3　原理解释 310
9.11　替换缺失值 311
9.11.1　准备工作 312
9.11.2　实战操作 312
9.11.3　原理解释 314
9.12　使用机器学习模型插补缺失值 315
9.12.1　准备工作 316
9.12.2　实战操作 316
9.12.3　原理解释 317

第 10 章　在 Python 中执行自动化探索性数据分析 319
10.1　技术要求 319
10.2　使用 pandas profiling 执行自动化探索性数据分析 320
10.2.1　准备工作 321
10.2.2　实战操作 321
10.2.3　原理解释 327
10.2.4　参考资料 328
10.3　使用 D-Tale 执行自动化探索性数据分析 329
10.3.1　准备工作 329
10.3.2　实战操作 329
10.3.3　原理解释 333
10.3.4　参考资料 334
10.4　使用 AutoViz 执行自动化探索性数据分析 334
10.4.1　准备工作 335
10.4.2　实战操作 335
10.4.3　原理解释 338

10.4.4　参考资料 339
10.5　使用 Sweetviz 执行自动化探索性数据分析 339
10.5.1　准备工作 340
10.5.2　实战操作 340
10.5.3　原理解释 342
10.5.4　参考资料 343
10.6　使用自定义函数实现自动化探索性数据分析 343
10.6.1　准备工作 343
10.6.2　实战操作 343
10.6.3　原理解释 350
10.6.4　扩展知识 351

第 1 章　生成汇总统计数据

在数据分析领域，使用表格数据是一种常见的做法。在分析表格数据时，我们有时需要快速了解数据的模式和分布。这些快速洞察通常可以为更深入的探索和分析打下基础。我们将这些快速洞察称为汇总统计（summary statistics）。

汇总统计在探索性数据分析（EDA）项目中非常有用，因为它们可以帮助我们对正在分析的数据进行一些快速检查。

本章将介绍探索性数据分析项目中使用的一些常见汇总统计。

本章包含以下主题：

- ❑ 分析数据集的平均值
- ❑ 检查数据集的中位数
- ❑ 识别数据集的众数
- ❑ 检查数据集的方差
- ❑ 识别数据集的标准差
- ❑ 生成数据集的全距
- ❑ 识别数据集的百分位数
- ❑ 检查数据集的四分位数
- ❑ 分析数据集的四分位距

1.1　技 术 要 求

本章将利用 Python 中的 pandas、numpy 和 scipy 库。

本章代码和 Notebook 可在本书配套 GitHub 存储库中找到，其网址如下：

https://github.com/PacktPublishing/Exploratory-Data-Analysis-with-Python-Cookbook

1.2　分析数据集的平均值

平均值（mean）也称为均值，一般可视为数据集的平均值。它通常用于表格数据，可以让分析人员了解数据集的中心位置。

要计算平均值，可以将所有数据点相加，并将总和除以数据集中的数据点数量。均值对异常值（outlier）非常敏感。异常值也称为离群值，是异常高或异常低的数据点，远离数据集中的其他数据点。

异常值通常会导致数据分析的输出异常。由于异常高或异常低的数字会影响数据点的总和而不影响数据点的数量，因此这些异常值会严重影响数据集的平均值。当然，平均值对于检查数据集以快速了解数据集的平均值仍然非常有用。

要分析数据集的平均值，可使用 Python numpy 库中的 mean 方法。

1.2.1　准备工作

本章将使用的数据集是 Our World in Data 网站中按国家/地区划分的新型冠状病毒感染（COVID-19）病例数。

你可以为本章创建一个文件夹，并在该文件夹中创建一个新的 Python 脚本或 Jupyter Notebook 文件。你还可以创建一个 data 子文件夹并将 covid-data.csv 文件放入该子文件夹中。或者，你也可以从本书配套的 GitHub 存储库中找到所有文件。

提示：

Our World in Data 是一个提供全球数据的网站，该网站所提供的数据涵盖人口、经济和环境等各个领域。其新型冠状病毒感染（COVID-19）公共数据的网址如下：

https://ourworldindata.org/coronavirus-source-data

本章我们只取完整数据集的 5818 行样本，包含 6 个国家/地区的数据。本书配套 GitHub 存储库中也提供了这些数据。

1.2.2　实战操作

要使用 numpy 库计算平均值，请按以下步骤操作。

（1）导入 numpy 和 pandas 库：

```
import numpy as np
import pandas as pd
```

（2）使用 read_csv 将 .csv 文件加载到 DataFrame 中，然后对 DataFrame 进行子集化以仅包含相关列：

```
covid_data = pd.read_csv("covid-data.csv")
covid_data = covid_data[['iso_code',
'continent','location','date','total_cases','new_cases']]
```

（3）快速浏览数据，检查前几行、数据类型以及行数和列数：

```
covid_data.head(5)
iso_code continent location date total_cases new_cases
0    AFG   Asia Afghanistan 24/02/2020 5    5
1    AFG   Asia Afghanistan 25/02/2020 5    0
2    AFG   Asia Afghanistan 26/02/2020 5    0
3    AFG   Asia Afghanistan 27/02/2020 5    0
4    AFG   Asia Afghanistan 28/02/2020 5    0

covid_data.dtypes
iso_code    object
continent   object
location    object
date        object
total_cases int64
new_cases   int64

covid_data.shape
(5818, 6)
```

（4）获取数据的平均值。将 numpy 库中的 mean 方法应用于 new_cases 列以获得新病例数的平均值：

```
data_mean = np.mean(covid_data["new_cases"])
```

（5）检查结果：

```
data_mean
8814.365761430045
```

现在我们已经获得了该数据集的平均值。

1.2.3　原理解释

本章中的大多数秘笈都使用 numpy 和 pandas 库。

在步骤（1）中，导入了 numpy 和 pandas 库并按惯例将 numpy 简写为 np，将 pandas 简写为 pd。

在步骤（2）中，使用了 read_csv 将.csv 文件加载到 pandas DataFrame 中，并将其命

名为 covid_data。我们还对 DataFrame 进行子集化，使其仅包含 6 个相关列。

在步骤（3）中，使用 pandas 中的 head 方法检查数据集，以获取数据集中的前 5 行。我们使用了 DataFrame 的 dtypes 属性来显示所有列的数据类型。可以看到，数值数据的数据类型是 int，而字符数据的数据类型是 object。

我们还使用了 DataFrame 的 shape 属性检查行数和列数，它返回一个元组，第一个元素显示的是行数，第二个元素显示的是列数。

在步骤（4）中，应用了 mean 方法来获取 new_cases 列的新病例数平均值并将其保存到名为 data_mean 的变量中。

在步骤（5）中，查看了 data_mean 的结果。

1.2.4　扩展知识

pandas 中也有 mean 方法，可用于计算数据集的平均值。

1.3　检查数据集的中位数

中位数（median）是排序（升序或降序）数据集中的中间值。数据集中一半数据点小于中位数，另一半数据点则大于中位数。中位数类似于均值，它通常也用于表格数据，并且其“中间值”的概念也可以让分析人员了解数据集的中心所在的位置。

但是，与平均值不同的是，中位数对异常值不敏感。异常值是数据集中异常高或异常低的数据点，这可能会导致误导性分析。中位数不会受到异常值的严重影响，因为它不像均值那样需要所有数据点的总和，它只从排序的数据集中选择中间值。

为了计算中位数，我们需要先对数据集进行排序。如果数据点的数量是奇数，则选择中间值；如果是偶数，则选取中间的两个值，求平均得到中位数。

中位数是一个非常有用的统计数据，可用于快速了解数据集的中间部分。根据数据的分布情况，有时平均值和中位数是相同的数字，但在大多数情况下，它们有所差异。检查这两个统计数据通常是一个好主意。

要分析数据集的中位数，可以使用 Python numpy 库中的 median 方法。

1.3.1　准备工作

本秘笈将再次使用 COVID-19 病例数据。

1.3.2　实战操作

要使用 numpy 库计算中位数，请按以下步骤操作。

（1）导入 numpy 和 pandas 库：

```
import numpy as np
import pandas as pd
```

（2）使用 read_csv 将.csv 加载到 DataFrame 中，然后对 DataFrame 进行子集化以仅包含相关列：

```
covid_data = pd.read_csv("covid-data.csv")
covid_data = covid_data[['iso_code',
'continent','location','date','total_cases','new_cases']]
```

（3）获取数据的中位数。对 new_cases 列使用 numpy 库中的 median 方法以获取新病例数的中位数：

```
data_median = np.median(covid_data["new_cases"])
```

（4）检查结果：

```
data_median
261.0
```

现在我们已经获得了该数据集的中位数。

1.3.3　原理解释

和计算平均值一样，我们使用了 numpy 和 pandas 库来计算中位数。

在步骤（1）中，导入了 numpy 和 pandas 库并将 numpy 简写为 np，将 pandas 简写为 pd。

在步骤(2)中，使用了 read_csv 将.csv 文件加载到 pandas DataFrame 中，并将 DataFrame 子集化以仅包含 6 个相关列。

在步骤（3）中，应用了 median 方法获取 new_cases 列的新病例中位数并将其保存到名为 data_median 的变量中。

在步骤（4）中，查看了 data_median 的结果。

1.3.4 扩展知识

和平均值一样，pandas 中也有 median 方法，可用于计算数据集的中位数。

1.4 识别数据集的众数

众数（mode）是数据集中出现最频繁的值，或者用更直白的话来说，众数就是数据集中最常见的值。与必须应用于数值的均值和中位数不同，众数既可以应用于数值，也可以应用于非数值，因为其重点在于值出现的频率。

众数可以让分析人员快速发现最常见的值。这是一个非常有用的统计数据，尤其是与数据集的平均值和中位数一起使用时。

要识别数据集的众数，可使用 Python scipy 库 stats 模块中的 mode 方法。

1.4.1 准备工作

本秘笈将再次使用 COVID-19 病例数据。

1.4.2 实战操作

要使用 scipy 库识别众数，请按以下步骤操作。

（1）导入 pandas 库，并从 scipy 库导入 stats 模块：

```
import pandas as pd
from scipy import stats
```

（2）使用 read_csv 将 .csv 文件加载到 DataFrame 中，然后对 DataFrame 进行子集化以仅包含相关列：

```
covid_data = pd.read_csv("covid-data.csv")
covid_data = covid_data[['iso_code',
'continent','location','date','total_cases','new_cases']]
```

（3）获取数据的众数。在 new_cases 列上使用 stats 模块中的 mode 方法以获取新病例的众数：

```
data_mode = stats.mode(covid_data["new_cases"])
```

（4）检查输出的结果子集以提取众数：

```
data_mode
ModeResult(mode=array([0], dtype=int64),count=array([805]))
```

（5）对输出进行子集化以提取包含众数的数组的第一个元素：

```
data_mode[0]
array([0], dtype=int64)
```

（6）再次对数组进行子集化以提取众数的值：

```
data_mode[0][0]
0
```

现在我们已经获得了数据集的众数。

1.4.3　原理解释

为了计算众数，我们使用了 scipy 库中的 stats 模块，因为 numpy 中不存在 mode 方法。

在步骤（1）中，按照惯例，我们将 pandas 简写为 pd，将 scipy 库中的 stats 简写为 stats。

在步骤(2)中，使用了 read_csv 将.csv 文件加载到 pandas DataFrame 中，并将 DataFrame 子集化以仅包含 6 个相关列。

在步骤(3)中，应用了 mode 方法来获取 new_cases 列的众数并将其保存到名为 data_mode 的变量中。

在步骤（4）中，查看了 data_mode 的结果，它以数组的形式存在。可以看到，该数组的第一个元素是另一个数组，其中包含众数的值和数据类型。该数组的第二个元素则是所识别众数的频率计数。

在步骤（5）中，对数组进行了子集化以获得包含众数和数据类型的第一个数组。

在步骤（6）中，再次对数组进行了子集化以获得特定的众数值。

1.4.4　扩展知识

本秘笈仅考虑了数字列的众数。但是，你也可以计算非数字列的众数。这意味着 mode 方法可以应用于示例数据集中的 continent（洲）列，以查看数据中最常出现的洲。

1.5 检查数据集的方差

就像分析人员可能想知道数据集的中心在哪里一样，他们也可能想知道数据集的分布范围有多大，例如数据集中的数字彼此相距多远。方差（variance）可以帮助分析人员实现这一目标。平均值、中位数和众数让分析人员了解的是数据集的中心位置，而方差不同，它让分析人员了解的是数据集的分布或变异性。

这是一个非常有用的统计数据，尤其是在与数据集的平均值、中位数和众数一起使用时。

要分析数据集的方差，可使用 Python numpy 库中的 var 方法。

1.5.1 准备工作

本秘笈将再次使用 COVID-19 病例数据。

1.5.2 实战操作

要使用 numpy 库计算方差，请按以下步骤操作。

（1）导入 numpy 和 pandas 库：

```
import numpy as np
import pandas as pd
```

（2）使用 read_csv 将 .csv 文件加载到 DataFrame 中，然后对 DataFrame 进行子集化以仅包含相关列：

```
covid_data = pd.read_csv("covid-data.csv")
covid_data = covid_data[['iso_code',
'continent','location','date','total_cases','new_cases']]
```

（3）获取数据的方差。在 new_cases 列上使用 numpy 库中的 var 方法来获取新病例数的方差：

```
data_variance = np.var(covid_data["new_cases"])
```

（4）检查结果：

```
data_variance
451321915.9280954
```

现在我们已经计算了数据集的方差。

1.5.3　原理解释

为了计算方差，我们使用了 numpy 和 pandas 库。

在步骤（1）中，导入了 numpy 和 pandas 库并将 numpy 简写为 np，将 pandas 简写为 pd。

在步骤（2）中，使用了 read_csv 将 .csv 文件加载到 pandas DataFrame 中，并且对 DataFrame 进行子集化以仅包含 6 个相关列。

在步骤（3）中，应用了 var 方法来获取 new_cases 列的方差并将其保存到名为 data_variance 的变量中。

在步骤（4）中，查看了 data_variance 的结果。

1.5.4　扩展知识

pandas 中的 var 方法也可用于计算数据集的方差。

1.6　识别数据集的标准差

标准差（standard deviation）是从方差导出的，它其实是方差的平方根。标准差通常更直观，因为它以与数据集相同的单位表示，例如千米（km）。而方差通常以大于数据集的单位来表示，并且可能不太直观，例如平方千米（km^2）。

要分析数据集的标准差，可以使用 Python numpy 库中的 std 方法。

1.6.1　准备工作

本秘笈将再次使用 COVID-19 病例数据。

1.6.2　实战操作

要使用 numpy 库计算标准差，请按以下步骤操作。

（1）导入 numpy 和 pandas 库：

```
import numpy as np
import pandas as pd
```

（2）使用 read_csv 将.csv 文件加载到 DataFrame 中，然后对 DataFrame 进行子集化以仅包含相关列：

```
covid_data = pd.read_csv("covid-data.csv")
covid_data = covid_data[['iso_code',
'continent','location','date','total_cases','new_cases']]
```

（3）获取数据的标准差。在 new_cases 列上使用 numpy 库中的 std 方法来获取新病例数的标准差：

```
data_sd = np.std(covid_data["new_cases"])
```

（4）检查结果：

```
data_sd
21244.338444114834
```

现在我们已经计算了数据集的方差。

1.6.3　原理解释

为了计算标准差，我们使用了 numpy 和 pandas 库。

在步骤（1）中，导入了 numpy 和 pandas 库并将 numpy 简写为 np，将 pandas 简写为 pd。

在步骤(2)中，使用了 read_csv 将.csv 文件加载到 pandas DataFrame 中，并将 DataFrame 子集化以仅包含 6 个相关列。

在步骤（3）中，应用了 numpy 的 std 方法来获取 new_cases 列新病例数的标准差并将其保存到名为 data_sd 的变量中。

在步骤（4）中，查看了 data_sd 的结果。

1.6.4　扩展知识

pandas 中的 std 方法也可用于计算数据集的标准差。

1.7　生成数据集的全距

全距（range）可以帮助分析人员了解数据集的分布或数据集的数字彼此之间的距离有多远。全距也称为极差，是数据集中的最大值和最小值之间的差。这是一个非常有用的统计数据，尤其是与数据集的方差和标准差一起使用时。

要分析数据集的全距，可以使用 Python numpy 库中的 max 和 min 方法。

1.7.1　准备工作

本秘笈将再次使用 COVID-19 病例数据。

1.7.2　实战操作

要使用 numpy 库计算全距，请按以下步骤操作。

（1）导入 numpy 和 pandas 库：

```
import numpy as np
import pandas as pd
```

（2）使用 read_csv 将.csv 文件加载到 DataFrame 中，然后对 DataFrame 进行子集化以仅包含相关列：

```
covid_data = pd.read_csv("covid-data.csv")
covid_data = covid_data[['iso_code',
'continent','location','date','total_cases','new_cases']]
```

（3）计算数据的最大值和最小值。在 new_cases 列上使用 numpy 库中的 max 和 min 方法来分别获取最大值和最小值：

```
data_max = np.max(covid_data["new_cases"])
data_min = np.min(covid_data["new_cases"])
```

（4）检查最大值和最小值的结果：

```
print(data_max,data_min)
287149 0
```

（5）计算全距：

```
data_range = data_max - data_min
```

（6）检查全距：

```
data_range
287149
```

现在我们已经计算了数据集的全距。

1.7.3　原理解释

与之前使用特定 numpy 方法进行统计不同，全距需要使用全距公式进行计算，该公式实际上就是使用 max 值减去 min 值。为了计算全距，我们使用了 numpy 和 pandas 库。

在步骤（1）中，导入了 numpy 和 pandas 库并将 numpy 简写为 np，将 pandas 简写为 pd。

在步骤(2)中，使用了 read_csv 将.csv 文件加载到 pandas DataFrame 中，并将 DataFrame 子集化以仅包含 6 个相关列。

在步骤（3）中，应用了 numpy 的 max 和 min 方法来获取 new_cases 列的最大值和最小值，然后将输出保存到两个变量（data_max 和 data_min）中。

在步骤（4）中，查看了 data_max 和 data_min 的结果。

在步骤（5）中，通过从 data_max 中减去 data_min 来生成全距。

在步骤（6）中，查看了全距结果。

1.7.4　扩展知识

pandas 中的 max 和 min 方法也可用于计算数据集的全距。

1.8　识别数据集的百分位数

百分位数（percentile）是一个有趣的统计数据，因为它可以用来衡量数据集的分布，同时确定数据集的中心。百分位数将数据集分为 100 个相等的部分，使分析人员能够确定数据集中高于或低于特定限制的值。通常而言，99 个百分位数会将数据集分成 100 个相等的部分。第 50 个百分位数的值与中位数相同。

要分析数据集的百分位数，可使用 Python numpy 库中的 percentile 方法。

1.8.1　准备工作

本秘笈将再次使用 COVID-19 病例数据。

1.8.2　实战操作

要使用 numpy 库计算第 60 个百分位数，请按以下步骤操作。

（1）导入 numpy 和 pandas 库：

```
import numpy as np
import pandas as pd
```

（2）使用 read_csv 将.csv 文件加载到 DataFrame 中，然后对 DataFrame 进行子集化以仅包含相关列：

```
covid_data = pd.read_csv("covid-data.csv")
covid_data = covid_data[['iso_code',
'continent','location','date','total_cases','new_cases']]
```

（3）获取数据的第 60 个百分位数。在 new_cases 列上使用 numpy 库中的 percentile 方法获取新病例数的第 60 个百分位数：

```
data_percentile = np.percentile(covid_data["new_cases"],60)
```

（4）检查结果：

```
data_percentile
591.3999999999996
```

现在我们已经计算了数据集的第 60 个百分位数。

1.8.3　原理解释

为了计算第 60 个百分位数，我们使用了 numpy 和 pandas 库。

在步骤（1）中，导入了 numpy 和 pandas 库并将 numpy 简写为 np，将 pandas 简写为 pd。

在步骤(2)中，使用了 read_csv 将.csv 文件加载到 pandas DataFrame 中，并将 DataFrame 子集化以仅包含 6 个相关列。

在步骤（3）中，通过应用 percentile 方法并添加 60 作为方法中的第二个参数来计算 new_cases 列的第 60 个百分位数。然后将输出保存到名为 data_percentile 的变量中。

在步骤（4）中，查看了 data_percentile 的结果。

1.8.4　扩展知识

pandas 中的 percentile 方法也可用于计算数据集的百分位数。

1.9 检查数据集的四分位数

四分位数（quartile）类似于百分位数，它也可用于测量分布并识别数据集的中心。百分位数和四分位数都称为分位数（quantile）。

百分位数将数据集分为 100 个等份，而四分位数则将数据集分为 4 个等份。一般来说，3 个四分位数会将数据集分成 4 个相等的部分。

要分析数据集的四分位数，可使用 Python numpy 库中的 quantile 方法。与百分位数不同，四分位数并没有专用的特定方法。

1.9.1 准备工作

本秘笈将再次使用 COVID-19 病例数据。

1.9.2 实战操作

要使用 numpy 库计算四分位数，请按以下步骤操作。

（1）导入 numpy 和 pandas 库：

```
import numpy as np
import pandas as pd
```

（2）使用 read_csv 将.csv 文件加载到 DataFrame 中，然后对 DataFrame 进行子集化以仅包含相关列：

```
covid_data = pd.read_csv("covid-data.csv")
covid_data = covid_data[['iso_code',
'continent','location','date','total_cases','new_cases']]
```

（3）获取数据的四分位数。在 new_cases 列上使用 numpy 库中的 quantile 方法以获取新病例数的第 3 个四分位数：

```
data_quartile = np.quantile(covid_data["new_cases"],0.75)
```

（4）检查结果：

```
data_quartile
3666.0
```

现在我们已经计算了数据集的第 3 个四分位数。

1.9.3　原理解释

就像百分位数一样，我们可以使用 numpy 和 pandas 库计算四分位数。

在步骤（1）中，导入了 numpy 和 pandas 库并将 numpy 简写为 np，将 pandas 简写为 pd。

在步骤（2）中，使用了 read_csv 将.csv 文件加载到 pandas DataFrame 中，并且对 DataFrame 进行子集化以仅包含 6 个相关列。

在步骤（3）中，通过应用 quantile 方法并添加 0.75 作为该方法的第二个参数来计算 new_cases 列的第 3 个四分位数（Q3）。然后将输出保存到名为 data_quartile 的变量中。

在步骤（4）中，查看了 data_quartile 的结果。

1.9.4　扩展知识

pandas 中的 quantile 方法也可用于计算数据集的四分位数。

1.10　分析数据集的四分位距

四分位距（interquartile range，IQR）也可以测量数据集的分布或变异性。它是第 1 个四分位数（Q1）和第 3 个四分位数（Q3）之间的距离。IQR 是一个非常有用的统计数据，特别是当我们需要确定数据集中的中间 50%的值所在的位置时。

与可能因极高或极低的数字（离群值）而产生偏差的全距不同，IQR 不受离群值的影响，因为它仅关注中间 50%的值。当分析人员需要计算数据集中的离群值时，它也很有用。

要分析数据集的 IQR，可使用 Python scipy 库 stats 模块中的 iqr 方法。

1.10.1　准备工作

本秘笈将再次使用 COVID-19 病例数据。

1.10.2　实战操作

要使用 scipy 库计算 IQR，请按以下步骤操作。

（1）导入 pandas 并从 scipy 库导入 stats 模块：

```
import pandas as pd
from scipy import stats
```

（2）使用 read_csv 将.csv 加载到 DataFrame 中，然后对 DataFrame 进行子集化以仅包含相关列：

```
covid_data = pd.read_csv("covid-data.csv")
covid_data = covid_data[['iso_code',
'continent','location','date','total_cases','new_cases']]
```

（3）获取数据的 IQR。在 new_cases 列上使用 stats 模块中的 iqr 方法以获取新病例数的四分位距：

```
data_IQR = stats.iqr(covid_data["new_cases"])
```

（4）检查结果：

```
data_IQR
3642.0
```

现在我们已经有了数据集的 IQR。

1.10.3 原理解释

为了计算 IQR，我们导入了 scipy 库中的 stats 模块，因为 numpy 中不存在 iqr 方法。

在步骤（1）中，导入了需要的库并将 pandas 简写为 pd，将 scipy 库中的 stats 简写为 stats。

在步骤(2)中，使用了 read_csv 将.csv 文件加载到 pandas DataFrame 中，并将 DataFrame 子集化以仅包含 6 个相关列。

在步骤（3）中，应用了 iqr 方法来获取 new_cases 列的四分位距并将其保存到名为 data_IQR 的变量中。

在步骤（4）中，查看了 data_IQR 的结果。

第2章　为探索性数据分析准备数据

在探索和分析表格数据之前，分析人员有时需要准备用于分析的数据。这种准备工作可以采用数据转换、聚合或清洗的形式。在 Python 中，pandas 库可通过多个模块来帮助实现这一点。表格数据的准备步骤从来都没有“一刀切”的方法。它们通常由数据的结构（即行、列、数据类型）和数据值决定。

本章将重点介绍为探索性数据分析（EDA）准备数据所需的常见数据准备技术。

本章包含以下主题：

- 数据分组
- 追加数据
- 连接数据
- 合并数据
- 数据排序
- 数据分类
- 删除重复数据
- 删除数据行和列
- 替换数据
- 更改数据格式
- 处理缺失值

2.1　技术要求

本章将利用 Python 中的 pandas 库。

本章代码和 Notebook 可在本书配套 GitHub 存储库中找到，其网址如下：

https://github.com/PacktPublishing/Exploratory-Data-Analysis-with-Python-Cookbook

2.2　数据分组

当我们对数据进行分组时，通常是按类别聚合数据。这非常有用，尤其是当我们需要获得详细数据集的高级视图时。

一般来说，要对数据集进行分组，需要确定分组依据的列/类别、聚合依据的列以及要完成的特定聚合。分组依据的列/类别通常是分类（category）列，而聚合依据的列通常是数字列。要完成的聚合可以是计数、求和、求最小值、求最大值等。

当然，对分类列也可以执行聚合，例如直接对分组的分类列进行计数。

在 pandas 中，groupby 方法可以帮助我们对数据进行分组。

2.2.1　准备工作

本章将使用的数据集是来自 Kaggle 网站的 Marketing Campaign 数据。

你可以为本章创建一个文件夹，并在该文件夹中创建一个新的 Python 脚本或 Jupyter Notebook 文件。你还可以创建一个 data 子文件夹并将 marketing_campaign.csv 文件放入该子文件夹中。或者，你也可以从本书配套 GitHub 存储库中找到所有文件。

提示：

Kaggle 网站是一个著名的数据建模和数据分析竞赛平台。企业和研究者可在其上发布数据，统计学者和数据挖掘专家可在其上进行竞赛以产生最好的模型。其 Marketing Campaign 公共数据的网址如下：

https://www.kaggle.com/datasets/imakash3011/customer-personality-analysis

本章将使用完整的数据集，在不同秘笈中使用数据集的不同样本。本章配套 GitHub 存储库中也提供了这些数据。

Kaggle 网站中的数据以单列格式显示，但本章配套 GitHub 存储库中的数据则被转换为多列格式，以便在 pandas 中使用。

2.2.2　实战操作

要使用 pandas 库对数据进行分组，请按以下步骤操作。

（1）导入 pandas 库：

```
import pandas as pd
```

（2）使用 read_csv 将.csv 文件加载到 DataFrame 中，然后对 DataFrame 进行子集化以仅包含相关列：

```
marketing_data = pd.read_csv("data/marketing_campaign.csv")
```

```
marketing_data = marketing_data[['ID', 'Year_Birth', 'Education',
'Marital_Status', 'Income', 'Kidhome', 'Teenhome', 'Dt_Customer',
 'Recency', 'NumStorePurchases', 'NumWebVisitsMonth']]
```

（3）检查数据。检查前几行并使用 transpose(T)显示更多信息。另外，还可以检查数据类型以及行数和列数：

```
marketing_data.head(2).T
                    0           1
ID                  5524        2174
Year_Birth          1957        1954
Education           Graduation  Graduation
...                 ...         ...
NumWebVisitsMonth   7           5

marketing_data.dtypes
ID                  int64
Year_Birth          int64
Education           object
...                 ...
NumWebVisitsMonth   int64

marketing_data.shape
(2240, 11)
```

（4）利用 pandas 中的 groupby 方法，根据顾客家庭中孩子的数量，统计顾客的平均商店购买次数：

```
marketing_data.groupby('Kidhome')['NumStorePurchases'].mean()
Kidhome
0   7.2173240525908735
1   3.863181312569522
2   3.4375
```

现在我们已经对数据集进行了分组。

2.2.3　原理解释

本章所有秘笈都使用 pandas 库进行数据转换和操作。

在步骤（1）中，导入了 pandas 库并按惯例将 pandas 简写为 pd。

在步骤（2）中，使用了 read_csv 将.csv 文件加载到 pandas DataFrame 中，并将其命

名为 marketing_data。我们还对 DataFrame 进行子集化，使其仅包含 11 个相关列。

在步骤（3）中，使用了 head 方法检查数据集，以查看数据集中的前两行；由于数据的大小（即它有很多列），我们还使用了 transpose(T)和 head 将行转换为列。transpose 执行的是可以让行列互换的转置操作。

我们使用了 DataFrame 的 dtypes 属性来显示所有列的数据类型。数字数据具有 int 和 float 数据类型，而字符数据则具有 object 数据类型。

我们使用了 shape 检查行数和列数，它返回一个元组，第一个元素显示的是行数，第二个元素显示的是列数。

在步骤（4）中，应用了 groupby 方法根据顾客家庭中的孩子数量来获取顾客的平均商店购买次数。使用 groupby 方法时，可以按 Kidhome 进行分组，然后按 NumStorePurchases 进行聚合，最后使用 mean 方法作为按 NumStorePurchases 进行的特定聚合。

2.2.4　扩展知识

使用 pandas 库中的 groupby 方法，可以按多列进行分组。一般来说，只需将这些列显示在 Python 列表中即可实现此目的。

此外，除了平均值，还可以应用其他几种聚合方法，例如最大值、最小值和中值。

另外，还可以使用 agg 方法进行聚合。通常而言，我们需要提供要使用的特定 numpy 函数。可以通过 pandas 中的 apply 或 transform 方法应用自定义聚合函数。

2.2.5　参考资料

以下网址提供了有关 pandas 中 groupby 方法的更多介绍：

https://www.dataquest.io/blog/grouping-data-a-step-by-step-tutorial-to-groupby-in-pandas/

2.3　追加数据

分析人员有时可能会分析具有相似结构的多个数据集或同一数据集的样本。在分析数据集时，可能需要将它们一起追加到一个新的单个数据集中。

追加（append）数据集时，可以沿着行缝合数据集。例如，如果有两个数据集，每个数据集包含 1000 行和 20 列，则追加获得的数据集将包含 2000 行和 20 列。也就是说，追加数据时，行通常会增加，而列则保持不变。数据集允许具有不同的行数，但通常应具有相同的列数，以避免追加之后出现错误。

在 pandas 中，concat 方法可以帮助追加数据。

2.3.1 准备工作

本秘笈将继续使用 Kaggle 网站提供的 Marketing Campaign 数据。我们将使用该数据集的两个样本。

你可以将 marketing_campaign_append1.csv 和 marketing_campaign_append2.csv 文件放入第一个秘笈（2.2 节“数据分组”）创建的 data 子文件夹中。或者，你也可以从本书配套 GitHub 存储库中检索所有文件。

2.3.2 实战操作

要使用 pandas 库追加数据，请按以下步骤操作。

（1）导入 pandas 库：

```
import pandas as pd
```

（2）使用 read_csv 将.csv 文件加载到 DataFrame 中，然后对 DataFrame 进行子集化以仅包含相关列：

```
marketing_sample1 = pd.read_csv("data/marketing_campaign_append1.csv")
marketing_sample2 = pd.read_csv("data/marketing_campaign_append2.csv")
marketing_sample1 = marketing_sample1[['ID', 'Year_Birth',
'Education','Marital_Status','Income','Kidhome','Teenhome',
'Dt_Customer','Recency','NumStorePurchases', 'NumWebVisitsMonth']]

marketing_sample2 = marketing_sample2[['ID', 'Year_Birth',
'Education','Marital_Status','Income', 'Kidhome','Teenhome',
'Dt_Customer','Recency','NumStorePurchases', 'NumWebVisitsMonth']]
```

（3）现在来看一下这两个数据集。检查前几行并使用 transpose(T)显示更多信息：

```
marketing_sample1.head(2).T
                    0     1
ID                  5524  2174
Year_Birth          1957  1954
...                 ...   ...
NumWebVisitsMonth   7     5

marketing_sample2.head(2).T
```

```
                   0     1
ID                 9135  466
Year_Birth         1950  1944
...                ...   ...
NumWebVisitsMonth  8     2
```

（4）检查数据类型以及行数和列数：

```
marketing_sample1.dtypes
ID                  int64
Year_Birth          int64
...                 ...
NumWebVisitsMonth   int64

marketing_sample2.dtypes
ID                  int64
Year_Birth          int64
...                 ...
NumWebVisitsMonth   int64

marketing_sample1.shape
(500, 11)
marketing_sample2.shape
(500, 11)
```

（5）追加数据集。使用 pandas 库中的 concat 方法追加数据：

```
appended_data = pd.concat([marketing_sample1, marketing_sample2])
```

（6）检查结果的形状和前几行：

```
appended_data.head(2).T
                   0           1
ID                 5524        2174
Year_Birth         1957        1954
Education          Graduation  Graduation
Marital_Status     Single      Single
Income             58138.0     46344.0
Kidhome            0           1
Teenhome           0           1
Dt_Customer        04/09/2012  08/03/2014
Recency            58          38
NumStorePurchases  4           2
NumWebVisitsMonth  7           5
```

```
appended_data.shape
(1000, 11)
```

现在我们已经追加了数据集。

2.3.3 原理解释

在步骤（1）中，导入了 pandas 库并将其简写为 pd。

在步骤（2）中，使用了 read_csv 分别将两个.csv 文件加载到两个 pandas DataFrame 中。这两个 DataFrame 分别称为 marketing_sample1 和 marketing_sample2，它们将被追加在一起。我们还对 DataFrame 进行子集化，使其仅包含 11 个相关列。

在步骤（3）中，我们使用了 head 方法检查数据集，以查看数据集中的前两行；由于数据的大小（即它有很多列），我们还使用了 transpose(T)和 head 将行转换为列。

在步骤（4）中，我们使用了 DataFrame 的 dtypes 属性来显示所有列的数据类型。数字数据具有 int 和 float 数据类型，而字符数据则具有 object 数据类型。我们使用了 shape 检查行数和列数，它返回一个分别显示行数和列数的元组。

在步骤（5）中，应用了 concat 方法来追加两个数据集。该方法接受 DataFrame 列表作为参数。该列表是唯一需要的参数，因为 concat 方法的默认设置是追加数据。

在步骤（6）中，检查了输出的形状及其前几行。

2.3.4 扩展知识

使用 pandas 中的 concat 方法可以缝合多个（两个以上）数据集。你所需要做的就是将这些数据集包含在列表中，然后它们将被追加在一起。

需要注意的是，数据集必须具有相同的列。

2.4 连接数据

分析人员有时可能需要按列而不是按行拼接多个数据集或同一数据集的样本，这时需要执行连接（concatenate）数据的操作。

追加数据是将数据行缝合在一起，而连接数据则是将列缝合在一起。例如，如果有两个数据集，每个数据集包含 1000 行和 20 列，则连接之后的数据将包含 1000 行和 40 列。也就是说，连接数据时，列通常会增加，而行则保持不变。数据集允许具有不同的列数，但通常应具有相同的行数，以避免连接后出现错误。

在 pandas 中，concat 方法可帮助连接数据。

2.4.1　准备工作

本秘笈将继续使用 Kaggle 网站提供的 Marketing Campaign 数据。我们将使用该数据集的两个样本。

你可以将 marketing_campaign_concat1.csv 和 marketing_campaign_concat2.csv 文件放入第一个秘笈（2.2 节“数据分组”）创建的 data 子文件夹中。或者，你也可以从本书配套 GitHub 存储库中检索所有文件。

2.4.2　实战操作

要使用 pandas 库连接数据，请按以下步骤操作。

（1）导入 pandas 库：

```
import pandas as pd
```

（2）使用 read_csv 将 .csv 文件加载到 DataFrame 中：

```
marketing_sample1 = pd.read_csv("data/marketing_campaign_concat1.csv")
marketing_sample2 = pd.read_csv("data/marketing_campaign_concat2.csv")
```

（3）现在来看一下这两个数据集。检查前几行并使用 transpose(T)显示更多信息：

```
marketing_sample1.head(2).T
                0           1
ID              5524        2174
Year_Birth      1957        1954
Education       Graduation  Graduation
Marital_Status  Single      Single
Income          58138.0     46344.0

marketing_sample2.head(2).T
                     0   1
NumDealsPurchases    3   2
NumWebPurchases      8   1
NumCatalogPurchases  10  1
NumStorePurchases    4   2
NumWebVisitsMonth    7   5
```

（4）检查数据类型以及行数和列数：

```
marketing_sample1.dtypes
ID                      int64
Year_Birth              int64
Education               object
Marital_Status          object
Income                  float64

marketing_sample2.dtypes
NumDealsPurchases       int64
NumWebPurchases         int64
NumCatalogPurchases     int64
NumStorePurchases       int64
NumWebVisitsMonth       int64

marketing_sample1.shape
(2240, 5)
marketing_sample2.shape
(2240, 5)
```

（5）连接数据集。使用 pandas 库中的 concat 方法来连接数据：

```
concatenated_data = pd.concat([marketing_sample1,
marketing_sample2], axis = 1)
```

（6）检查结果的形状和前几行：

```
concatenated_data.head(2).T
                     0          1
ID                   5524       2174
Year_Birth           1957       1954
Education            Graduation Graduation
Marital_Status       Single     Single
Income               58138.0    46344.0
NumDealsPurchases    3          2
NumWebPurchases      8          1
NumCatalogPurchases  10         1
NumStorePurchases    4          2
NumWebVisitsMonth    7          5

concatenated_data.shape
(2240, 10)
```

现在我们已经连接了数据集。

2.4.3　原理解释

在步骤（1）中，导入了 pandas 库并将其简写为 pd。

在步骤（2）中，使用 read_csv 加载了两个.csv 文件到两个 pandas DataFrame 中。这两个 DataFrame 分别称为 marketing_sample1 和 marketing_sample2。它们将连接在一起。

在步骤（3）中，使用了 head(2)检查数据集以查看数据集中的前两行；由于数据的大小（即它有很多列），我们还使用了 transpose(T)和 head 将行转换为列。

在步骤（4）中，使用了 DataFrame 的 dtypes 属性来显示所有列的数据类型。数字数据具有 int 和 float 数据类型，而字符数据则具有 object 数据类型。我们使用了 shape 检查行数和列数，它返回一个分别显示行数和列数的元组。

在步骤（5）中，应用了 concat 方法来连接两个数据集。就像追加数据时一样，该方法将 DataFrame 列表作为参数。但是，它需要一个额外的 axis 参数。该参数值为 1 表示轴引用列。该参数的默认值通常为 0，表示的是行并且与追加数据集相关。

在步骤（6）中，检查了输出的形状及其前几行。

2.4.4　扩展知识

使用 pandas 中的 concat 方法可以连接两个以上的若干数据集。就像追加数据一样，你所需要做的就是将这些数据集包含在列表中；不同的是，你还需要指定一个 axis 参数并设置其值为 1。另外需要注意的是，数据集必须具有相同的行数。

2.4.5　参考资料

以下网址提供了有关 pandas 中 concat 方法的更多介绍：

https://www.dataquest.io/blog/pandas-concatenation-tutorial/

2.5　合并数据

合并（merge）数据听起来有点像 2.4 节“连接数据”中介绍的连接数据集的操作，但是，这两者实际上有很大的不同。要合并数据集，需要在两个数据集中有一个可以执行合并的公共字段。

如果你熟悉 SQL 或 join 命令，那么你可能熟悉合并数据操作。一般来说，来自关系数据库的数据需要合并操作。关系数据库通常包含表格数据，并且许多组织都使用这种类型的数据库。进行合并操作时需要注意以下关键概念。

- 连接键列（join key column）：这是指两个数据集中存在匹配值的公共列。该列通常用于连接数据集。连接键列不需要具有相同的名称，它们只需要在两个数据集中具有匹配的值即可。
- 连接类型：可以对数据集执行不同类型的连接操作，具体来说有以下 4 种。
  - 左连接（left join）：保留左 DataFrame 中的所有行。右侧 DataFrame 中与左侧 DataFrame 中的值不匹配的值将作为空值或非数字（not a number，NaN）值添加到结果中。匹配是根据匹配/连接键列完成的。
  - 右连接（right join）：保留右 DataFrame 中的所有行。左侧 DataFrame 中与右侧 DataFrame 中的值不匹配的值将作为空值或 NaN 值添加到结果中。匹配是根据匹配/连接键列完成的。
  - 内连接（inner join）：结果中只保留左右 DataFrame 中的公共值。也就是说，不会返回空值或 NaN 值。
  - 外连接/全外连接（outer join/full outer join）：保留左右 DataFrame 中的所有行。如果值不匹配，则将 NaN 值添加到结果中。

图 2.1 显示了说明不同类型连接的维恩图（Venn diagram）。

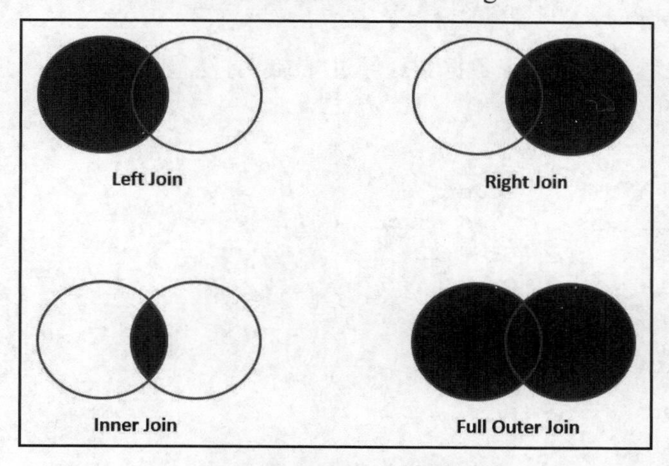

图 2.1　说明不同类型连接的维恩图

原　　文	译　　文	原　　文	译　　文
Left Join	左连接	Inner Join	内连接
Right Join	右连接	Full Outer Join	全外连接

在 pandas 中，merge 方法可帮助合并 DataFrame。

2.5.1 准备工作

本秘笈将继续使用 Kaggle 网站提供的 Marketing Campaign 数据。我们将使用该数据集的两个样本。

你可以将 marketing_campaign_merge1.csv 和 marketing_campaign_merge2.csv 文件放入第一个秘笈（2.2 节“数据分组”）创建的 data 子文件夹中。或者，你也可以从本书配套 GitHub 存储库中检索所有文件。

2.5.2 实战操作

要使用 pandas 库合并数据集，请按以下步骤操作。

（1）导入 pandas 库：

```
import pandas as pd
```

（2）使用 read_csv 将.csv 文件加载到 DataFrame 中：

```
marketing_sample1 = pd.read_csv("data/marketing_campaign_merge1.csv")
marketing_sample2 = pd.read_csv("data/marketing_campaign_merge2.csv")
```

（3）现在来看一下这两个数据集。通过 head 方法检查前几行，还可以检查一下样本数据集的行数和列数：

```
marketing_sample1.head()
   ID    Year_Birth  Education
0  5524  1957        Graduation
1  2174  1954        Graduation
2  4141  1965        Graduation
3  6182  1984        Graduation
4  5324  1981        PhD

   ID    Marital_Status  Income
0  5524  Single          58138.0
1  2174  Single          46344.0
2  4141  Together        71613.0
3  6182  Together        26646.0
4  5324  Married         58293.0

marketing_sample1.shape
```

```
(2240, 3)
marketing_sample2.shape
(2240, 3)
```

（4）合并数据集。使用 pandas 库中的 merge 方法来合并数据集：

```
merged_data = pd.merge(marketing_sample1,marketing_sample2,on = "ID")
```

（5）检查结果的形状和前几行：

```
merged_data.head()
   ID    Year_Birth   Education    Marital_Status   Income
0  5524  1957         Graduation   Single           58138.0
1  2174  1954         Graduation   Single           46344.0
2  4141  1965         Graduation   Together         71613.0
3  6182  1984         Graduation   Together         26646.0
4  5324  1981         PhD          Married          58293.0

merged_data.shape
(2240, 5)
```

现在我们已经合并了数据集。

2.5.3　原理解释

在步骤（1）中，导入了 pandas 库并将其简写为 pd。

在步骤（2）中，使用了 read_csv 将两个.csv 文件加载到两个 pandas DataFrame 中。这两个 DataFrame 分别称为 marketing_sample1 和 marketing_sample2。它们在后面的操作中将被合并在一起。

在步骤（3）中，使用了 head()检查数据集以查看数据集中的前 5 行。我们还使用了 shape 检查行数和列数，它返回一个分别显示行数和列数的元组。

在步骤（4）中，应用了 merge 方法来合并两个数据集。我们可以为 merge 方法提供 4 个参数。前两个参数是要合并的 DataFrame；第 3 个参数指定可以实现合并的键或公共列；第 4 个参数是一个 how 参数，指定要使用的连接类型，该参数的默认值是 inner join。

2.5.4　扩展知识

有时候两个数据集中的公共字段可能具有不同的名称。merge 方法允许通过两个参数（left_on 和 right_on）来解决这个问题。left_on 指定左侧 DataFrame 上的键，而 right_on 则指定右侧 DataFrame 上的键。

2.5.5　参考资料

你可以通过 Real Python 网站查看有关合并 pandas 数据的更多资源，其网址如下：

https://realpython.com/pandas-merge-join-and-concat/

2.6　数据排序

在对数据进行排序（sort）时，实际上就是将其按特定顺序排列。这种特定的序列通常可以帮助分析人员非常快速地发现模式。为了对数据集进行排序，通常必须指定一列或多列作为排序依据，并指定排序顺序（升序或降序）。

在 pandas 中，sort_values 方法可用于对数据集进行排序。

2.6.1　准备工作

本秘笈将使用来自 Kaggle 网站的 Marketing Campaign 数据。其网址如下：

https://www.kaggle.com/datasets/imakash3011/customer-personality-analysis

或者，你也可以从本书配套 GitHub 存储库中找到该文件。

2.6.2　实战操作

要使用 pandas 库对数据进行排序，请按以下步骤操作。

（1）导入 pandas 库：

```
import pandas as pd
```

（2）使用 read_csv 将.csv 文件加载到 DataFrame 中，然后对 DataFrame 进行子集化以仅包含相关列：

```
marketing_data = pd.read_csv("data/marketing_campaign.csv")

marketing_data = marketing_data[['ID','Year_Birth',
'Education','Marital_Status', 'Income','Kidhome', 'Teenhome',
'Dt_Customer', 'Recency','NumStorePurchases',
'NumWebVisitsMonth']]
```

（3）检查数据。检查前几行并使用 transpose(T)显示更多信息，还可以检查数据类型以及行数和列数：

```
marketing_data.head(2).T
                    0             1
ID                  5524          2174
Year_Birth          1957          1954
Education           Graduation    Graduation
...                 ...           ...
NumWebVisitsMonth   7             5

marketing_data.dtypes
ID                   int64
Year_Birth           int64
Education            object
...                  ...
NumWebVisitsMonth    int64

marketing_data.shape
(2240, 11)
```

（4）根据店铺购买次数的降序对客户进行排序：

```
sorted_data = marketing_data.sort_
values('NumStorePurchases', ascending=False)
```

（5）检查结果。可以看到相关列的子集如下：

```
sorted_data[['ID','NumStorePurchases']]
      ID     NumStorePurchases
1187  9855   13
803   9930   13
1144  819    13
286   10983  13
1150  1453   13
...   ...    ...
164   8475   0
2214  9303   0
27    5255   0
1042  10749  0
2132  11181  0
```

现在我们已经对数据集进行了排序。

2.6.3　原理解释

在步骤（1）中，导入了 pandas 库并简写为 pd。

在步骤（2）中，使用了 read_csv 将.csv 文件加载到 pandas DataFrame 中，并将其命名为 marketing_data。我们还对 DataFrame 进行子集化，使其仅包含 11 个相关列。

在步骤（3）中，使用了 head(2)检查数据集以查看数据集中的前两行；由于数据的大小（即它有很多列），我们还使用了 transpose(T)和 head 将行转换为列。

我们使用了 DataFrame 的 dtypes 属性来显示所有列的数据类型。数字数据具有 int 和 float 数据类型，而字符数据则具有 object 数据类型。

我们使用了 shape 检查 DataFrame 的行数和列数，它返回一个元组，第一个元素显示的是行数，第二个元素显示的是列数。

在步骤（4）中，应用了 sort_values 方法按 NumStorePurchases 列进行排序。本示例按降序对 NumStorePurchases 进行了排序。该方法采用了两个参数，即要排序的 DataFrame 列和排序顺序。False 表示按降序排序，True 表示按升序排序。

2.6.4　扩展知识

在 pandas 中可以跨多列进行排序。我们可以通过在 sort_values 方法中提供列作为列表来基于多列进行排序。排序将按照提供列的顺序执行，即首先是第 1 列，然后是第 2 列，再是后续列。

此外，排序也不仅限于数字列，包含字符的列也可以排序。

2.7　数据分类

当我们提到对数据进行分类时，特指的是对数据集进行分箱，或称为分桶或切割。分箱指的是将数据集中的数值分组为更小的间隔，这些间隔称为箱（bin）或桶（bucket）。当我们对数值进行分箱时，每个分箱都成为一个分类值。分箱非常有用，因为它们可以为我们提供见解，而如果直接使用单个数值，则这些见解可能很难发现。分箱的间隔并不总是相等，bin 的创建取决于我们对数据集的理解。

分箱还可用于解决异常值或减少观察错误的影响。如前文所述，离群值是异常高或异常低的数据点，它们远离数据集中的其他数据点，通常会导致分析输出异常。分箱可以通过将包括异常值的数值范围放入特定的桶中来减少这种影响，从而对值进行分类。

一个常见的例子是将年龄值转换为年龄组。那些离群年龄值（例如 0 岁或 150 岁）可以被分别划入小于 18 岁的组和大于 80 岁的组。

在 pandas 中，cut 方法可用于对数据集进行分箱。

2.7.1 准备工作

本秘笈将使用 Kaggle 网站提供的完整 Marketing Campaign 数据。

2.7.2 实战操作

要使用 pandas 库对数据进行分类，请按以下步骤操作。

（1）导入 pandas 库：

```
import pandas as pd
```

（2）使用 read_csv 将.csv 文件加载到 DataFrame 中，然后对 DataFrame 进行子集化以仅包含相关列：

```
marketing_data = pd.read_csv("data/marketing_campaign.csv")

marketing_data = marketing_data[['ID','Year_Birth', 'Education',
'Marital_Status', 'Income', 'Kidhome', 'Teenhome', 'Dt_Customer',
'Recency', 'NumStorePurchases', 'NumWebVisitsMonth']]
```

（3）检查数据。检查前几行并使用 transpose(T)显示更多信息，还可以检查数据类型以及行数和列数：

```
marketing_data.head(2).T
                    0           1
ID                  5524        2174
Year_Birth          1957        1954
Education           Graduation  Graduation
...                 ...         ...
NumWebVisitsMonth   7           5

marketing_data.dtypes
ID                  int64
Year_Birth          int64
Education           object
...                 ...
NumWebVisitsMonth   int64
```

```
marketing_data.shape
(2240, 11)
```

（4）将商店购买次数分为 High（高）、Moderate（中）、Low（低）3 档：

```
marketing_data['bins'] = pd.cut(x=marketing_
data['NumStorePurchases'], bins=[0,4,8,13],labels =
['Low', 'Moderate', 'High'])
```

（5）检查结果。相关列的子集如下：

```
marketing_data[['NumStorePurchases','bins']].head()
   NumStorePurchases  bins
0  4                  Low
1  2                  Low
2  10                 High
3  4                  Low
4  6                  Moderate
```

现在我们已经将数据集分类为 High（高）、Moderate（中）、Low（低）3 档。

2.7.3　原理解释

在步骤（1）中，导入了 pandas 库并简写为 pd。

在步骤（2）中，使用了 read_csv 将.csv 文件加载到 pandas DataFrame 中，并将其命名为 marketing_data。我们还对 DataFrame 进行子集化，使其仅包含 11 个相关列。

在步骤（3）中，使用了 head(2)检查数据集以查看数据集中的前两行；由于数据的大小（即它有很多列），我们还使用 transpose(T)和 head 将行转换为列。

我们使用了 DataFrame 的 dtypes 属性来显示所有列的数据类型。数字数据具有 int 和 float 数据类型，而字符数据则具有 object 数据类型。

我们使用了 shape 检查行数和列数，它返回一个分别显示行数和列数的元组。

在步骤（4）中，将商店购买次数分为 High（高）、Moderate（中）、Low（低）3 档。本示例使用了 cut 方法，将 NumStorePurchases 划入了这 3 个分箱，并在 bins 参数（第 2 个参数）内提供了分箱（分档）逻辑。第 3 个参数是 labels。

当我们在列表中提供分箱的边界时，bins 参数的数量通常是标签类别的数量加 1。例如，在本示例中，分档可以解释为 0～4（低）、5～8（中）和 9～13（高）。

在步骤（5）中，对相关列进行子集化并检查了分箱结果。

2.7.4 扩展知识

对于 bins 参数，你也可以提供所需的 bin 数量，而不是手动提供分箱的边界。这意味着在前面的步骤中，我们可以向 bins 参数提供值 3，而 cut 方法则会将数据分类为 3 个等距的分箱。当提供值 3 时，cut 方法侧重于保持分箱的相等间距，即使分箱中的记录数量可能不同也不会影响结果。

如果你还对分箱的分布感兴趣，而不仅仅是等间距的分箱或用户定义的分箱，则可以使用 pandas 中的 qcut 方法。qcut 方法可以确保分箱中数据的分布是相等的。它将确保所有分箱具有（大致）相同数量的观测值，即使分箱范围可能有所不同也是如此。

2.8 删除重复数据

重复的数据可能会产生很大的误导，并可能导致分析人员对数据的模式和分布得出错误的结论。因此，在开始任何分析之前，解决数据集中的重复数据问题非常重要。执行快速重复检查是 EDA 中的良好做法。

使用表格数据集时，我们可以识别特定列中的重复值或重复记录（跨多个列）。对数据集和专业知识的充分了解将使分析人员能够深入了解哪些数据应该被视为重复。

在 pandas 中，drop_duplicates 方法可以帮助处理数据集中的重复值或记录。

2.8.1 准备工作

本秘笈将使用 Kaggle 网站提供的完整 Marketing Campaign 数据。

2.8.2 实战操作

要使用 pandas 库删除重复数据，请按以下步骤操作。

（1）导入 pandas 库：

```
import pandas as pd
```

（2）使用 read_csv 将.csv 文件加载到 DataFrame 中，然后对 DataFrame 进行子集化以仅包含相关列：

```
marketing_data = pd.read_csv("data/marketing_campaign.csv")
marketing_data = marketing_data[['Education','Marital_Status',
```

```
'Kidhome', 'Teenhome']]
```

（3）检查数据。查看前几行，也可以检查行数和列数：

```
marketing_data.head()
   Education   Marital_Status  Kidhome  Teenhome
0  Graduation  Single          0        0
1  Graduation  Single          1        1
2  Graduation  Together        0        0
3  Graduation  Together        1        0
4  PhD         Married         1        0

marketing_data.shape
(2240, 4)
```

（4）删除数据集中跨 4 列的重复项：

```
marketing_data_duplicate = marketing_data.drop_duplicates()
```

（5）检查结果：

```
marketing_data_duplicate.head()
   Education   Marital_Status  Kidhome  Teenhome
0  Graduation  Single          0        0
1  Graduation  Single          1        1
2  Graduation  Together        0        0
3  Graduation  Together        1        0
4  PhD         Married         1        0

marketing_data_duplicate.shape
(135,4)
```

现在我们已经从数据集中删除了重复项。

2.8.3　原理解释

在步骤（1）中，导入了 pandas 库并简写为 pd。

在步骤（2）中，使用了 read_csv 将.csv 文件加载到 pandas DataFrame 中，并将其命名为 marketing_data。我们还对 DataFrame 进行子集化，使其仅包含 4 个相关列。

在步骤（3）中，使用了 head() 检查数据集以查看数据集中的前 5 行。我们还使用 shape 方法查看了数据的行数和列数。

在步骤（4）中，使用了 drop_duplicates 方法删除数据集 4 列中出现的重复行，并将结果保存在 marketing_data_duplicate 变量中。

在步骤（5）中，使用了 head 方法检查结果以查看前 5 行。我们还利用 shape 方法检查了行数和列数。可以看到相较原来，行数显著减少。

2.8.4　扩展知识

drop_duplicates 方法为根据列的子集删除重复项提供了一定的灵活性。通过提供子集列的列表作为第一个参数，我们可以根据这些子集列删除包含重复项的所有行。当数据中有多个列并且只有几个关键列包含重复信息时，这非常有用。

此外，该方法还允许使用 keep 参数保留重复项的实例。使用 keep 参数时，可以指定是保留 first（第一个）实例还是 last（最后一个）实例，抑或是删除重复信息的所有实例。默认情况下，该方法保留第一个实例。

2.9　删除数据行和列

在处理表格数据时，分析人员可能需要删除数据集中的一些行或列，因为它们也许是错误的或不相关的。

在 pandas 中，可以灵活地根据需要删除单行/列或多行/列。我们可以使用 drop 方法来实现这一点。

2.9.1　准备工作

本秘笈将使用 Kaggle 网站提供的完整 Marketing Campaign 数据。

2.9.2　实战操作

要使用 pandas 库删除行和列，请按以下步骤操作。

（1）导入 pandas 库：

```
import pandas as pd
```

（2）使用 read_csv 将.csv 文件加载到 DataFrame 中，然后对 DataFrame 进行子集化以仅包含相关列：

```
marketing_data = pd.read_csv("data/marketing_campaign.csv")
marketing_data = marketing_data[['ID', 'Year_Birth',
```

```
'Kidhome', 'Teenhome']]
```

（3）检查数据。查看前几行，也可以检查行数和列数：

```
marketing_data.head()
   ID    Year_Birth Education   Marital_Status
0  5524  1957       Graduation  Single
1  2174  1954       Graduation  Single
2  4141  1965       Graduation  Together
3  6182  1984       Graduation  Together
4  5324  1981       PhD         Married

marketing_data.shape
(5, 4)
```

（4）删除索引值为 1 的指定行：

```
marketing_data.drop(labels=[1], axis=0)
   ID    Year_Birth  Education   Marital_Status
0  5524  1957        Graduation  Single
2  4141  1965        Graduation  Together
3  6182  1984        Graduation  Together
4  5324  1981        PhD         Married
```

（5）删除单列：

```
marketing_data.drop(labels=['Year_Birth'], axis=1)
   ID    Education   Marital_Status
0  5524  Graduation  Single
1  2174  Graduation  Single
2  4141  Graduation  Together
3  6182  Graduation  Together
4  5324  PhD         Married
```

现在我们已经从数据集中删除了行和列。

2.9.3　原理解释

在步骤（1）中，导入了 pandas 库并简写为 pd。

在步骤（2）中，使用了 read_csv 将.csv 文件加载到 pandas DataFrame 中，并将其命名为 marketing_data。我们还对 DataFrame 进行子集化，使其仅包含 4 个相关列。

在步骤（3）中，使用了 head()检查数据集以查看数据集中的前 5 行。我们还使用 shape 方法查看了数据的行数和列数。

在步骤（4）中，使用了drop方法删除索引值为1的指定行，查看结果，可以看到索引值为1的行已被删除。drop方法将索引列表作为第一个参数，将axis值作为第二个参数。axis值决定是对行还是列执行删除操作。值为0表示删除行，而值为1则表示删除列。

在步骤（5）中，使用了drop方法删除指定列，查看结果，可以看到特定列已被删除。要删除列，需要指定列的名称并设置axis值为1。

2.9.4　扩展知识

你也可以使用drop方法删除多行或多列。为此，需要在列表中指定所有行索引或列名称，并分别为删除行或列提供相应的axis值（0或1）。

2.10　替换数据

处理表格数据时，替换行或列中的值是常见做法。分析人员替换数据集中的特定值的原因有很多。例如，将缺失值替换为平均值。

Python提供了替换数据集中的单个值或多个值的灵活方式，我们可以使用replace方法来实现这一点。

2.10.1　准备工作

本秘笈将使用Kaggle网站提供的完整Marketing Campaign数据。

2.10.2　实战操作

要使用pandas库删除重复数据，请按以下步骤操作。

（1）导入pandas库：

```
import pandas as pd
```

（2）使用read_csv将.csv文件加载到DataFrame中，然后对DataFrame进行子集化以仅包含相关列：

```
marketing_data = pd.read_csv("data/marketing_campaign.csv")
marketing_data = marketing_data[['ID', 'Year_Birth',
'Kidhome', 'Teenhome']]
```

（3）检查数据。查看前几行，还可以检查行数和列数：

```
marketing_data.head()
   ID    Year_Birth  Kidhome  Teenhome
0  5524  1957        0        0
1  2174  1954        1        1
2  4141  1965        0        0
3  6182  1984        1        0
4  5324  1981        1        0

marketing_data.shape
(2240, 4)
```

（4）将 Teenhome 中的值替换为 has teen 和 has no teen：

```
marketing_data['Teenhome_replaced'] = marketing_data['Teenhome'].
replace([0,1,2],['has no teen','has teen','has teen'])
```

（5）检查输出：

```
marketing_data[['Teenhome','Teenhome_replaced']].head()
   Teenhome  Teenhome_replaced
0  0         has no teen
1  1         has teen
2  0         has no teen
3  0         has no teen
4  0         has no teen
```

现在我们已经替换了数据集中的值。

2.10.3　原理解释

在步骤（1）中，导入了 pandas 库并简写为 pd。

在步骤（2）中，使用了 read_csv 将.csv 文件加载到 pandas DataFrame 中，并将其命名为 marketing_data。我们还对 DataFrame 进行子集化，使其仅包含 4 个相关列。

在步骤（3）中，使用了 head()检查数据集以查看数据集中的前 5 行。我们还使用 shape 方法查看了数据的行数和列数。

在步骤（4）中，使用了 replace 方法替换 Teenhome 列中的值。该方法的第一个参数是要被替换的现有值的列表，而第二个参数则是包含要替换的值的列表。请务必注意，两个参数的列表必须具有相同的长度。

在步骤（5）中，检查了替换之后的结果。

2.10.4　扩展知识

在某些情况下，你可能需要替换一组具有无法明确说明的复杂模式的值，例如某些电话号码或电子邮件地址。在这种情况下，replace 方法可以使用正则表达式进行模式匹配和替换。Regex 是正则表达式（regular expression）的缩写，用于模式匹配。

2.10.5　参考资料

- 你可以通过 Data to Fish 网站查看到很多有关在 pandas 中替换数据的精彩资源，其网址如下：

  https://datatofish.com/replace-values-pandas-dataframe/

- 在 GeeksforGeeks 网站上提供了有关 pandas 中 replace 方法的正则表达式的更多资源，其网址如下：

  https://www.geeksforgeeks.org/replace-values-in-pandas-dataframe-using-regex/

- W3Schools 网站上的一篇文章重点介绍了 Python 中常见的正则表达式模式，其网址如下：

  https://www.w3schools.com/python/python_regex.asp

2.11　更改数据格式

在分析或探索数据时，我们对数据执行的分析类型高度依赖于数据集中的数据格式或数据类型。一般来说，数值数据需要特定的分析技术，而分类数据则需要其他分析技术。因此，在开始分析之前正确捕获数据类型非常重要。

在 pandas 中，dtypes 属性可以帮助我们检查数据集中的数据类型，而 astype 属性则可用于转换各种数据类型。

2.11.1　准备工作

本秘笈将使用 Kaggle 网站提供的完整 Marketing Campaign 数据。

2.11.2　实战操作

要使用 pandas 库更改数据的格式，请按以下步骤操作。

（1）导入 pandas 库：

```
import pandas as pd
```

（2）使用 read_csv 将.csv 文件加载到 DataFrame 中，然后对 DataFrame 进行子集化以仅包含相关列：

```
marketing_data = pd.read_csv("data/marketing_campaign.csv")
marketing_data = marketing_data[['ID', 'Year_Birth',
'Marital_Status','Income']]
```

（3）检查数据。查看前几行，还可以检查行数和列数：

```
marketing_data.head()
   ID    Year_Birth  Marital_Status  Income
0  5524  1957        Single          58138.0
1  2174  1954        Single          46344.0
2  4141  1965        Together        71613.0
3  6182  1984        Together        26646.0
4  5324  1981        Married         58293.0

marketing_data.shape
(2240, 4)
```

（4）对于 Income（收入）列中的缺失值均填充为 0：

```
marketing_data['Income'] = marketing_data['Income'].fillna(0)
```

（5）将 Income（收入）列的数据类型从 float 更改为 int：

```
marketing_data['Income_changed'] = marketing_data['Income'].astype(int)
```

（6）使用 head 方法和 dtypes 属性检查输出：

```
marketing_data[['Income','Income_changed']].head()
   Income    Income_changed
0  58138.0   58138
1  46344.0   46344
2  71613.0   71613
3  26646.0   26646
```

```
4  58293.0  58293

marketing_data[['Income','Income_changed']].dtypes
    0
Income          float64
Income_changed  int32
```

现在我们已经更改了数据集的格式。

2.11.3　原理解释

在步骤（1）中，导入了 pandas 库并简写为 pd。

在步骤（2）中，使用了 read_csv 将.csv 文件加载到 pandas DataFrame 中，并将其命名为 marketing_data。我们还对 DataFrame 进行子集化，使其仅包含 4 个相关列。

在步骤（3）中，使用了 head() 检查数据集以查看数据集中的前 5 行。我们还使用 shape 方法查看了数据的行数和列数。

在步骤（4）中，使用了 fillna 方法用 0 填充缺失值。这是更改 pandas 中的数据类型之前的重要一步。我们为 fillna 方法提供了 just 参数，该参数可用来替换 NaN 值。

在步骤（5）中，使用了 astype 方法将 Income（收入）列的数据类型从 float 更改为 int。我们提供了希望转换的数据类型作为该方法的参数。

在步骤（6）中，对 DataFrame 进行子集化并检查了结果。

2.11.4　扩展知识

在转换数据类型时，可能会遇到转换错误。astype 方法通过 errors 参数为我们提供了引发或忽略错误的选项。默认情况下，该方法会引发错误；但是，你也可以忽略错误，以便该方法返回每个识别出的错误的原始值。

2.11.5　参考资料

PB Python 网站上有一篇很棒的文章，提供了有关在 Pandas 中转换数据类型的更多信息，其网址如下：

https://pbpython.com/pandas_dtypes.html

2.12　处理缺失值

处理缺失值是分析数据时会遇到的常见问题。缺失值是指字段或变量中本应存在而实际并不存在的值。发生这种情况的原因有很多种，例如，访问者在做社会调查时，受访者为了保护自己的个人隐私而拒绝回答某些问题，或者在采集数据时因为传感器故障而丢失了一段时间的数据。

在探索和分析数据时，缺失值很容易导致得出不准确或有偏见的结论。因此，它们需要得到很好的处理。缺失值通常用空格表示，但在 pandas 中，它们用 NaN 表示。

可以使用多种技术来处理缺失值。本秘笈将重点关注使用 pandas 中的 dropna 方法来删除缺失值。

2.12.1　准备工作

本秘笈将使用 Kaggle 网站提供的完整 Marketing Campaign 数据。

2.12.2　实战操作

要使用 pandas 库删除包含缺失值的行和列，请按以下步骤操作。

（1）导入 pandas 库：

```
import pandas as pd
```

（2）使用 read_csv 将.csv 加载到 DataFrame 中，然后对 DataFrame 进行子集化以仅包含相关列：

```
marketing_data = pd.read_csv("data/marketing_campaign.csv")
marketing_data = marketing_data[['ID', 'Year_Birth',
'Education','Income']]
```

（3）检查数据。查看前几行，还可以检查行数和列数：

```
marketing_data.head()
   ID    Year_Birth   Education   Income
0  5524  1957         Graduation  58138.0
1  2174  1954         Graduation  46344.0
2  4141  1965         Graduation  71613.0
3  6182  1984         Graduation  26646.0
```

```
4  5324  1981          PhD          58293.0

marketing_data.shape
(2240, 4)
```

（4）使用 isnull 和 sum 方法检查缺失值：

```
marketing_data.isnull().sum()
ID            0
Year_Birth    0
Education     0
Income        24
```

（5）使用 dropna 方法删除缺失值：

```
marketing_data_withoutna = marketing_data.dropna(how = 'any')
marketing_data_withoutna.shape
(2216, 4)
```

现在我们已经从数据集中删除了缺失值。

2.12.3　原理解释

在步骤（1）中，导入了 pandas 库并简写为 pd。

在步骤（2）中，使用了 read_csv 将.csv 文件加载到 pandas DataFrame 中，并将其命名为 marketing_data。我们还对 DataFrame 进行子集化，使其仅包含 4 个相关列。

在步骤（3）中，使用了 head()检查数据集以查看数据集中的前 5 行。我们还使用 shape 方法查看了数据的行数和列数。

在步骤（4）中，使用了 isnull 和 sum 方法来检查缺失值。这些方法为我们提供了数据集中每一列包含缺失值的行数。行数为 0 表示该列没有包含缺失值的行。

在步骤（5）中，使用了 dropna 方法删除缺失值。对于 how 参数，本示例指定的值为 'any'，表示只要行中的任意列包含缺失值，那么该行将被删除。也可以指定该参数的值为 'all'，这意味着只有行中的所有列都包含缺失值，该行才会被删除。在本示例中，如果指定 how 参数为'all'，则不会有任何行被删除，因为在步骤（4）中可知，该数据集只有 Income（收入）这一列包含缺失值，其他 3 列均不包含缺失值。

使用 shape 方法检查行数和列数，可以看到最终数据集少了 24 行，这正是 Income（收入）列中包含缺失值的行数。

2.12.4 扩展知识

正如前面所强调的，数据集中出现缺失值的原因有很多种。了解其中的原因有利于找到解决此问题的最佳方案。面对缺失值问题时，不应简单粗暴地使用一刀切的方法。本书第 9 章“处理异常值和缺失值”详细介绍了如何通过多种技术来以最佳方式处理异常值和缺失值问题。

2.12.5 参考资料

在第 9 章“处理异常值和缺失值”中可以找到处理异常值和缺失值的详细方法。

第 3 章　在 Python 中可视化数据

可视化数据是探索性数据分析（EDA）的重要组成部分，它可以帮助分析人员更好地理解数据中的关系、模式和隐藏趋势。通过采用正确的图表或可视化效果，可以轻松解释大型复杂数据集中的趋势，并轻松识别隐藏的模式或异常值。

在 Python 中，可以使用多种库来可视化数据。本章将带领你认识 Python 中最常见的数据可视化库并熟悉其操作。

本章包含以下主题：

- 为可视化做准备
- 使用 matplotlib 可视化数据
- 使用 seaborn 可视化数据
- 使用 ggplot 可视化数据
- 使用 bokeh 可视化数据

3.1　技 术 要 求

本章将使用 Python 中的 pandas、matplotlib、seaborn、plotnine 和 bokeh 库。

本章代码和 Notebook 可在本书配套 GitHub 存储库中获取，其网址如下：

https://github.com/PacktPublishing/Exploratory-Data-Analysis-with-Python-Cookbook

3.2　为可视化做准备

在可视化数据之前，了解一下数据的外观很重要。该步骤基本上指的是检查数据以了解形状、数据类型和信息类型。如果没有这个关键步骤，那么我们最终可能会使用错误的可视化效果来分析数据。

值得一提的是，可视化数据从来都没有一种放之四海而皆准的方法，因为不同的图表和可视化效果需要不同的数据类型和变量数量。在可视化数据时必须始终考虑到这一点。

此外，分析人员还可能需要在进行探索性数据分析之前转换数据，而检查数据也可以帮助分析人员确定是否需要先进行转换，再进行探索性数据分析。

最后，了解数据外观这一步骤还有助于分析人员确定是否可以通过转换或组合现有变量（特征工程）来创建其他变量。

在 pandas 中，head、dtypes 和 shape 属性是了解数据的好方法。

3.2.1　准备工作

本章将使用的数据集是来自 Kaggle 网站的 Amsterdam House Prices Data（阿姆斯特丹房价数据）。

你可以为本章创建一个文件夹，并在该文件夹中创建一个新的 Python 脚本或 Jupyter Notebook 文件。你还可以创建一个 data 子文件夹并将 HousingPricesData.csv 文件放入该子文件夹中。或者，你也可以从本书配套 GitHub 存储库中找到所有文件。

提示：

Kaggle 网站提供的 Amsterdam House Prices Data（阿姆斯特丹房价数据）公共数据的网址如下：

https://www.kaggle.com/datasets/thomasnibb/amsterdam-house-price-prediction

本章将使用完整的数据集，在不同秘笈中使用数据集的不同样本。本章配套 GitHub 存储库中也提供了这些数据。

3.2.2　实战操作

要使用 pandas 库为 EDA 做准备，请按以下步骤操作。

（1）导入 pandas 库：

```
import pandas as pd
```

（2）使用 read_csv 将.csv 文件加载到 DataFrame 中，然后对 DataFrame 进行子集化以仅包含相关列：

```
houseprices_data = pd.read_csv("data/HousingPricesData.csv")

houseprices_data = houseprices_data[['Zip', 'Price', 'Area', 'Room']]
```

（3）检查数据。使用 head 方法检查前 5 行，还可以查看行数和列数以及数据类型：

```
houseprices_data.head()
   Zip       Price      Area   Room
0  1091 CR  685000.0   64     3
1  1059 EL  475000.0   60     3
2  1097 SM  850000.0   109    4
3  1060 TH  580000.0   128    6
4  1036 KN  720000.0   138    5

houseprices_data.shape
(924,5)

houseprices_data.dtypes
Zip     object
Price   float64
Area    int64
Room    int64
```

（4）根据 Price（价格）和 Area（面积）变量创建 PriceperSqm（每平方米房价）变量：

```
houseprices_data['PriceperSqm'] = houseprices_data['Price']/
houseprices_data['Area']

houseprices_data.head()
   Zip       Price      Area    Room    PriceperSqm
0  1091 CR  685000.0   64      3       10703.125
1  1059 EL  475000.0   60      3       7916.6667
2  1097 SM  850000.0   109     4       7798.1651
3  1060 TH  580000.0   128     6       4531.25
4  1036 KN  720000.0   138     5       5217.3913
```

现在我们已经检查了数据以准备可视化，并且创建了一个新变量。

3.2.3　原理解释

本秘笈使用了 pandas 库来检查并快速浏览数据集。

在步骤（1）中，导入了 pandas 库并将其简写为 pd。

在步骤（2）中，使用了 read_csv 将.csv 文件加载到 pandas DataFrame 中，并将其命名为 houseprices_data。我们对 DataFrame 进行子集化，使其仅包含 4 个相关列。

在步骤（3）中，使用了 head 方法检查前 5 行，以此快速浏览数据。我们还分别使用了 shape 和 dtypes 属性来了解 DataFrame 形状（行数和列数）和数据类型。

在步骤（4）中，根据领域知识创建了 PriceperSqm（每平方米房价）变量。该指标在房地产中很常见，顾名思义，它是通过总房款除以面积（平方米）得出的。这个新变量在探索性数据分析中很有用。

3.2.4　扩展知识

有时我们可能需要在进行探索性数据分析之前更改特定列的数据类型，这是在开始进行 EDA 之前检查数据至关重要的另一个原因。

3.3　使用 matplotlib 可视化数据

matplotlib 是一个数据可视化库，用于在 Python 中创建静态和交互式可视化图表。它包含多种可视化选项，例如折线图、条形图、直方图等。它基于 NumPy 数组构建。

matplotlib 是一个低级 API，可为简单和复杂的可视化效果提供灵活性。当然，这也意味着使用它完成简单的任务可能会相当麻烦。

matplotlib 库中的 pyplot 模块可处理可视化需求。在使用 matplotlib 库时通常会遇到的一些重要概念包括：

- 图形（figure）：绘制图表的框架。简单来说，图形就是完成绘图的地方。
- 轴（axes）：水平线和垂直线（x 轴和 y 轴），它们提供图表的边框并充当测量参考。
- 刻度线（ticks）：帮助我们划分轴线的小线。
- 标题（title）：图形中图表的标题。
- 标签（label）：沿着轴的刻度的标签。
- 图例（legend）：提供了有关图表的附加信息，以帮助用户进行正确解释。

上述大多数概念也适用于 Python 中的其他可视化库。

现在让我们通过示例来实际尝试一下 matplotlib 的应用操作。

3.3.1　准备工作

本秘笈将继续使用 Kaggle 网站提供的 Amsterdam House Prices Data（阿姆斯特丹房价数据）数据集。

本秘笈还将使用 matplotlib 库。可以使用以下 pip 命令安装 matplotlib：

```
pip install matplotlib
```

3.3.2　实战操作

要使用 matplotlib 可视化数据，请按以下步骤操作。

（1）导入 pandas 库和 matplotlib 库的 pyplot 模块：

```
import pandas as pd
import matplotlib.pyplot as plt
```

（2）使用 read_csv 将.csv 文件加载到 DataFrame 中，然后对 DataFrame 进行子集化以仅包含相关列：

```
houseprices_data = pd.read_csv("data/HousingPricesData.csv")

houseprices_data = houseprices_data[['Zip', 'Price', 'Area', 'Room']]
```

（3）检查数据。使用 head 方法查看前 5 行，还可以了解行数和列数以及数据类型：

```
houseprices_data.head()
   Zip        Price       Area   Room
0  1091 CR  685000.0  64     3
1  1059 EL  475000.0  60     3
2  1097 SM  850000.0  109    4
3  1060 TH  580000.0  128    6
4  1036 KN  720000.0  138    5

houseprices_data.shape
(924,5)

houseprices_data.dtypes
Zip      object
Price    float64
Area     int64
Room     int64
```

（4）根据 Price（价格）和 Area（面积）变量创建 PriceperSqm（每平方米房价）变量：

```
houseprices_data['PriceperSqm'] = houseprices_data['Price']/
houseprices_data['Area']

houseprices_data.head()
   Zip        Price       Area    Room     PriceperSqm
0  1091 CR  685000.0  64      3        10703.125
1  1059 EL  475000.0  60      3        7916.6667
2  1097 SM  850000.0  109     4        7798.1651
```

```
3  1060 TH  580000.0  128   6       4531.25
4  1036 KN  720000.0  138   5       5217.3913
```

（5）根据房价对 DataFrame 进行排序并检查输出：

```
houseprices_sorted = houseprices_data.sort_values('Price',
ascending = False)

houseprices_sorted.head()
     Zip       Price      Area  Room  PriceperSqm
195  1017 EL  5950000.0  394   10    15101.5228
837  1075 AH  5850000.0  480   14    12187.5
305  1016 AE  4900000.0  623   13    7865.1685
103  1017 ZP  4550000.0  497   13    9154.9295
179  1012 JS  4495000.0  178   5     25252.8089
```

（6）在 matplotlib 中绘制包含基本细节的条形图：

```
plt.figure(figsize= (12,6))

x = houseprices_sorted['Zip'][0:10]
y = houseprices_sorted['Price'][0:10]
plt.bar(x,y)
plt.show()
```

这会产生如图 3.1 所示的结果。

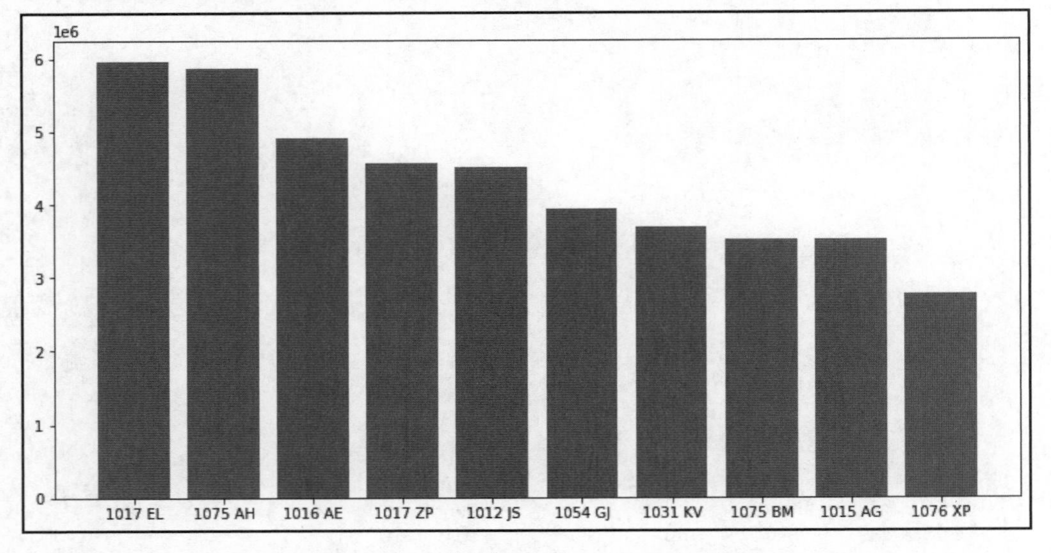

图 3.1　包含基本细节的 matplotlib 条形图

（7）在 matplotlib 中绘制条形图，并包含其他信息细节，例如标题、x 轴标签和 y 轴标签等：

```
plt.figure(figsize= (12,6))
plt.bar(x,y)
plt.title('Top 10 Areas with the highest house prices', fontsize=15)
plt.xlabel('Zip code', fontsize = 12)
plt.xticks(fontsize=10)
plt.ylabel('House prices in millions', fontsize=12)
plt.yticks(fontsize=10)
plt.show()
```

这会产生如图 3.2 所示的结果。

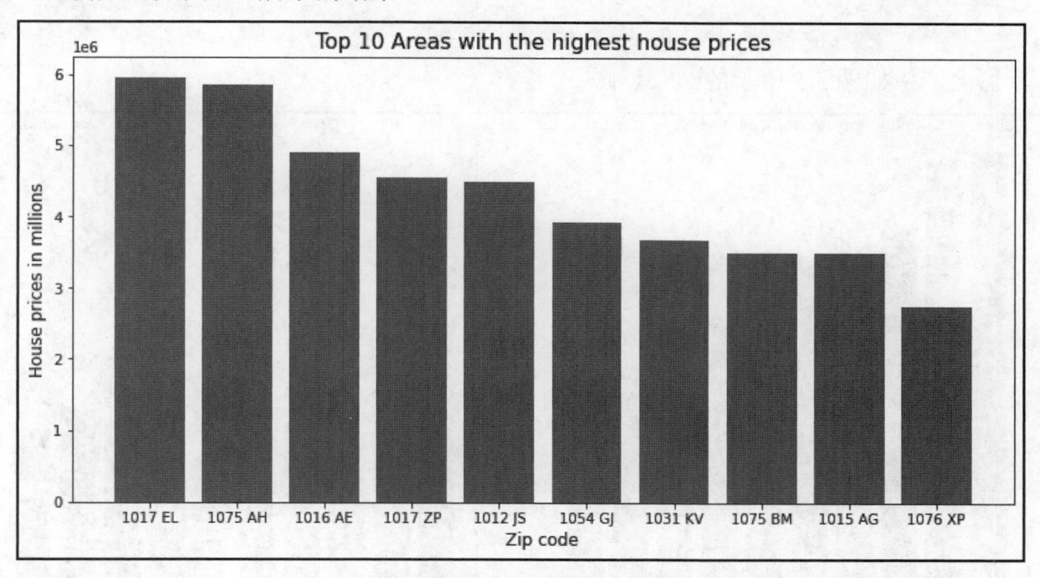

图 3.2　包含更多细节的 matplotlib 条形图

（8）在 matplotlib 中创建子图以同时查看多个视角的可视化：

```
fig, ax = plt.subplots(figsize=(40,18))

x = houseprices_sorted['Zip'][0:10]
y = houseprices_sorted['Price'][0:10]
y1 = houseprices_sorted['PriceperSqm'][0:10]

plt.subplot(1,2,1)
plt.bar(x,y)
```

```
plt.xticks(fontsize=17)
plt.ylabel('House prices in millions', fontsize=25)
plt.yticks(fontsize=20)
plt.title('Top 10 Areas with the highest house prices',
fontsize=25)

plt.subplot(1,2,2)
plt.bar(x,y1)
plt.xticks(fontsize=17)
plt.ylabel('House prices per sqm', fontsize=25)
plt.yticks(fontsize=20)
plt.title('Top 10 Areas with the highest house prices per sqm',
fontsize=25)
plt.show()
```

这会产生如图 3.3 所示的结果。

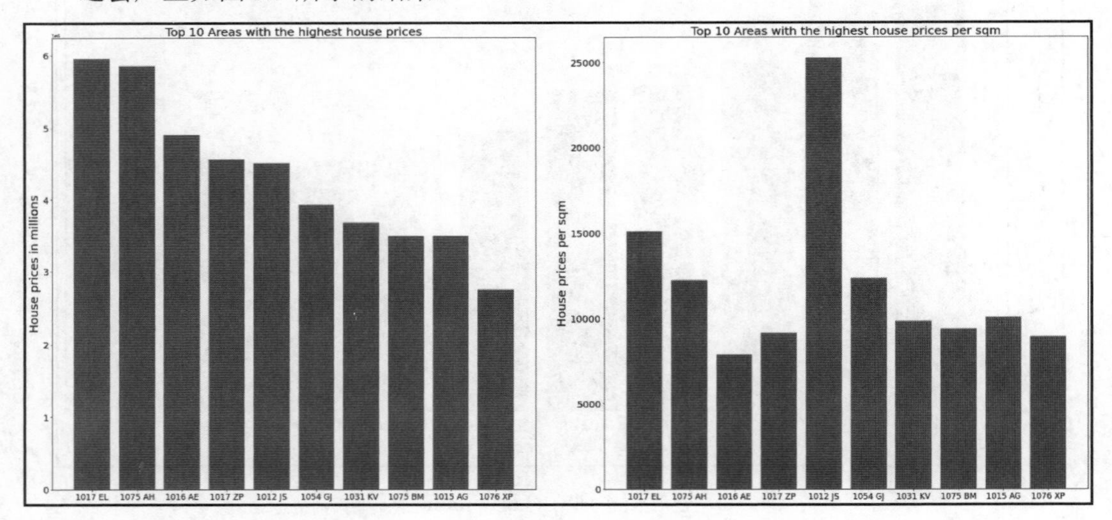

图 3.3　matplotlib 子图

现在我们已经完成了对 matplotlib 操作的探索。

3.3.3　原理解释

在步骤（1）中，导入了 pandas 库并将其简写为 pd。我们还从 matplotlib 库导入了 pyplot 模块并将其简写为 plt，该模块将满足本示例所有的可视化需求。

在步骤（2）中，使用了 read_csv 将.csv 文件加载到 pandas DataFrame 中，并将其命

名为 houseprices_data。我们对 DataFrame 进行子集化，使其仅包含 4 个相关列。

在步骤（3）中，使用了 head 方法检查前 5 行，以此快速浏览数据。我们还分别使用了 shape 和 dtypes 属性来了解 DataFrame 形状（行数和列数）和数据类型。

在步骤（4）中，根据 Price（价格）和 Area（面积）变量创建了 PriceperSqm（每平方米房价）变量。

在步骤（5）中，使用了 sort_values 方法根据 Price（价格）列对 DataFrame 进行排序。这很有用，因为我们计划根据房价可视化排名前 10 的区域。

在步骤（6）中，使用了 matplotlib 绘制条形图。我们首先使用 pyplot 中的 figure 函数来定义将在其中进行绘图的框架的大小。使用 figsize 参数分别指定宽度和高度。

接下来，我们定义了在 x 轴上的值，实际上就是提取按房价排序后的 DataFrame 中前 10 条记录的'Zip'（邮政编码）值，这将为我们提供房价排名前 10 的房屋所属区域的邮政编码。我们还定义了 y 轴中的值，实际上就是提取同一 DataFrame 的前 10 条记录的 Price（价格）值，然后使用 bar 函数绘制条形图，并使用 show 函数显示绘制的条形图。

在步骤（7）中，提供了更多细节以使条形图信息更丰富。title 函数可提供标题，xlabel 和 ylabel 函数分别为 x 轴和 y 轴提供标签。这些函数将文本作为第一个参数，将文本的大小作为第二个参数。xticks 和 yticks 函数分别指定 x 轴和 y 轴值的大小。

在步骤（8）中，使用了 subplots 函数创建子图。该函数返回一个包含两个元素的元组。第一个元素是 figure，它是绘图的框架；第二个元素表示轴，它是我们在其上绘图的画布。我们将元组中的两个元素分配给两个变量：fig 和 ax。

然后，我们指定了第一个子图的位置并提供该图的详细信息。该函数接受 3 个参数：行数（1）、列数（2）和索引（1）。

接下来，我们还需要指定第二个子图的位置，同样是 3 个参数：行数（1）、列数（2）和索引（2），然后提供详细信息。

第一个子图突出显示了基于房价排序的前 10 个区域，而第二个子图则突出显示了相同的区域，但 y 轴换成了各个地区每平方米的价格。

并排分析这两个子图突显了一个隐藏的模式（如果没有 EDA，那么我们可能会错过这个模式），即房价最高的区域不一定每平方米房价最高。

3.3.4　扩展知识

matplotlib 库支持多种类型的图表和自定义选项。低级 API 为多种简单和复杂的可视化需求提供了灵活性。matplotlib 支持的其他一些图表包括直方图（histogram）、箱线图（boxplot）、小提琴图（violin plot）和饼图（pie chart）等。

3.3.5 参考资料

- matplotlib 文档：

  https://matplotlib.org/stable/users/index.html

- Badreesh Shetty 在 Towards Data Science 网站发表了一篇颇有见地的文章，其网址如下：

  https://towardsdatascience.com/data-visualization-using-matplotlib-16f1aae5ce70

3.4 使用 seaborn 可视化数据

seaborn 是另一个常见的 Python 数据可视化库。它基于 matplotlib 并可与 pandas 数据结构很好地集成。

seaborn 主要用于制作统计图形，这使得它非常适合执行 EDA。它使用 matplotlib 绘制图表，但是，这是在幕后完成的。与 matplotlib 不同，seaborn 的高级 API 使其更简单并且使用起来更快。

如前文所述，用 matplotlib 完成常见任务有时可能很麻烦，需要多行代码。尽管 matplotlib 是高度可定制的，但有时很难调整设置。相形之下，seaborn 就为分析人员提供了更容易调整和理解的设置。

在 3.3 节“使用 matplotlib 可视化数据”中介绍的许多重要术语也适用于 seaborn，例如轴、刻度、图例、标题、标签等。

现在让我们通过一些例子来探索 seaborn 的实战操作。

3.4.1 准备工作

本秘笈将继续使用 Kaggle 网站提供的 Amsterdam House Prices Data（阿姆斯特丹房价数据）数据集。

本秘笈还将使用 matplotlib 和 seaborn 库。可以使用以下 pip 命令安装 seaborn：

```
pip install seaborn
```

3.4.2　实战操作

要使用 seaborn 可视化数据，请按以下步骤操作。

（1）导入 pandas 和 seaborn 库以及 matplotlib 的 pyplot 模块：

```
import pandas as pd
import matplotlib.pyplot as plt
import seaborn as sns
```

（2）使用 read_csv 将.csv 文件加载到 DataFrame 中，然后对 DataFrame 进行子集化以仅包含相关列：

```
houseprices_data = pd.read_csv("data/HousingPricesData.csv")

houseprices_data = houseprices_data[['Zip', 'Price', 'Area', 'Room']]
```

（3）检查数据。使用 head 方法查看前 5 行，还可以了解行数和列数以及数据类型：

```
houseprices_data.head()
   Zip       Price      Area  Room
0  1091 CR  685000.0   64    3
1  1059 EL  475000.0   60    3
2  1097 SM  850000.0   109   4
3  1060 TH  580000.0   128   6
4  1036 KN  720000.0   138   5

houseprices_data.shape
(924,5)

houseprices_data.dtypes
Zip     object
Price   float64
Area    int64
Room    int64
```

（4）根据 Price（价格）和 Area（面积）变量创建 PriceperSqm（每平方米房价）变量：

```
houseprices_data['PriceperSqm'] = houseprices_data['Price']/
houseprices_data['Area']

houseprices_data.head()
   Zip       Price      Area   Room   PriceperSqm
0  1091 CR  685000.0   64     3      10703.125
```

```
1   1059 EL   475000.0    60      3       7916.6667
2   1097 SM   850000.0    109     4       7798.1651
3   1060 TH   580000.0    128     6       4531.25
4   1036 KN   720000.0    138     5       5217.3913
```

（5）根据房价对 DataFrame 进行排序并检查输出结果：

```
houseprices_sorted = houseprices_data.sort_values('Price',
ascending = False)

houseprices_sorted.head()
     Zip        Price       Area    Room    PriceperSqm
195  1017 EL    5950000.0  394     10      15101.5228
837  1075 AH    5850000.0  480     14      12187.5
305  1016 AE    4900000.0  623     13      7865.1685
103  1017 ZP    4550000.0  497     13      9154.9295
179  1012 JS    4495000.0  178     5       25252.8089
```

（6）在 seaborn 中绘制条形图并包含基本信息：

```
plt.figure(figsize= (12,6))
data = houseprices_sorted[0:10]
sns.barplot(data= data, x= 'Zip',y = 'Price')
```

这会产生如图 3.4 所示的结果。

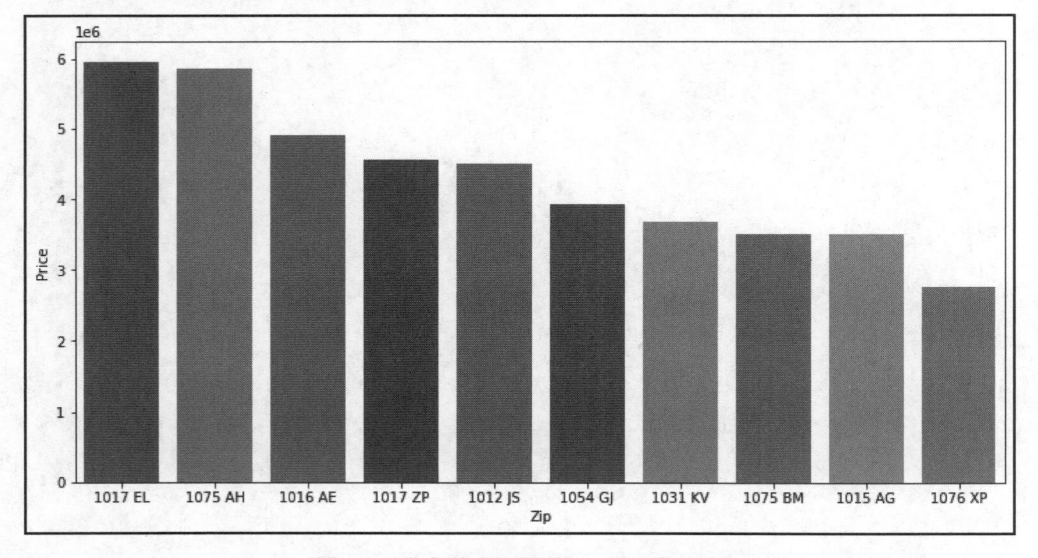

图 3.4　带有基本细节的 seaborn 条形图

（7）在 seaborn 中绘制条形图，其中包含更多信息，例如标题、x 轴标签和 y 轴标签：

```
plt.figure(figsize= (12,6))
data = houseprices_sorted[0:10]

ax = sns.barplot(data= data, x= 'Zip',y = 'Price')
ax.set_xlabel('Zip code',fontsize = 15)
ax.set_ylabel('House prices in millions', fontsize = 15)
ax.set_title('Top 10 Areas with the highest house prices',
fontsize= 20)
```

这会产生如图 3.5 所示的结果。

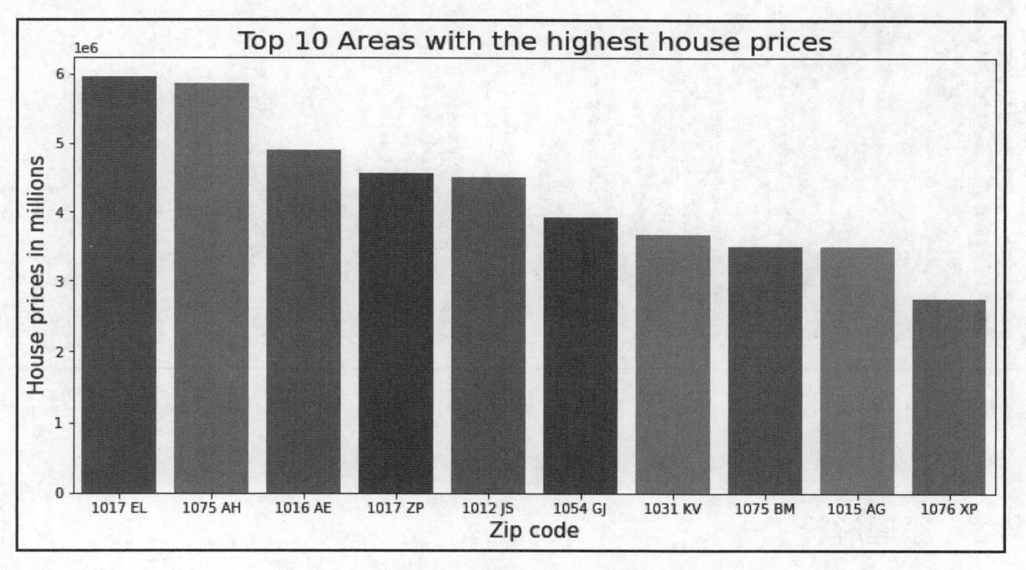

图 3.5　包含更多信息的 seaborn 条形图

（8）在 seaborn 中创建子图以同时查看多个视角的可视化：

```
fig, ax = plt.subplots(1, 2,figsize=(40,18))

data = houseprices_sorted[0:10]

sns.set(font_scale = 3)
ax1 = sns.barplot(data= data, x= 'Zip',y = 'Price', ax = ax[0])
ax1.set_xlabel('Zip code')
ax1.set_ylabel('House prices in millions')
ax1.set_title('Top 10 Areas with the highest house prices')
```

```
ax2 = sns.barplot(data= data, x= 'Zip',y = 'PriceperSqm', ax=ax[1])
ax2.set_xlabel('Zip code')
ax2.set_ylabel('House prices per sqm')
ax2.set_title('Top 10 Areas with the highest price per sqm')
```

这会产生如图 3.6 所示的结果。

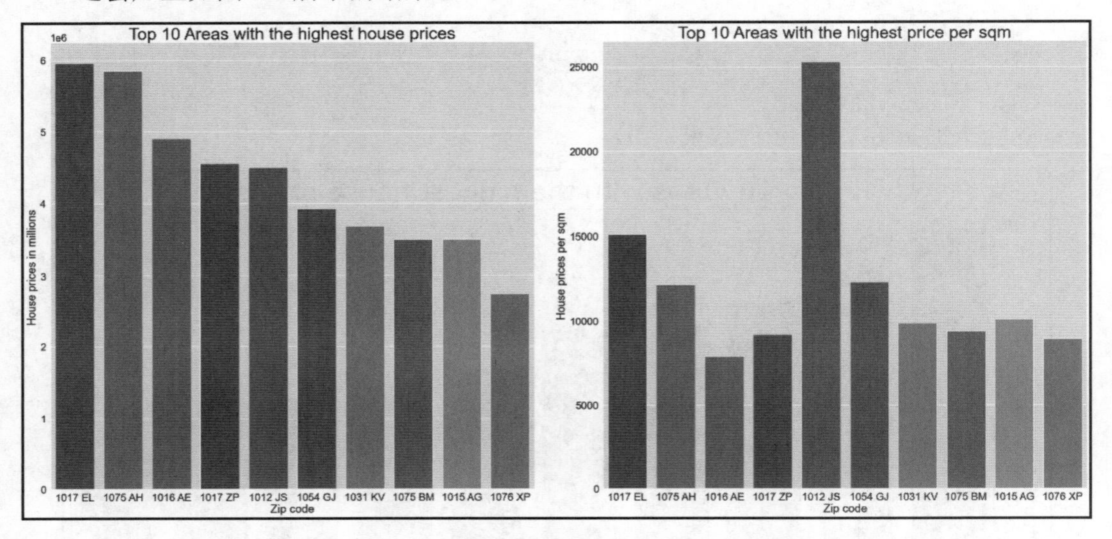

图 3.6　seaborn 子图

现在我们已经在 seaborn 中绘制了条形图。

3.4.3　原理解释

在步骤（1）中，导入了 pandas 库并将其简写为 pd。我们还从 matplotlib 库导入了 pyplot 模块并将其简写为 plt，导入了 seaborn 库并将其简写为 sns。

在步骤（2）中，使用了 read_csv 将.csv 文件加载到 pandas DataFrame 中，并将其命名为 houseprices_data。我们对 DataFrame 进行子集化，使其仅包含 4 个相关列。

在步骤（3）中，使用了 head 方法检查前 5 行，以此快速浏览数据。我们还分别使用了 shape 和 dtypes 属性来了解 DataFrame 形状（行数和列数）和数据类型。

在步骤（4）中，根据 Price（价格）和 Area（面积）变量创建了 PriceperSqm（每平方米房价）变量。

在步骤（5）中，使用了 sort_values 方法根据 Price（价格）列对 DataFrame 进行排序。

这很有用，因为我们计划根据房价可视化排名前 10 的区域。

在步骤（6）中，使用了 seaborn 绘制条形图。我们首先使用 pyplot 中的 figure 函数来定义将在其中进行绘图的框架的大小。使用 figsize 参数分别指定宽度和高度。

接下来，我们定义了数据，即排序数据集的前 10 条记录，然后使用了 barplot 函数绘制条形图。

在步骤（7）中，提供了更多细节以使条形图信息更丰富。首先，我们将条形图分配给一个变量，然后使用 seaborn 方法提供额外的图表信息。set_title 方法可以提供标题，set_xlabel 和 set_ylabel 方法可以分别为 x 轴和 y 轴提供标签。这些方法将文本作为第一个参数，将文本的大小作为第二个参数。

在步骤（8）中，使用了 subplots 函数创建子图。我们将 subplots 函数的输出分配给两个变量（fig 和 ax），因为它通常输出一个包含两个元素的元组。在 subplots 函数中，可以指定子图的结构（一行两列）和图形大小。

然后，我们使用了 barplot 方法中的 ax 参数指定第一个子图的位置。ax[0] 值指定第一个图位于第一个轴。对第二个子图也可以执行相同的操作。set 方法可以帮助设置子图标签和文本比例（font_scale）。

3.4.4　扩展知识

在 seaborn 中，可以使用 matplotlib 函数为图表提供附加信息。这意味着 title、xlabel、ylabel、xticks 和 yticks 等方法也可以在 seaborn 中使用。

3.4.5　参考资料

你可以查看 seaborn 用户指南以更全面地探索该库：

https://seaborn.pydata.org/tutorial.html

3.5　使用 ggplot 可视化数据

ggplot 是一个开源数据可视化库，最初是用编程语言 R 构建的。在过去的几年里，它获得了极大的欢迎。它是图形语法的实现，是以一致的方式创建绘图的高级框架。ggplot 还有一个名为 plotnine 的 Python 实现。

图形语法由 7 个组件组成，这些组件抽象了低级细节，使我们能够专注于构建美观的可视化效果。这些组件包括数据、视觉元素、几何对象、分面、统计转换、坐标和主题，具体描述如下。

- 数据（data）：指计划可视化的数据。
- 视觉元素（aesthetics）：指要绘制的变量，即单个变量（x 变量）或多个变量（x 和 y 变量）。
- 几何对象（geometric object）：指计划使用的图表类型。例如，可以绘制直方图或条形图。
- 分面（facet）：这有助于我们将数据分解为子集，并在彼此相邻排列的多个图中可视化这些子集。
- 统计转换（statistical transformation）：指对数据执行的转换，例如汇总统计中的平均值、中位数等。
- 坐标（coordinate）：指可用的坐标选项。默认情况下将采用笛卡儿坐标系。
- 主题（theme）：提供了有关如何可视化数据以使其富于吸引力的设计选项，包括背景颜色、图例等。

前 3 个组件（数据、视觉元素和几何对象）是强制性的，因为没有它们就无法绘图。其他 4 个组件通常是可选的。

现在我们将通过一些示例探索 Python 中的 ggplot（plotnine 库）。

3.5.1　准备工作

本秘笈将继续使用 Kaggle 网站提供的 Amsterdam House Prices Data（阿姆斯特丹房价数据）数据集。

本秘笈还将使用 plotnine 库。在 Python 中，ggplot 作为 plotnine 中的模块实现。可以使用以下命令通过 pip 安装 plotnine：

```
pip install plotnine
```

3.5.2　实战操作

要使用 plotnine 中的 ggplot 可视化数据，请按以下步骤操作。

（1）导入 pandas 和 plotnine 库：

```
import pandas as pd
from plotnine import *
```

（2）使用 read_csv 将.csv 文件加载到 DataFrame 中，然后对 DataFrame 进行子集化以仅包含相关列：

```
houseprices_data = pd.read_csv("data/HousingPricesData.csv")

houseprices_data = houseprices_data[['Zip', 'Price', 'Area', 'Room']]
```

（3）检查数据。使用 head 方法查看前 5 行，还可以了解行数和列数以及数据类型：

```
houseprices_data.head()
   Zip        Price       Area   Room
0  1091 CR  685000.0   64     3
1  1059 EL  475000.0   60     3
2  1097 SM  850000.0   109    4
3  1060 TH  580000.0   128    6
4  1036 KN  720000.0   138    5

houseprices_data.shape
(924,5)

houseprices_data.dtypes
Zip      object
Price    float64
Area     int64
Room     int64
```

（4）根据 Price（价格）和 Area（面积）变量创建 PriceperSqm（每平方米房价）变量：

```
houseprices_data['PriceperSqm'] = houseprices_data['Price']/
houseprices_data['Area']

houseprices_data.head()
   Zip        Price       Area   Room   PriceperSqm
0  1091 CR  685000.0   64     3      10703.125
1  1059 EL  475000.0   60     3      7916.6667
2  1097 SM  850000.0   109    4      7798.1651
3  1060 TH  580000.0   128    6      4531.25
4  1036 KN  720000.0   138    5      5217.3913
```

（5）根据房价对 DataFrame 进行排序并检查输出结果：

```
houseprices_sorted = houseprices_data.sort_values('Price',
ascending = False)

houseprices_sorted.head()
```

```
     Zip       Price       Area  Room   PriceperSqm
195  1017 EL   5950000.0   394   10     15101.5228
837  1075 AH   5850000.0   480   14     12187.5
305  1016 AE   4900000.0   623   13     7865.1685
103  1017 ZP   4550000.0   497   13     9154.9295
179  1012 JS   4495000.0   178   5      25252.8089
```

（6）在 ggplot 中绘制包含基本细节的条形图：

```
chart_data = houseprices_sorted[0:10]

ggplot(chart_data,aes(x='Zip',y = 'Price'))+geom_bar(stat ='identity') \
+ scale_x_discrete(limits=chart_data['Zip'].tolist()) +
theme(figure_size=(16, 8))
```

这会产生如图 3.7 所示的结果。

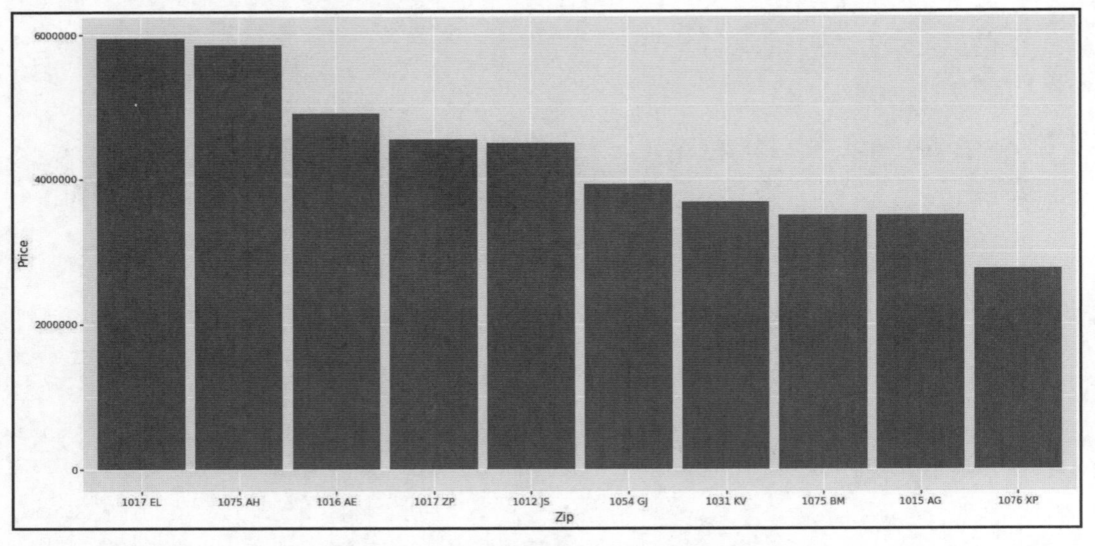

图 3.7　包含基本细节的 ggplot 条形图

（7）在 ggplot 中绘制条形图，并包含其他细节信息，例如标题、x 轴标签和 y 轴标签等：

```
ggplot(chart_data,aes(x='Zip',y = 'Price'))+geom_bar(stat ='identity') \
+ scale_x_discrete(limits=chart_data['Zip'].tolist()) \
+ labs(y='House prices in millions', x='Zip code', title='Top 10
Areas with the highest house prices') \
+ theme(figure_size=(16, 8),
```

```
        axis_title=element_text(face='bold',size =12),
        axis_text=element_text(face='italic',size=8),
        plot_title=element_text(face='bold',size=12))
```

这会产生如图 3.8 所示的结果。

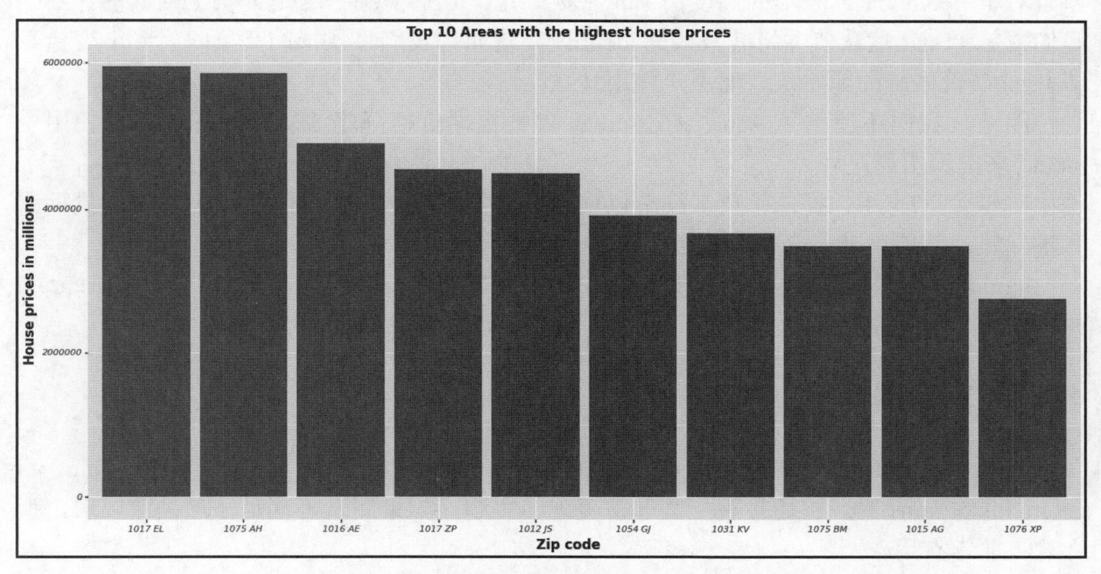

图 3.8　包含更多细节信息的 ggplot 条形图

现在我们已经在 ggplot 中绘制了条形图。

3.5.3　原理解释

在步骤（1）中，导入了 pandas 库并将其简写为 pd。我们还导入了 plotnine 库。

在步骤（2）中，使用了 read_csv 将.csv 文件加载到 pandas DataFrame 中，并将其命名为 houseprices_data。我们对 DataFrame 进行子集化，使其仅包含 4 个相关列。

在步骤（3）中，使用了 head 方法检查前 5 行，以此快速浏览数据。我们还分别使用了 shape 和 dtypes 属性来了解 DataFrame 形状（行数和列数）和数据类型。

在步骤（4）中，根据 Price（价格）和 Area（面积）变量创建了 PriceperSqm（每平方米房价）变量。

在步骤（5）中，使用了 sort_values 方法根据 Price（价格）列对 DataFrame 进行排序。这很有用，因为我们计划根据房价可视化排名前 10 的区域。

在步骤（6）中，使用了 ggplot 绘制条形图。在 ggplot 中首先提供了数据，然后提供了视觉元素，在本示例中就是轴。接下来，提供了几何对象（geom_bar 图表类型），该类型用于条形图。

对于 geom_bar，条形的高度由 stat 参数确定，默认情况下这是 x 轴上的值的计数。我们覆盖了 stat 默认值并将其替换为'identity'，这允许我们将条形的高度映射到 y 变量，即 Price（价格）的原始值，而不是使用计数。

此外，我们还使用了 scale_x_discrete 参数根据价格降序绘制条形图，最后使用了 theme 来指示图形尺寸。

在步骤（7）中，提供了更多细节以使条形图信息更加丰富。使用 labs 可以提供标题和轴标签，而使用 theme 则可以指定标签的字体大小。

ggplot 具有分面功能，可以根据数据中的特定变量创建多个子集图。但是，目前 ggplot 并不直接支持子图。

3.5.4 扩展知识

ggplot 支持其他几种几何对象，例如 geom_boxplot、geom_violin、geom_point 和 geom_histograms 等。它还具有一些非常美观的主题，如果图表美观是一项关键要求，那么这将非常有用。

3.5.5 参考资料

GeeksforGeeks 网站上有一篇关于 plotnine 库的颇有见地的文章，其网址如下：

https://www.geeksforgeeks.org/data-visualization-using-plot9ine-and-ggplot2-in-python/

3.6 使用 bokeh 可视化数据

bokeh 是 Python 中另一个流行的数据可视化库。bokeh 支持提供交互式且美观的图表。这些图表允许用户以交互的形式探索许多场景。bokeh 还支持针对特殊和高级可视化用例的自定义 JavaScript。有了它，图表可以轻松嵌入网页中。

符号（glyph）是 bokeh 可视化的构建块。所谓的 glyph 是一种几何形状或标记，用于表示数据并可在 bokeh 中创建绘图。一般来说，绘图由一种或多种几何形状组成，例如直线、正方形、圆形和矩形等。这些形状（符号）包含有关相应数据集的可视化信息。

在 3.3 节“使用 matplotlib 可视化数据”中介绍的许多重要术语也适用于 bokeh，并且语法也非常相似。

现在让我们通过一些示例来探索 bokeh 的实战操作。

3.6.1 准备工作

本秘笈将继续使用 Kaggle 网站提供的 Amsterdam House Prices Data（阿姆斯特丹房价数据）数据集。

本秘笈还将使用 bokeh 库。可以使用以下命令通过 pip 安装 bokeh：

```
pip install bokeh
```

3.6.2 实战操作

要使用 bokeh 可视化数据，请按以下步骤操作。

（1）导入 pandas 和 bokeh 库：

```
import pandas as pd
from bokeh.plotting import figure, show
import bokeh.plotting as bk_plot
from bokeh.io import output_notebook
output_notebook()
```

（2）使用 read_csv 将.csv 文件加载到 DataFrame 中，然后对 DataFrame 进行子集化以仅包含相关列：

```
houseprices_data = pd.read_csv("data/HousingPricesData.csv")

houseprices_data = houseprices_data[['Zip', 'Price', 'Area', 'Room']]
```

（3）检查数据。使用 head 方法查看前 5 行，还可以了解行数和列数以及数据类型：

```
houseprices_data.head()
   Zip       Price      Area   Room
0  1091 CR  685000.0  64     3
1  1059 EL  475000.0  60     3
2  1097 SM  850000.0  109    4
3  1060 TH  580000.0  128    6
4  1036 KN  720000.0  138    5

houseprices_data.shape
```

```
(924,5)

houseprices_data.dtypes
Zip      object
Price    float64
Area     int64
Room     int64
```

（4）根据 Price（价格）和 Area（面积）变量创建 PriceperSqm（每平方米房价）变量：

```
houseprices_data['PriceperSqm'] = houseprices_data['Price']/
houseprices_data['Area']

houseprices_data.head()
   Zip      Price       Area   Room   PriceperSqm
0  1091 CR  685000.0    64     3      10703.125
1  1059 EL  475000.0    60     3      7916.6667
2  1097 SM  850000.0    109    4      7798.1651
3  1060 TH  580000.0    128    6      4531.25
4  1036 KN  720000.0    138    5      5217.3913
```

（5）根据房价对 DataFrame 进行排序并检查输出结果：

```
houseprices_sorted = houseprices_data.sort_values('Price',
ascending = False)

houseprices_sorted.head()
     Zip      Price       Area   Room   PriceperSqm
195  1017 EL  5950000.0   394    10     15101.5228
837  1075 AH  5850000.0   480    14     12187.5
305  1016 AE  4900000.0   623    13     7865.1685
103  1017 ZP  4550000.0   497    13     9154.9295
179  1012 JS  4495000.0   178    5      25252.8089
```

（6）在 bokeh 中绘制包含基本细节的条形图：

```
data = houseprices_sorted[0:10]

fig = figure(x_range = data['Zip'],plot_width = 700, plot_height = 500)
fig.vbar(x= data['Zip'], top = data['Price'], width = 0.9)
show(fig)
```

这会产生如图 3.9 所示的结果。

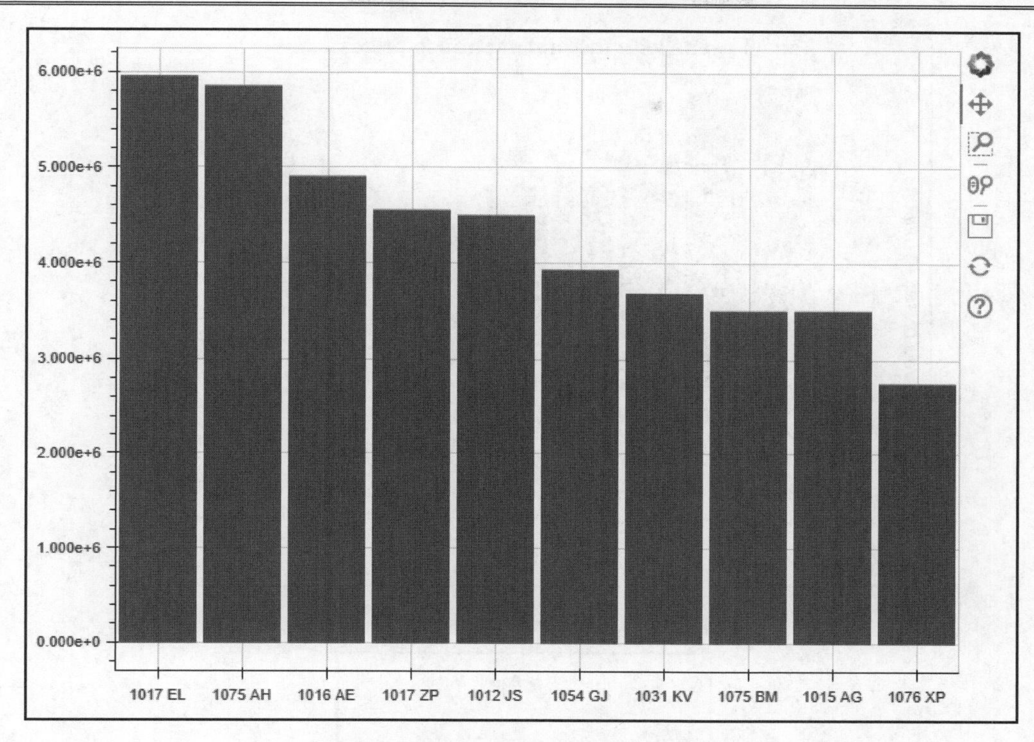

图 3.9　包含基本细节的 bokeh 条形图

（7）在 bokeh 中绘制条形图，并提供更多信息：

```
fig = figure(x_range = data['Zip'],plot_width = 700, plot_height = 500,
            title = 'Top 10 Areas with the highest house
prices', x_axis_label = 'Zip code',
            y_axis_label = 'House prices in millions')

fig.vbar(x= data['Zip'], top = data['Price'], width = 0.9)

fig.xaxis.axis_label_text_font_size = "15pt"
fig.xaxis.major_label_text_font_size = "10pt"
fig.yaxis.axis_label_text_font_size = "15pt"
fig.yaxis.major_label_text_font_size = "10pt"
fig.title.text_font_size = '15pt'
show(fig)
```

这会产生如图 3.10 所示的结果。

图 3.11 显示了 bokeh 图形右侧的交互功能组件。

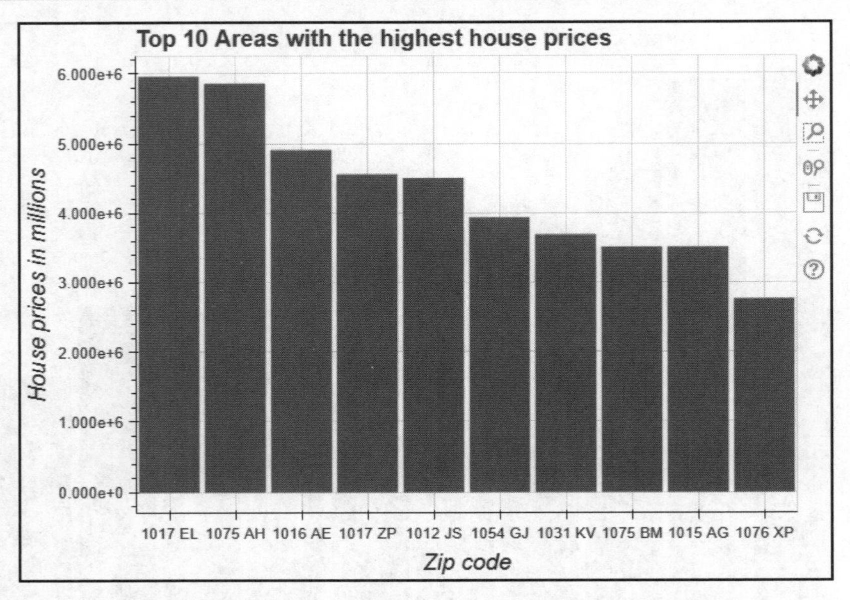

图 3.10　包含更多信息的 bokeh 条形图

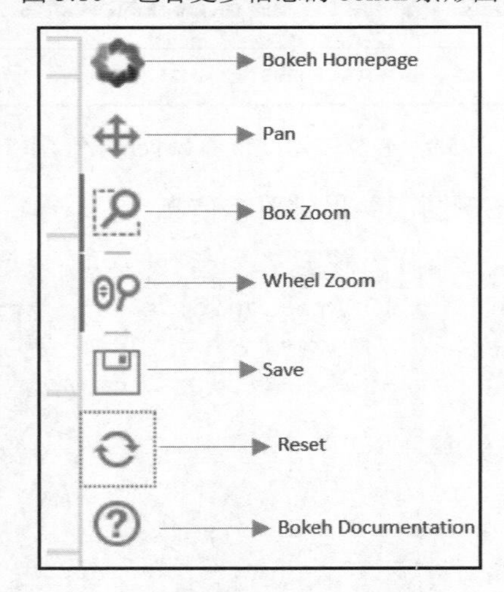

图 3.11　默认的 bokeh 交互功能

原　　文	译　　文	原　　文	译　　文
Bokeh Homepage	Bokeh 主页	Save	保存
Pan	平移	Reset	重置
Box Zoom	方框缩放	Bokeh Documentation	Bokeh 文档
Wheel Zoom	滚轮缩放		

（8）在 bokeh 中创建子图以同时查看多个视角的可视化：

```
p1 = figure(x_range = data['Zip'],plot_width = 480, plot_height = 400,
           title = 'Top 10 Areas with the highest house
prices', x_axis_label = 'Zip code',
           y_axis_label = 'House prices in millions')

p1.vbar(x= data['Zip'], top = data['Price'], width = 0.9)

p2 = figure(x_range = data['Zip'],plot_width = 480, plot_height = 400,
           title = 'Top 10 Areas with the highest house prices
per sqm', x_axis_label = 'Zip code',
           y_axis_label = 'House prices per sqm')

p2.vbar(x= data['Zip'], top = data['PriceperSqm'], width = 0.9)

gp = bk_plot.gridplot(children=[[p1, p2]])
bk_plot.show(gp)
```

这会产生如图 3.12 所示的结果。

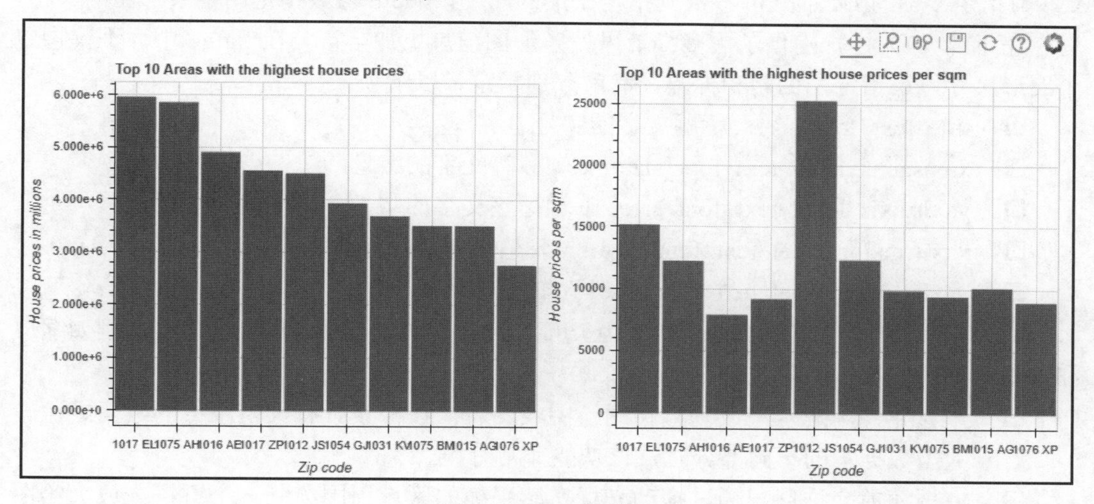

图 3.12　bokeh 子图

现在我们已经在 bokeh 中绘制了条形图。

3.6.3　原理解释

在步骤（1）中，导入了 pandas 并将其简写为 pd。我们还从 bokeh 库导入了 plotting

模块，并将其简写为 bk_plot。另外，还导入了 figure、show 和 output_notebook。

- figure 可以帮助定义绘图框架。
- show 可以帮助显示图表。
- output_notebook 可以确保图表显示在 Notebook 中。

在步骤（2）中，使用了 read_csv 将.csv 文件加载到 pandas DataFrame 中，并将其命名为 houseprices_data。我们对 DataFrame 进行子集化，使其仅包含 4 个相关列。

在步骤（3）中，使用了 head 方法检查前 5 行，以此快速浏览数据。我们还分别使用了 shape 和 dtypes 属性来了解 DataFrame 形状（行数和列数）和数据类型。

在步骤（4）中，根据 Price（价格）和 Area（面积）变量创建了 PriceperSqm（每平方米房价）变量。

在步骤（5）中，使用了 sort_values 方法根据 Price（价格）列对 DataFrame 进行排序。这很有用，因为我们计划根据房价可视化排名前 10 的区域。

在步骤（6）中，使用了 bokeh 绘制条形图。我们使用了 figure 函数来定义绘图框的大小，并使用了 x_range 参数来指定 *x* 轴的值，然后，我们使用了 vbar 函数绘制条形图。x 参数指定 *x* 轴的列，而 top 参数则指定条形的高度，width 参数指定图中条形图的大小。

在步骤（7）中，提供了更多细节以使条形图信息更加丰富。在 figure 中，不仅指定了图形尺寸，还指定了标题和标签，然后分别指定了以下项：

- title_text_font_size：标题文字的字号。
- xaxis.axis_label_text_font_size：*x* 轴标签文字的字号。
- yaxis.axis_label_text_font_size：*y* 轴标签文字的字号。
- xaxis.major_label_text_font_size：*x* 轴值文本的字号。
- yaxis.major_label_text_font_size：*y* 轴值文本的字号。

bokeh 提供缩放、平移和悬停等交互功能。在其图表中，基本的交互功能（例如缩放和平移）都可以在右上角找到。

- 平移允许用户水平或垂直移动绘图或图表，在探索具有大范围值的数据或比较大型数据集的不同部分时，该功能非常有用。
- 方框缩放允许用户通过拖动光标在感兴趣的区域周围绘制一个方框来放大绘图或图表的特定区域。
- 滚轮缩放允许用户使用鼠标滚轮放大和缩小绘图或图表。

在步骤（8）中，使用了 gridplot 函数创建子图。我们将 figure 分配给 p1 和 p2 变量，然后为每个 figure 创建了绘图。最后，使用 gridplot 函数来创建子图。

3.6.4　扩展知识

除了平移、缩放和悬停，bokeh 还提供了一系列交互功能，包括：

- 与回调的交互（interactions with callbacks）：bokeh 允许用户添加自定义 JavaScript 回调或 Python 回调来处理更复杂的用户交互。
- 与小部件的交互（interactivity with widgets）：bokeh 提供可用于创建交互式仪表板的小部件。

3.6.5　参考资料

有关 bokeh 功能和示例代码的更多信息，可查看 bokeh 用户指南。其网址如下：

https://docs.bokeh.org/en/latest/docs/user_guide.html
https://docs.bokeh.org/en/3.0.2/docs/user_guide/interaction.html

第 4 章　在 Python 中执行单变量分析

在执行单变量分析（univariate analysis）时，分析人员通常对单独分析数据集中的一个或多个变量感兴趣。在单变量分析的过程中可以收集到的一些见解包括中位数、众数、最大值、全距和异常值等。

分类变量和数值变量都可以进行单变量分析。我们可以针对这两种类型的变量探索多种图表选项（例如直方图、箱线图和小提琴图等）。这些图表选项可以帮助我们了解数据的基本分布并识别数据集中的任何隐藏模式。了解在哪些情况下使用哪些图表非常重要，因为这将确保我们分析的准确性以及我们从中得出的见解的正确性。

本章包含以下主题：

- 使用直方图执行单变量分析
- 使用箱线图执行单变量分析
- 使用小提琴图执行单变量分析
- 使用汇总表执行单变量分析
- 使用条形图执行单变量分析
- 使用饼图执行单变量分析

4.1　技术要求

本章将利用 Python 中的 pandas、matplotlib 和 seaborn 库。

本章代码和 Notebook 可在本书配套 GitHub 存储库中找到，其网址如下：

https://github.com/PacktPublishing/Exploratory-Data-Analysis-with-Python-Cookbook

4.2　使用直方图执行单变量分析

当可视化数据集中的一个数值变量时，可以考虑多种选项，直方图就是其中之一。

直方图（histogram）是一种类似条形图的表示形式，可用于深入了解数据集（通常是连续数据集）的底层频率分布。直方图的 x 轴表示已分为箱或间隔的连续值，而 y 轴则表示每个分箱的出现次数或百分比。

通过直方图，分析人员可以快速识别出异常值、数据分布和偏度等。

本秘笈将探索如何在 seaborn 中创建直方图。seaborn 中的 histplot 方法可用于此目的。

4.2.1　准备工作

本章将使用两个数据集：Amsterdam House Prices（阿姆斯特丹房价）数据和 Palmer Archipelago (Antarctica) Penguins（南极洲帕尔默群岛企鹅）数据，均来自 Kaggle 网站。

你可以为本章创建一个文件夹，并在该文件夹中创建一个新的 Python 脚本或 Jupyter Notebook 文件。你还可以创建一个 data 子文件夹并将下载的 HousingPricesData.csv、penguins_size.csv 和 penguins_lter.csv 文件放入该子文件夹中。或者，你也可以从本书配套 GitHub 存储库中找到所有文件。

提示：

Kaggle 网站提供的 Amsterdam House Prices（阿姆斯特丹房价）公共数据的网址如下：

https://www.kaggle.com/datasets/thomasnibb/amsterdam-house-price-prediction

Kaggle 网站提供的 Palmer Archipelago (Antarctica) Penguins（南极洲帕尔默群岛企鹅）公共数据的网址如下：

https://www.kaggle.com/datasets/parulpandey/palmer-archipelago-antarctica-penguin-data

本章将使用完整的数据集，在不同秘笈中使用数据集的不同样本。本章配套 GitHub 存储库中也提供了这些数据。

4.2.2　实战操作

要使用 seaborn 库创建直方图，请按以下步骤操作。

（1）导入 pandas 和 seaborn 库以及 matplotlib 的 pyplot 模块：

```
import pandas as pd
import matplotlib.pyplot as plt
import seaborn as sns
```

（2）使用 read_csv 将.csv 文件加载到 DataFrame 中。对 DataFrame 进行子集化以仅包含相关列：

```
penguins_data = pd.read_csv("data/penguins_size.csv")

penguins_data = penguins_data[['species','culmen_length_mm']]
```

（3）使用 head 方法检查前 5 行，还可以检查行数和列数以及数据类型：

```
penguins_data.head()
   species   culmen_length_mm
0  Adelie    39.1
1  Adelie    39.5
2  Adelie    40.3
3  Adelie
4  Adelie    36.7

penguins_data.shape
(344, 4)

penguins_data.dtypes
species              object
culmen_length_mm     float64
```

（4）使用 histplot 方法创建直方图：

```
sns.histplot( data = penguins_data, x= penguins_data["culmen_length_mm"])
```

这会产生如图 4.1 所示的结果。

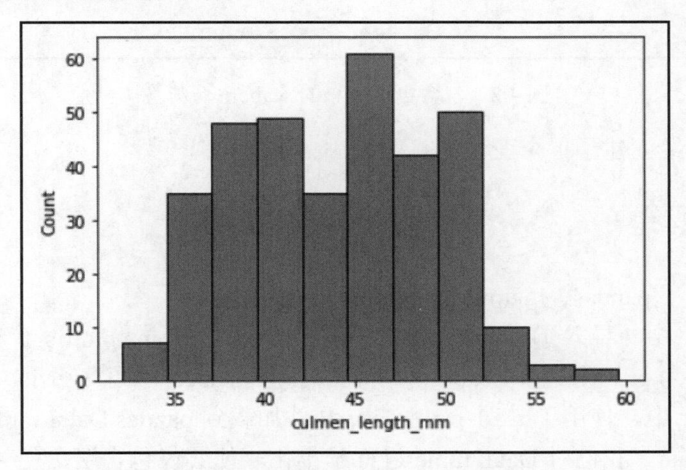

图 4.1　包含基本细节的 seaborn 直方图

（5）提供图表的一些附加详细信息：

```
plt.figure(figsize= (12,6))
ax = sns.histplot(data = penguins_data, x= penguins_data["culmen_length_mm"])
ax.set_xlabel('Culmen Length in mm',fontsize = 15)
```

```
ax.set_ylabel('Count of records', fontsize = 15)
ax.set_title('Univariate analysis of Culmen Length', fontsize= 20)
```

这会产生如图 4.2 所示的结果。

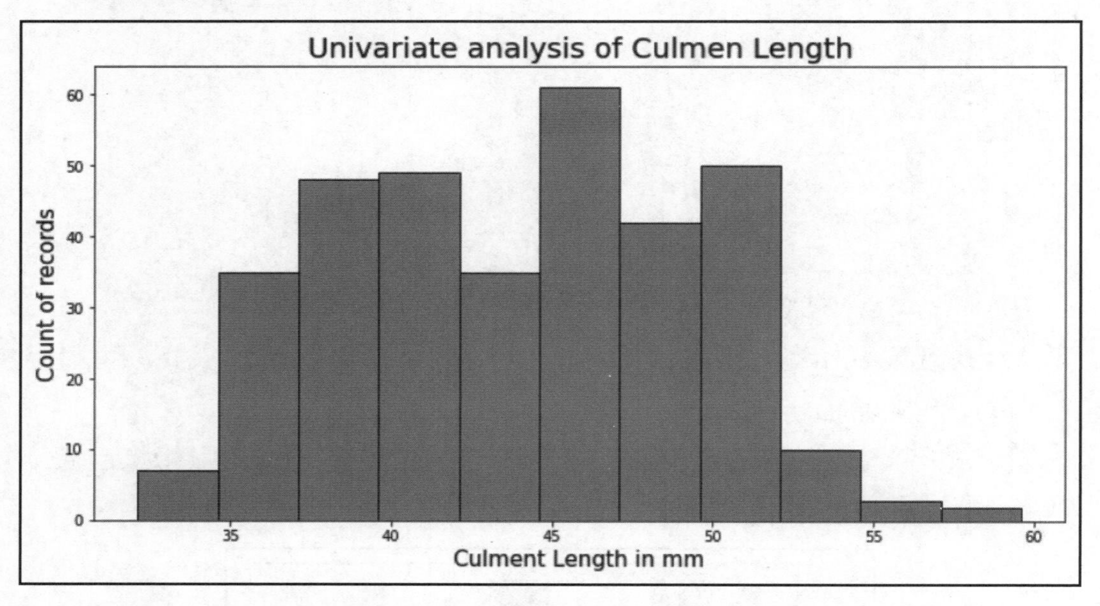

图 4.2　包含更多信息的 seaborn 直方图

现在我们已经创建了单个变量的直方图。

4.2.3　原理解释

本秘笈使用了 pandas、matplotlib 和 seaborn 库。

在步骤（1）中，导入了 pandas 并将其简写为 pd，从 matplotlib 库中导入了 pyplot 模块并将其简写为 plt，导入了 seaborn 并将其简写为 sns。

在步骤（2）中，使用了 read_csv 将.csv 文件加载到 pandas DataFrame 中，并将其命名为 penguins_data。我们对 DataFrame 进行子集化，使其仅包含两个相关列。

在步骤（3）中，使用 head 方法查看了数据的前 5 行，以快速了解数据的情况。我们还分别使用了 shape 和 dtypes 方法了解 DataFrame 的形状（行数和列数）和数据类型。

在步骤（4）中，使用了 seaborn 中的 histplot 方法在 culmen_length_mm（以毫米为单位的企鹅喙长）列上创建直方图。在该方法中，指定了数据集和 x 轴，也就是企鹅的喙长数据。

在步骤（5）中，为图表提供了其他信息，例如轴标签和标题。

4.3　使用箱线图执行单变量分析

就像直方图一样，箱线图（boxplot）——也称为盒须图（whisker plot）——是可视化数据集中单个连续变量的良好选择。

如图 4.3 所示，箱线图通过 5 个关键指标让我们了解数据集的基本分布。这些指标包括须线下限（最小值）、第一个四分位数、中位数、第三个四分位数和须线上限（最大值）。

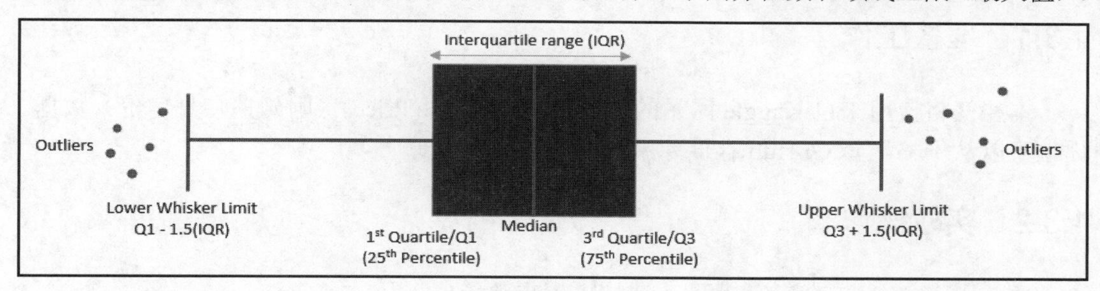

图 4.3　箱线图说明

原　　文	译　　文
Interquartile range (IQR)	四分位距（IQR）
Outliers	离群值
Lower Whisker Limit	须线下限
Upper Whisker Limit	须线上限
1st Quartile/Q1 (25th Percentile)	第一个四分位数（第 25 个百分位数）
3rd Quartile/Q3 (75th Percentile)	第三个四分位数（第 75 个百分位数）
Median	中位数

在图 4.3 中可以看到箱线图的以下组成部分。

- 箱体（box，也称为盒子或方框）：代表四分位距（即从第 25 个百分位数或第一个四分位数到第 75 个百分位数或第三个四分位数）。方框内的线代表中位数，也称为第 50 个百分位数。
- 盒须限制（whisker limit）：须线上限和须线下限代表数据集中非异常值的值范围。须线上下限的位置根据四分位距（interquartile range，IQR）、第一个四分位数（Q1）和第三个四分位数（Q3）计算。

须线下限的计算公式为

$$Q1-1.5×IQR$$

须线上限的计算公式为

$$Q3+1.5×IQR$$

- 圆圈：盒须限制之外的圆圈代表数据集中的离群值（异常值）。这些离群值要么是低于须线下限的异常小值，要么是高于须线上限的异常大值。

通过箱线图可以深入了解数据集的分布并轻松识别异常值。

本秘笈将探索如何在 seaborn 中创建箱线图。seaborn 中的 boxplot 方法可用于此目的。

4.3.1 准备工作

本秘笈将使用来自 Kaggle 网站的 Amsterdam House Prices（阿姆斯特丹房价）数据。你也可以从本书配套 GitHub 存储库中获得所有文件。

4.3.2 实战操作

要使用 seaborn 库创建箱线图，请按以下步骤操作。

（1）导入 pandas 和 seaborn 库以及 matplotlib 的 pyplot 模块：

```
import pandas as pd
import matplotlib.pyplot as plt
import seaborn as sns
```

（2）使用 read_csv 将.csv 文件加载到 DataFrame 中。对 DataFrame 进行子集化以仅包含相关列：

```
houseprices_data = pd.read_csv("Data/HousingPricesData.csv")

houseprices_data = houseprices_data[['Zip','Price','Area','Room']]
```

（3）使用 head 方法检查前 5 行，还可以检查行数和列数以及数据类型：

```
houseprices_data.head()
   Zip      Price      Area   Room
0  1091 CR  685000.0   64     3
1  1059 EL  475000.0   60     3
2  1097 SM  850000.0   109    4
3  1060 TH  580000.0   128    6
4  1036 KN  720000.0   138    5
```

```
houseprices_data.shape
(924,5)

houseprices_data.dtypes
Zip      object
Price    float64
Area     int64
Room     int64
```

（4）使用 boxplot 方法创建箱线图：

```
sns.boxplot(data = houseprices_data, x= houseprices_data["Price"])
```

这会产生如图 4.4 所示的结果。

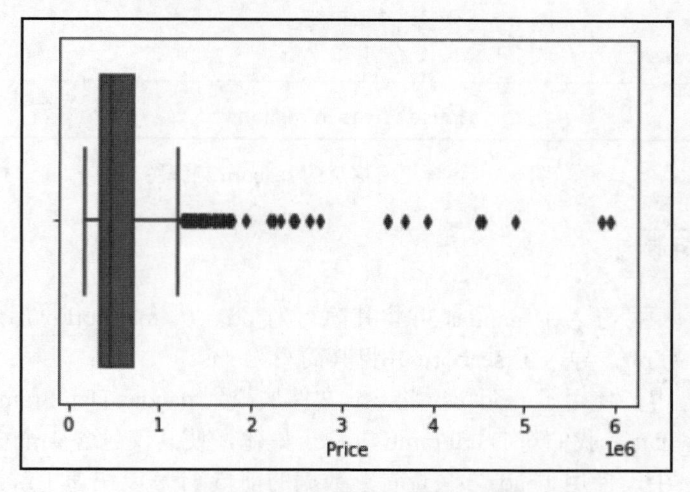

图 4.4　包含基本细节的 seaborn 箱线图

（5）提供图表的一些附加信息：

```
plt.figure(figsize= (12,6))

ax = sns.boxplot(data = houseprices_data, x= houseprices_data["Price"])
ax.set_xlabel('House Prices in millions',fontsize = 15)
ax.set_title('Univariate analysis of House Prices', fontsize= 20)
plt.ticklabel_format(style='plain', axis='x')
```

这会产生如图 4.5 所示的结果。

现在我们已经创建了单个变量的箱线图。

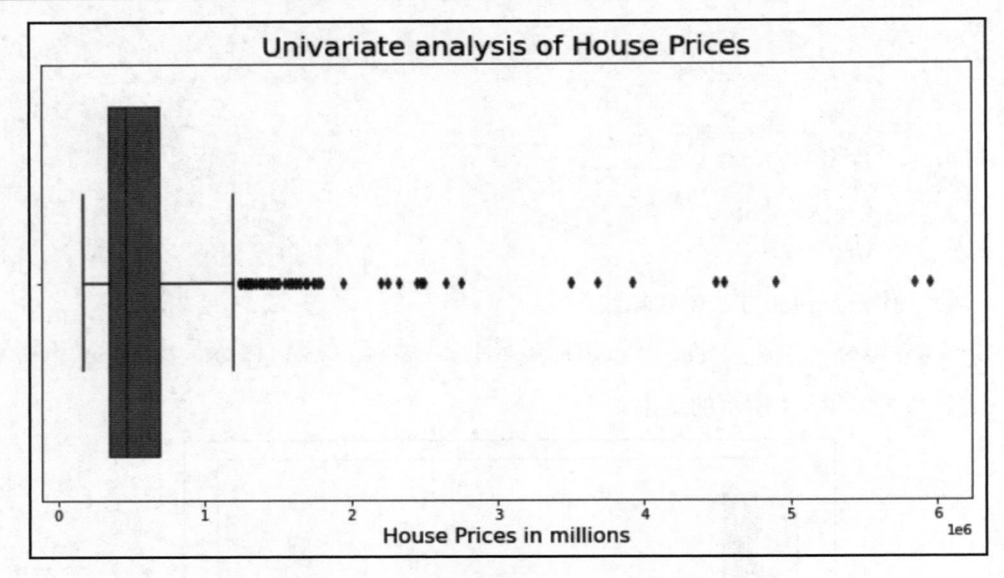

图 4.5　包含更多信息的 seaborn 箱线图

4.3.3　原理解释

在步骤（1）中，导入了 pandas 并将其简写为 pd，从 matplotlib 库中导入了 pyplot 模块并将其简写为 plt，导入了 seaborn 并将其简写为 sns。

在步骤（2）中，使用了 read_csv 将.csv 文件加载到 pandas DataFrame 中，并将其命名为 houseprices_data。我们对 DataFrame 进行子集化，使其仅包含 4 个相关列。

在步骤（3）中，使用 head 方法查看了数据的前 5 行，以快速了解数据的情况。我们还分别使用了 shape 和 dtypes 方法了解 DataFrame 的形状（行数和列数）和数据类型。

在步骤（4）中，使用了 seaborn 中的 boxplot 方法创建房价箱线图。在该方法中，我们指定了数据集和显示房价的 x 轴。该箱线图揭示了价格变量和异常值的分布。

在步骤（5）中，为图表提供其他信息，例如轴标签和标题。我们还使用了 matplotlib 中的 ticklabel_format 方法来更改 x 轴上的科学计数法。

4.3.4　扩展知识

在本秘笈的箱线图示例中似乎有不少异常值。但是，这通常需要做进一步的分析，因为单变量分析并不总是提供可能发生的情况的全貌。这就是为什么双变量分析和多变量分析（3 个或更多变量的分析）也很重要。以本秘笈为例，我们可能还需要同时考虑价格和房屋面积或价格和房屋位置等多个变量，才能更准确地了解事物全貌。第 5 章将会更详细地阐释这一点。

4.4 使用小提琴图执行单变量分析

小提琴图（violin plot）很像箱线图，因为它描述了数据集的分布。小提琴图显示了数据的峰值以及数据集中大多数值的聚集位置。

就像箱线图提供有关数据的汇总统计信息一样，小提琴图也具有相同的作用。如图 4.6 所示，它还可以提供有关数据形状的附加信息。

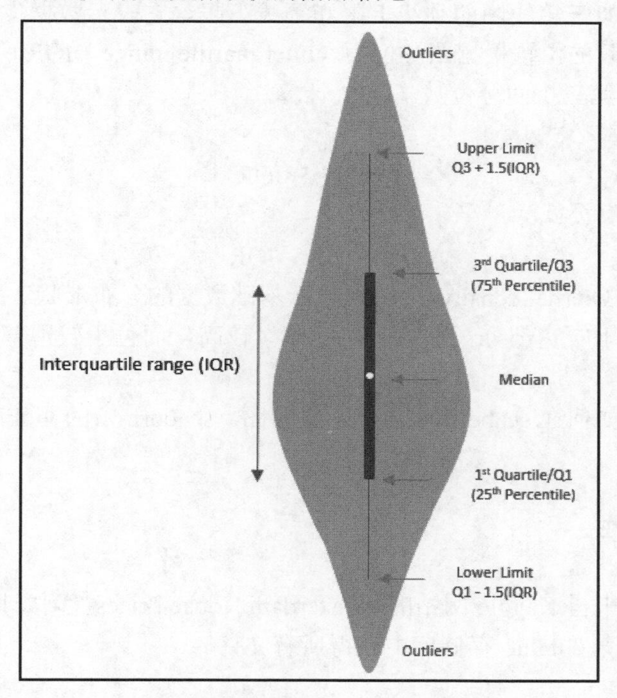

图 4.6 小提琴图说明

原 文	译 文
Interquartile range (IQR)	四分位距（IQR）
Outliers	离群值
Lower Limit	下限
Upper Limit	上限

续表

原　文	译　文
1st Quartile/Q1 (25th Percentile)	第一个四分位数（第 25 个百分位数）
3rd Quartile/Q3 (75th Percentile)	第三个四分位数（第 75 个百分位数）
Median	中位数

在图 4.6 中可以看到小提琴图的以下组成部分。

- 粗线：代表四分位距（即从第 25 个百分位数或第一个四分位数到第 75 个百分位数或第三个四分位数）。
- 白点：代表中位数（第 50 个百分位数）。
- 细线：类似于箱线图的须线上限和须线下限。它表示数据集中非异常值的值范围。上下限的位置根据四分位距（interquartile range，IQR）、第一个四分位数（Q1）和第三个四分位数（Q3）计算。

  下限的计算公式为

  $$Q1-1.5\times IQR$$

  上限的计算公式为

  $$Q3+1.5\times IQR$$

- 核密度图（kernel density plot）：显示基础数据的分布形状。在我们的数据集中，数据点位于较宽部分（峰值）内的概率较高，而位于较薄部分（尾部）内的概率较低。

本秘笈将探索如何在 seaborn 中创建小提琴图。seaborn 中的 violinplot 方法即可用于此目的。

4.4.1　准备工作

本秘笈将使用来自 Kaggle 网站的 Amsterdam House Prices（阿姆斯特丹房价）数据。你也可以从本书配套 GitHub 存储库中获得所有文件。

4.4.2　实战操作

要使用 seaborn 库创建小提琴图，请按以下步骤操作。

（1）导入 pandas 和 seaborn 库以及 matplotlib 的 pyplot 模块：

```
import pandas as pd
import matplotlib.pyplot as plt
```

```
import seaborn as sns
```

（2）使用 read_csv 将.csv 文件加载到 DataFrame 中，然后对 DataFrame 进行子集化以仅包含相关列：

```
houseprices_data = pd.read_csv("Data/HousingPricesData.csv")

houseprices_data = houseprices_data[['Zip','Price','Area','Room']]
```

（3）使用 head 方法检查前 5 行，还可以检查行数和列数以及数据类型：

```
houseprices_data.head()
   Zip      Price     Area  Room
0  1091 CR  685000.0  64    3
1  1059 EL  475000.0  60    3
2  1097 SM  850000.0  109   4
3  1060 TH  580000.0  128   6
4  1036 KN  720000.0  138   5

houseprices_data.shape
(924,5)

houseprices_data.dtypes
Zip     object
Price   float64
Area    int64
Room    int64
```

（4）使用 violinplot 方法创建小提琴图：

```
sns.violinplot(data = houseprices_data, x= houseprices_data["Price"])
```

这会产生如图 4.7 所示的结果。

（5）为图表提供一些附加信息：

```
plt.figure(figsize= (12,6))

ax = sns.violinplot(data = houseprices_data, x=
houseprices_data["Price"])
ax.set_xlabel('House Prices in millions',fontsize = 15)
ax.set_title('Univariate analysis of House Prices', fontsize= 20)
plt.ticklabel_format(style='plain', axis='x')
```

这会产生如图 4.8 所示的结果。

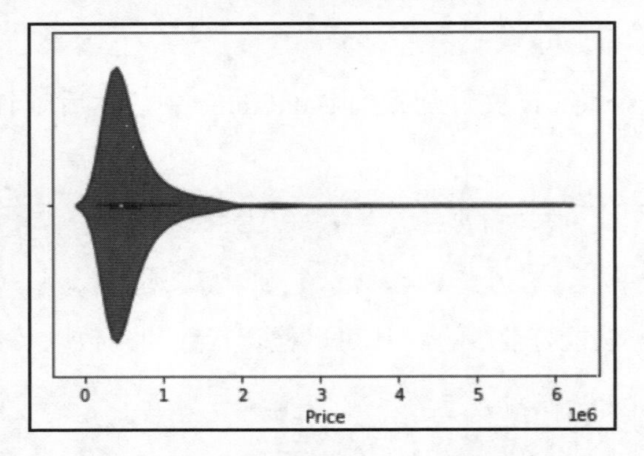

图 4.7　包含基本细节的 seaborn 小提琴图

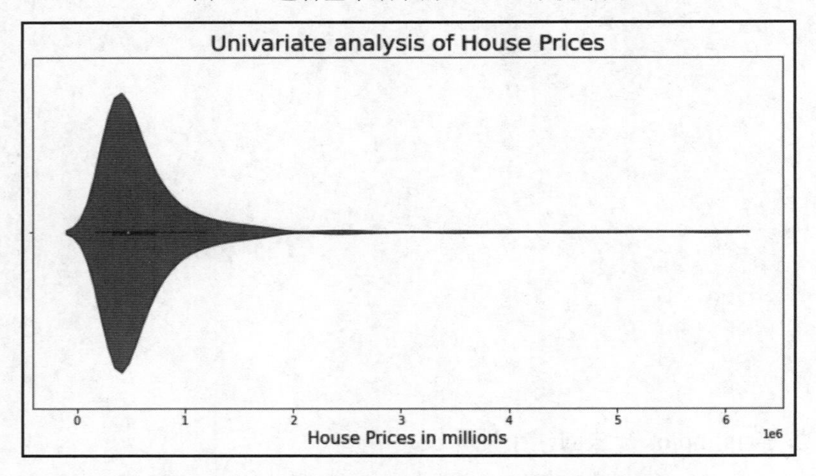

图 4.8　包含更多细节信息的 seaborn 小提琴图

现在我们已经创建了单个变量的小提琴图。

4.4.3　原理解释

在步骤（1）中，导入了 pandas 并将其简写为 pd，从 matplotlib 库中导入了 pyplot 模块并将其简写为 plt，导入了 seaborn 并将其简写为 sns。

在步骤（2）中，使用了 read_csv 将.csv 文件加载到 pandas DataFrame 中，并将其命名为 houseprices_data。我们对 DataFrame 进行子集化，使其仅包含 4 个相关列。

在步骤（3）中，使用 head 方法查看了数据的前 5 行，以快速了解数据的情况。我们还分别使用了 shape 和 dtypes 方法了解 DataFrame 的形状（行数和列数）和数据类型。

在步骤（4）中，使用了 seaborn 中的 violinplot 方法创建房价数据的小提琴图。在该方法中，我们指定了数据集和显示房价的 x 轴。该小提琴图揭示了数据中房价的分布形状。较宽的部分是数据集中大部分值所在的位置，而较细的部分则表示较少值所在的位置。

在步骤（5）中，为图表提供其他信息，例如轴标签和标题。我们还使用了 matplotlib 中的 ticklabel_format 方法来更改 x 轴上的科学计数法。

4.5　使用汇总表执行单变量分析

在单变量分析中，汇总表（summary table）对于分析数据集中的数值非常有用。在 Python 中，这些汇总表提供了统计数据，总结了数据集分布的集中趋势、分散度和形状。

汇总表涵盖的统计数据包括非空记录数、平均值、标准差、最小值、最大值、第 25 个百分位数、第 50 个百分位数和第 75 个百分位数。

在 pandas 中，describe 方法为汇总表提供了上述所有统计数据。

4.5.1　准备工作

本秘笈将使用来自 Kaggle 网站的 Amsterdam House Prices（阿姆斯特丹房价）数据。你也可以从本书配套 GitHub 存储库中获得所有文件。

4.5.2　实战操作

要使用 pandas 库创建汇总表，请按以下步骤操作。

（1）导入 pandas 库：

```
import pandas as pd
```

（2）使用 read_csv 将.csv 文件加载到 DataFrame 中，然后对 DataFrame 进行子集化以仅包含相关列：

```
houseprices_data = pd.read_csv("Data/HousingPricesData.csv")

houseprices_data = houseprices_data[['Zip','Price']]
```

（3）使用 head 方法检查前 5 行，还可以检查行数和列数以及数据类型：

```
houseprices_data.head()
   Zip       Price
```

```
0  1091 CR  685000.0
1  1059 EL  475000.0
2  1097 SM  850000.0
3  1060 TH  580000.0
4  1036 KN  720000.0

houseprices_data.shape
(924, 2)

houseprices_data.dtypes
Zip      object
Price    float64
```

（4）使用 describe 方法创建汇总表：

```
houseprices_data.describe()
       Price
count  920.0
mean   622065.42
std    538994.18
min    175000.0
25%    350000.0
50%    467000.0
75%    700000.0
max    5950000.0
```

这会产生如图 4.9 所示的结果。

	Price
count	9.200000e+02
mean	6.220654e+05
std	5.389942e+05
min	1.750000e+05
25%	3.500000e+05
50%	4.670000e+05
75%	7.000000e+05
max	5.950000e+06

图 4.9　pandas 汇总表

现在我们已经创建了单个变量的汇总表。

4.5.3 原理解释

在步骤（1）中，导入了 pandas 并将其简写为 pd。

在步骤（2）中，使用了 read_csv 将.csv 文件加载到 pandas DataFrame 中，并将其命名为 houseprices_data。我们对 DataFrame 进行子集化，使其仅包含 2 个相关列。

在步骤（3）中，使用 head 方法查看了数据的前 5 行，以快速了解数据的情况。我们还分别使用了 shape 和 dtypes 方法了解 DataFrame 的形状（行数和列数）和数据类型。

在步骤（4）中，使用了 pandas 中的 describe 方法创建房价数据的汇总表。

4.5.4 扩展知识

describe 方法可以同时用于多个数值。这意味着一旦我们选择了相关列，即可应用 describe 方法来查看每个数字列的汇总统计信息。

4.6 使用条形图执行单变量分析

与直方图一样，条形图（bar chart）也由矩形条组成。但是，直方图分析的是数值数据，而条形图分析的则是分类数据。

x 轴通常表示数据集中的分类，而 y 轴则表示类别的计数或其出现的百分比。在某些情况下，y 轴也可以是数据集中数值列的总和或平均值。条形图提供了快速的见解，特别是当我们需要快速比较数据集中的类别时。

本秘笈将探索如何在 seaborn 中创建条形图。seaborn 中的 countplot 方法可用于此目的。值得一提的是，seaborn 还有一个 barplot 方法。countplot 方法可以绘制每个类别的计数，而 barplot 方法则针对每个类别绘制数值变量。这使得 countplot 方法更适合单变量分析，而 barplot 方法则更适合双变量分析。

4.6.1 准备工作

本秘笈将使用来自 Kaggle 网站的 Palmer Archipelago (Antarctica) Penguins（南极洲帕尔默群岛企鹅）数据。你也可以从本书配套 GitHub 存储库中获得所有文件。

4.6.2 实战操作

要使用 seaborn 库创建条形图，请按以下步骤操作。

（1）导入 pandas 和 seaborn 库以及 matplotlib 的 pyplot 模块：

```
import pandas as pd
import matplotlib.pyplot as plt
import seaborn as sns
```

（2）使用 read_csv 将.csv 文件加载到 DataFrame 中，然后对 DataFrame 进行子集化以仅包含相关列：

```
penguins_data = pd.read_csv("data/penguins_size.csv")

penguins_data = penguins_data[['species','culmen_length_mm']]
```

（3）使用 head 方法检查前 5 行，还可以检查行数和列数以及数据类型：

```
penguins_data.head()
   species  culmen_length_mm
0  Adelie   39.1
1  Adelie   39.5
2  Adelie   40.3
3  Adelie
4  Adelie   36.7

penguins_data.shape
(344, 4)

penguins_data.dtypes
species             object
culmen_length_mm    float64
```

（4）使用 countplot 方法创建条形图：

```
sns.countplot(data = penguins_data, x= penguins_data['species'])
```

这会产生如图 4.10 所示的结果。

（5）为图表提供一些附加信息：

```
plt.figure(figsize= (12,6))

ax = sns.countplot(data = penguins_data, x= penguins_data['species'])
ax.set_xlabel('Penguin Species',fontsize = 15)
ax.set_ylabel('Count of records',fontsize = 15)
ax.set_title('Univariate analysis of Penguin Species', fontsize= 20)
ax.set_title('Univariate analysis of Culmen Length', fontsize= 20)
```

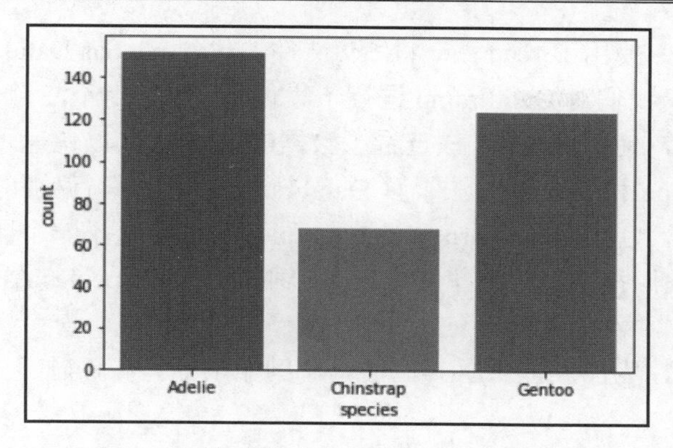

图 4.10　包含基本信息的 seaborn 条形图

这会产生如图 4.11 所示的结果。

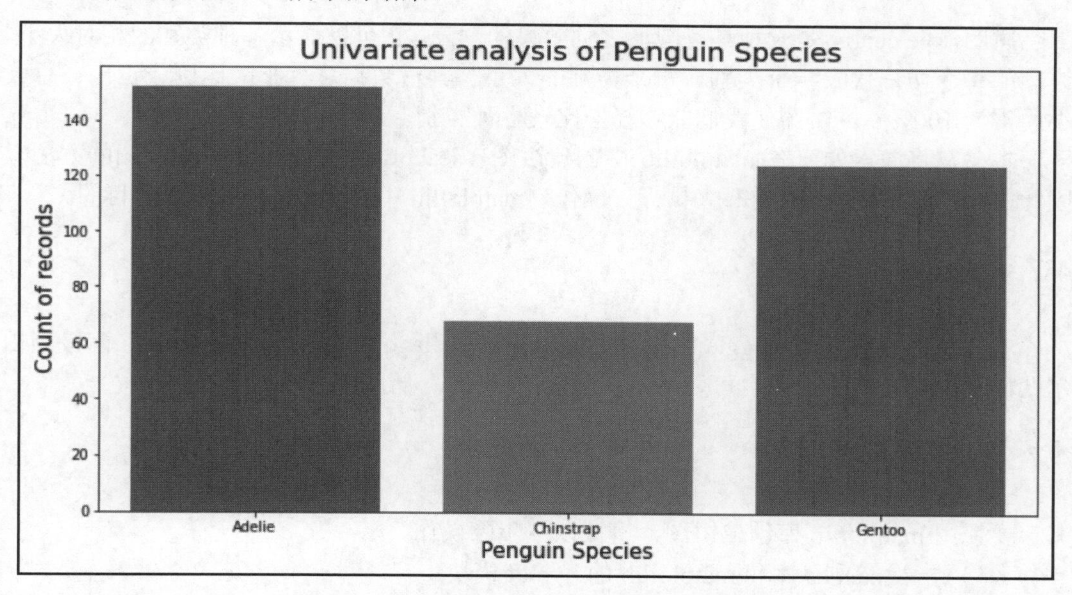

图 4.11　包含更多信息的 seaborn 条形图

现在我们已经创建了单个变量的条形图。

4.6.3　原理解释

在步骤（1）中，导入了 pandas 并将其简写为 pd，从 matplotlib 库中导入了 pyplot 模块并将其简写为 plt，导入了 seaborn 并将其简写为 sns。

在步骤（2）中，使用了 read_csv 将.csv 文件加载到 pandas DataFrame 中，并将其命名为 penguins_data。我们对 DataFrame 进行子集化，使其仅包含 2 个相关列。

在步骤（3）中，使用 head 方法查看了数据的前 5 行，以快速了解数据的情况。我们还分别使用了 shape 和 dtypes 方法了解 DataFrame 的形状（行数和列数）和数据类型。

在步骤（4）中，使用了 seaborn 中的 countplot 方法创建了一个比较企鹅物种的条形图。在该方法中，我们指定了数据集和 x 轴，x 轴显示的是 species（物种）列，显然这是一个分类列。

在步骤（5）中，为图表提供了其他信息，例如轴标签和标题。

4.7　使用饼图执行单变量分析

饼图（pie chart）是一种具有圆形视觉效果的图表，它可以显示各种类别的相对大小。饼图的每个切片代表一个类别，每个类别的大小与其占数据总大小的比例成正比（总大小通常为 100%）。饼图使我们能够轻松比较各种类别。

本秘笈将探索如何在 matplotlib 中创建饼图。seaborn 中没有用于创建饼图的方法，因此，我们将使用 matplotlib 来执行该操作。matplotlib 中的 pie 方法可用于此目的。

4.7.1　准备工作

本秘笈将使用来自 Kaggle 网站的 Palmer Archipelago (Antarctica) Penguins（南极洲帕尔默群岛企鹅）数据。你也可以从本书配套 GitHub 存储库中获得所有文件。

4.7.2　实战操作

要使用 matplotlib 库创建饼图，请按以下步骤操作。

（1）导入 pandas 库和 matplotlib 的 pyplot 模块：

```
import pandas as pd
import matplotlib.pyplot as plt
import seaborn as sns
```

（2）使用 read_csv 将.csv 文件加载到 DataFrame 中，然后对 DataFrame 进行子集化以仅包含相关列：

```
penguins_data = pd.read_csv("data/penguins_size.csv")
```

```
penguins_data = penguins_data[['species','culmen_length_mm']]
```

（3）使用 head 方法检查前 5 行，还可以检查行数和列数以及数据类型：

```
penguins_data.head()
   species  culmen_length_mm
0  Adelie   39.1
1  Adelie   39.5
2  Adelie   40.3
3  Adelie
4  Adelie   36.7

penguins_data.shape
(344, 4)

penguins_data.dtypes
species             object
culmen_length_mm    float64
```

（4）使用 pandas 中的 groupby 方法对数据进行分组：

```
penguins_group = penguins_data.groupby('species').count()
penguins_group
species    culmen_length_mm
Adelie     151
Chinstrap  68
Gentoo     123
```

（5）使用 reset_index 方法重置索引以确保索引不是 species（物种）列：

```
penguins_group= penguins_group.reset_index()
penguins_group
   species     culmen_length_mm
0  Adelie      151
1  Chinstrap   68
2  Gentoo      123
```

（6）使用 pie 方法创建饼图：

```
plt.pie(penguins_group["culmen_length_mm"], labels =
penguins_group['species'])
plt.show()
```

这会产生如图 4.12 所示的结果。

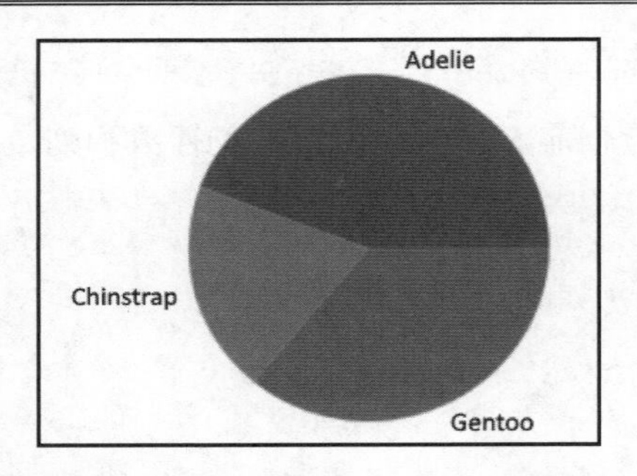

图 4.12　包含基本信息的 matplotlib 饼图

（7）为图表提供一些附加信息：

```
cols = ['g', 'b', 'r']
plt.pie(penguins_group["culmen_length_mm"], labels =
penguins_group['species'],colors = cols)
plt.title('Univariate Analysis of Species', fontsize=15)
plt.show()
```

这会产生如图 4.13 所示的结果。

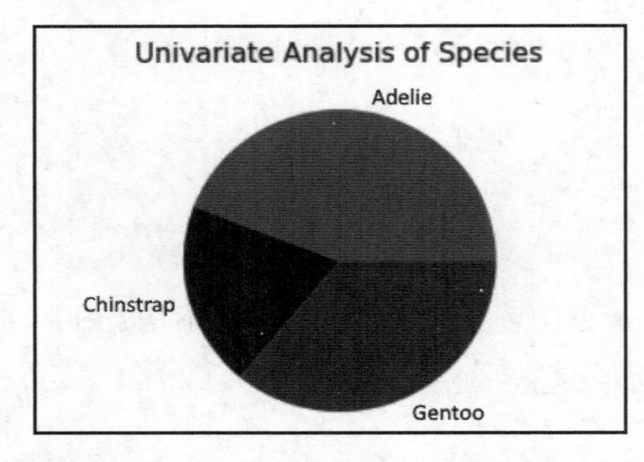

图 4.13　包含更多信息的 matplotlib 饼图

现在我们已经创建了单个变量的饼图。

4.7.3　原理解释

在步骤（1）中，导入了 pandas 并将其简写为 pd，从 matplotlib 库中导入了 pyplot 模块并将其简写为 plt。

在步骤（2）中，使用了 read_csv 将.csv 文件加载到 pandas DataFrame 中，并将其命名为 penguins_data。我们对 DataFrame 进行子集化，使其仅包含 2 个相关列。

在步骤（3）中，使用 head 方法查看了数据的前 5 行，以快速了解数据的情况。我们还分别使用了 shape 和 dtypes 方法了解 DataFrame 的形状（行数和列数）和数据类型。

在步骤（4）中，对 species（物种）列进行分组并计算了每个物种的数量。

在步骤（5）中，使用了 reset_index 方法重置输出的索引，以确保索引不是 species（物种）列而是默认索引。

在步骤（6）中，使用了 matplotlib 中的 pie 方法创建饼图。该方法将包含企鹅物种计数的列作为第一个参数，将物种名称作为第二个参数。

在步骤（7）中，为图表提供了更多信息。我们还通过字母指定了要使用的颜色（g 表示绿色，b 表示蓝色，r 表示红色）。

第 5 章　在 Python 中执行双变量分析

双变量分析（bivariate analysis）可以帮助分析人员从感兴趣的两个变量中获得见解。在执行此分析时，分析人员通常对这两个变量的分布或相关性感兴趣。

双变量分析有时可能比单变量分析更复杂，因为它涉及分类值和数值的分析。这意味着在双变量分析中，有 3 种可能的变量组合，即数值-数值、数值-分类值和分类值-分类值。

了解适合这些组合的各种图表选项非常重要。这些图表选项可以帮助分析人员了解数据的基本分布并识别数据集中的任何隐藏模式。

本章包含以下主题：

- 使用散点图分析两个变量
- 基于双变量数据创建交叉表/双向表
- 使用数据透视表分析两个变量
- 生成两个变量的配对图
- 使用条形图分析两个变量
- 生成两个变量的箱线图
- 创建两个变量的直方图
- 使用相关性分析分析两个变量

5.1　技 术 要 求

本章将利用 Python 中的 numpy、pandas、matplotlib 和 seaborn 库。

本章代码和 Notebook 可在本书配套 GitHub 存储库中获取，其网址如下：

https://github.com/PacktPublishing/Exploratory-Data-Analysis-with-Python-Cookbook

5.2　使用散点图分析两个变量

散点图（scatter plot）可以清楚地表示两个数值变量之间的关系。数值变量绘制在 x 轴和 y 轴上，绘制的值通常揭示一种模式。

散点图上的这种模式可以帮助分析人员深入了解两个变量之间关系的强度和方向。

这可以是正值（当一个变量增加时，另一个变量也增加），也可以是负值（当一个变量增加时，另一个变量减少）。

图 5.1 显示了一些散点图示例。

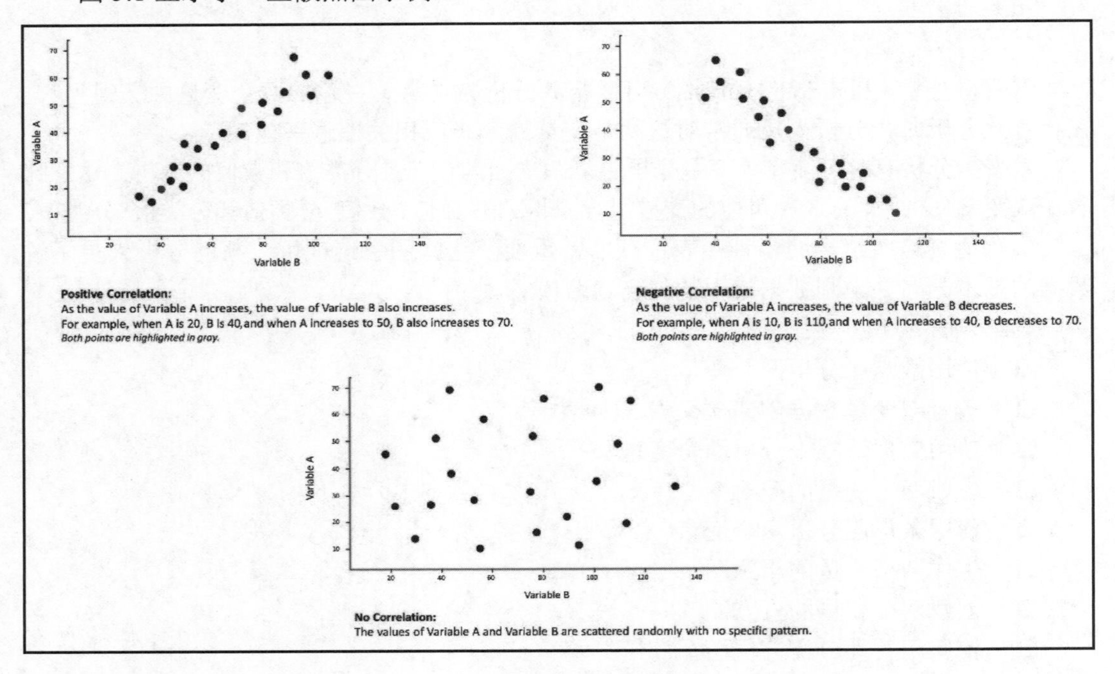

图 5.1　散点图示例

原　　文	译　　文
Positive Correlation: As the value of Variable A increases, the value of Variable B also increases. For example, when A is 20, B is 40, and when A increases to 50, B also increases to 70. Both points are highlighted in gray.	**正相关：** 随着变量 A 的值增加，变量 B 的值也会增加。 例如，当 A 为 20 时，B 为 40，当 A 增加到 50 时，B 增加到 70。 这两个点都以灰色突出显示。
Negative Correlation: As the value of Variable A increases, the value of Variable B decreases. For example, when A is 10, B is 110, and when A increases to 40, B decreases to 70. Both points are highlighted in gray.	**负相关：** 随着变量 A 的值增加，变量 B 的值减小。 例如，当 A 为 10 时，B 为 110，当 A 增加到 40 时，B 减少到 70。 这两个点都以灰色高亮显示。

续表

原　　文	译　　文
No Correlation: The values of Variable A and Variable B are scattered randomly with no specific pattern.	**无相关性：** 变量 A 和变量 B 的值是随机分散的，没有特定的模式。

本秘笈将快速探索如何在 seaborn 中创建散点图。seaborn 中的 scatterplot 函数可以用于此目的。

5.2.1　准备工作

本章将使用一个数据集：来自 Kaggle 网站的 Palmer Archipelago (Antarctica) Penguins（南极洲帕尔默群岛企鹅）数据。

你可以为本章创建一个文件夹，并在该文件夹中创建一个新的 Python 脚本或 Jupyter Notebook 文件。你还可以创建一个 data 子文件夹并将下载的 penguins_size.csv 和 penguins_lter.csv 文件放入该子文件夹中。或者，你也可以从本书配套 GitHub 存储库中找到所有文件。

提示：

Kaggle 网站提供的 Palmer Archipelago (Antarctica) Penguins（南极洲帕尔默群岛企鹅）公共数据的网址如下：

https://www.kaggle.com/datasets/parulpandey/palmer-archipelago-antarctica-penguin-data

本章将使用完整的数据集，在不同秘笈中使用数据集的不同样本。本章配套 GitHub 存储库中也提供了这些数据。

引文文献：

Gorman KB, Williams TD, Fraser WR (2014), Ecological Sexual Dimorphism and Environmental Variability within a Community of Antarctic Penguins (Genus Pygoscelis). PLoS ONE 9(3): e90081. doi:10.1371/ journal.pone.0090081

5.2.2　实战操作

要使用 seaborn 库创建散点图，请按以下步骤操作。

（1）导入 pandas、matplotlib 和 seaborn 库：

```
import pandas as pd
import matplotlib.pyplot as plt
import seaborn as sns
```

（2）使用 read_csv 将.csv 文件加载到 DataFrame 中，对 DataFrame 进行子集化以使其仅包含相关列：

```
penguins_data = pd.read_csv("data/penguins_size.csv")

penguins_data = penguins_data[['species','culmen_length_mm',
'body_mass_g']]
```

（3）使用 head 方法检查前 5 行，还可以检查行数和列数以及数据类型：

```
penguins_data.head()
     species  culmen_length_mm  body_mass_g
0    Adelie   39.1              3750.0
1    Adelie   39.5              3800.0
2    Adelie   40.3              3250.0
3    Adelie
4    Adelie   36.7              3450.0

penguins_data.shape
(344, 3)

penguins_data.dtypes
species           object
culmen_length_mm  float64
body_mass_g       float64
```

（4）使用 scatterplot 方法创建散点图：

```
sns.scatterplot(data = penguins_data, x= penguins_data["culmen_
length_mm"], y= penguins_data['body_mass_g'])
```

这会产生如图 5.2 所示的结果。

（5）设置图表大小和图表标题：

```
plt.figure(figsize= (12,6))

ax = sns.scatterplot(data = penguins_data, x= penguins_
data["culmen_length_mm"], y= penguins_data['body_mass_g'])
ax.set_title('Bivariate analysis of Culmen Length and body mass',
fontsize= 20)
```

这会产生如图 5.3 所示的结果。

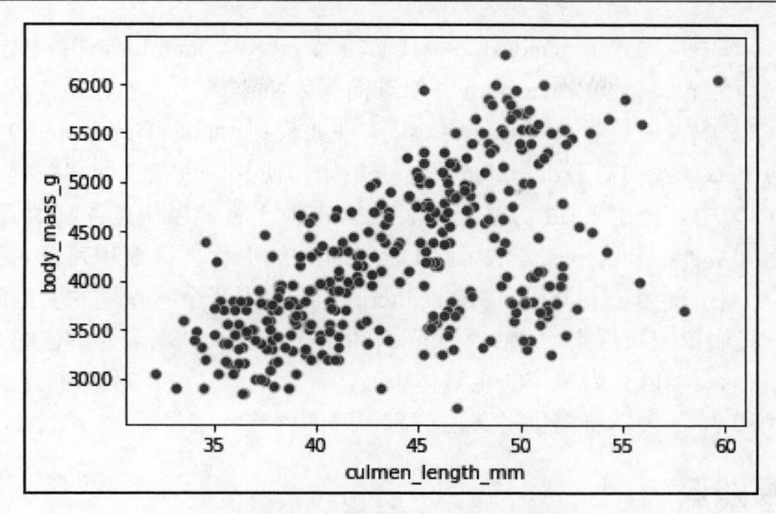

图 5.2　包含基本细节的散点图

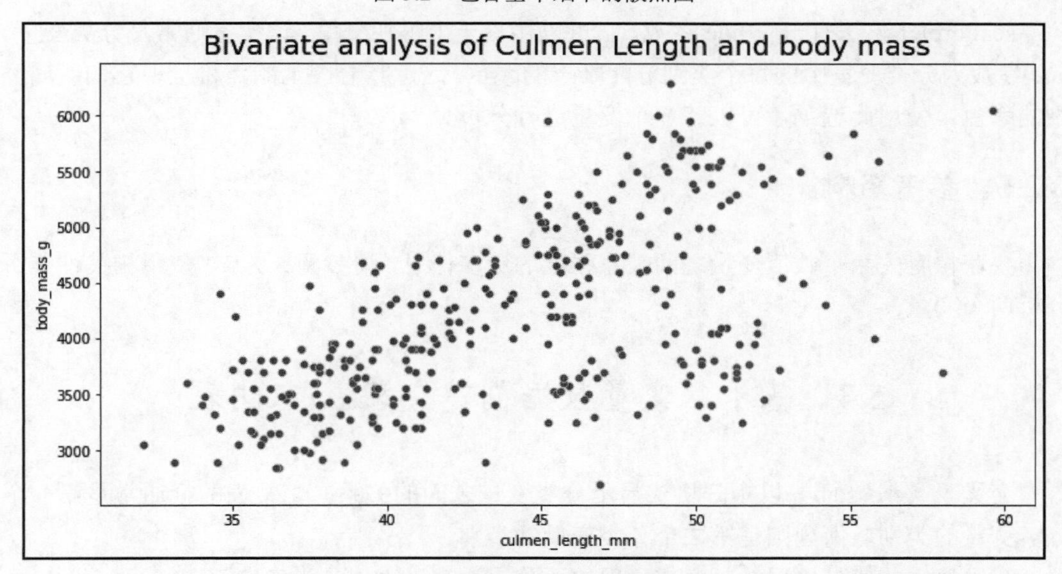

图 5.3　包含更多信息的散点图

现在我们已经创建了两个感兴趣变量的散点图。

5.2.3　原理解释

本秘笈使用了 pandas、matplotlib 和 seaborn 库。

在步骤（1）中，导入了 pandas 并将其简写为 pd，从 matplotlib 库中导入了 pyplot 模块并将其简写为 plt，导入了 seaborn 并将其简写为 sns。

在步骤（2）中，使用了 read_csv 将.csv 文件加载到 pandas DataFrame 中，并将其命名为 penguins_data。我们对 DataFrame 进行子集化，使其仅包含 3 个相关列。

在步骤（3）中，使用 head 方法查看了数据的前 5 行，以快速了解数据的情况。我们还分别使用了 shape 和 dtypes 方法了解 DataFrame 的形状（行数和列数）和数据类型。

在步骤（4）中，使用了 seaborn 中的 scatterplot 函数为两个感兴趣的变量创建散点图。在该函数中，我们指定数据集，*x* 轴为 culmen_length_mm（以毫米为单位的企鹅喙长），*y* 轴为 body_mass_g（以克为单位的企鹅体重）。

在步骤（5）中，为图表提供了其他信息，例如标题和字号。

5.2.4 扩展知识

scatterplot 方法有一个 hue 参数，它可以接受一个附加变量。该变量通常是分类变量。hue 参数为分类变量中的每个类别分配唯一的颜色。这意味着图上的点将呈现它们所属类别的颜色。使用此选项，可以跨 3 个变量进行分析。

5.2.5 参考资料

要获得有关两个数值变量之间关系强度的更多信息，请参阅 5.9 节“使用相关性分析分析两个变量”。

5.3 基于双变量数据创建交叉表/双向表

交叉表（crosstab）以矩阵格式显示分类变量之间的关系。交叉表的行通常是第一个分类变量的类别，而列则是第二个分类变量的类别。

交叉表中的值是出现的频率或出现的百分比。交叉表也称为双向表（two-way table）或列联表（contingency table）。通过交叉表，分析人员可以轻松发现趋势和模式，特别是当它们与数据集中的特定类别相关时。

本秘笈将探索如何在 pandas 中创建交叉表。pandas 中的 crosstab 方法可用于此目的。

5.3.1　准备工作

本秘笈将使用 Kaggle 网站的 Palmer Archipelago (Antarctica) Penguins（南极洲帕尔默群岛企鹅）数据。你也可以从本书配套 GitHub 存储库中找到所有文件。

5.3.2　实战操作

要使用 pandas 库创建交叉表，请按以下步骤操作。

（1）导入 pandas 库：

```
import pandas as pd
```

（2）使用 read_csv 将.csv 文件加载到 DataFrame 中，然后对 DataFrame 进行子集化以仅包含相关列：

```
penguins_data = pd.read_csv("data/penguins_size.csv")
penguins_data = penguins_data[['species','culmen_length_mm','sex']]
```

（3）检查数据。使用 head 方法检查前 5 行，还可以检查行数和列数以及数据类型：

```
penguins_data.head()
      species  culmen_length_mm  sex
0     Adelie   39.1              MALE
1     Adelie   39.5              FEMALE
2     Adelie   40.3              FEMALE
3     Adelie
4     Adelie   36.7              FEMALE

penguins_data.shape
(344, 3)

penguins_data.dtypes
species              object
culmen_length_mm    float64
sex                  object
```

（4）使用 crosstab 函数创建交叉表：

```
pd.crosstab(index=penguins_data['species'],columns=penguins_data['sex'])
```

这会产生如图 5.4 所示的结果。

现在我们已经创建了一个交叉表。

sex	FEMALE	MALE
species		
Adelie	73	73
Chinstrap	34	34
Gentoo	58	62

图 5.4　pandas 交叉表

5.3.3　原理解释

本秘笈使用了 pandas 库。

在步骤（1）中，导入了 pandas 并将其简写为 pd。

在步骤（2）中，使用了 read_csv 将.csv 文件加载到 pandas DataFrame 中，并将其命名为 penguins_data。我们对 DataFrame 进行子集化，使其仅包含 3 个相关列。

在步骤（3）中，使用 head 方法查看了数据的前 5 行，以快速了解数据的情况。我们还分别使用了 shape 和 dtypes 方法了解 DataFrame 的形状（行数和列数）和数据类型。

在步骤（4）中，使用了 pandas 中的 crosstab 函数创建一个交叉表。在该方法中，我们使用了 index 参数指定交叉表的行，使用 columns 参数指定交叉表的列。

5.4　使用数据透视表分析两个变量

数据透视表（pivot table）通过对数据集中的变量进行分组和聚合来总结数据集。数据透视表中的一些聚合（aggregation）函数包括求和、计数、平均值、最小值和最大值等。对于双变量分析来说，数据透视表可用于分类数值变量，而数值变量则针对分类变量中的每个类别进行聚合。

“数据透视表”这个名称起源于电子表格软件。数据透视表提供的汇总信息可以帮助分析人员轻松地从大型数据集中得到有意义的见解。

本秘笈将探索如何在 pandas 中创建数据透视表。pandas 中的 pivot_table 函数可以用于此目的。

5.4.1　准备工作

本秘笈将使用 Kaggle 网站的 Palmer Archipelago (Antarctica) Penguins（南极洲帕尔默

群岛企鹅）数据。你也可以从本书配套 GitHub 存储库中找到所有文件。

5.4.2　实战操作

要使用 pandas 库创建数据透视表，请按以下步骤操作。

（1）导入 numpy 和 pandas 库：

```
import numpy as np
import pandas as pd
```

（2）使用 read_csv 将.csv 文件加载到 DataFrame 中，然后对 DataFrame 进行子集化以仅包含相关列：

```
penguins_data = pd.read_csv("data/penguins_size.csv")
penguins_data = penguins_data[['species','culmen_length_mm','sex']]
```

（3）检查数据。使用 head 方法检查前 5 行，还可以检查行数和列数以及数据类型：

```
penguins_data.head()
      species  culmen_length_mm   sex
0     Adelie   39.1               MALE
1     Adelie   39.5               FEMALE
2     Adelie   40.3               FEMALE
3     Adelie
4     Adelie   36.7               FEMALE

penguins_data.shape
(344, 3)

penguins_data.dtypes
species             object
culmen_length_mm    float64
sex                 object
```

（4）使用 pivot_table 函数创建数据透视表：

```
pd.pivot_table(penguins_data,  values='culmen_length_mm',
                               index='species',
                               aggfunc=np.mean)
```

这会产生如图 5.5 所示的结果。

现在我们已经创建了一个数据透视表。

	culmen_length_mm
species	
Adelie	38.791391
Chinstrap	48.833824
Gentoo	47.504878

图 5.5　pandas 数据透视表

5.4.3　原理解释

在步骤（1）中，导入了 pandas 库并将其简写为 pd，导入了 numpy 库并将其简写为 np。

在步骤（2）中，使用了 read_csv 将.csv 文件加载到 pandas DataFrame 中，并将其命名为 penguins_data。我们对 DataFrame 进行子集化，使其仅包含 3 个相关列。

在步骤（3）中，使用 head 方法查看了数据的前 5 行，以快速了解数据的情况。我们还分别使用了 shape 和 dtypes 方法了解 DataFrame 的形状（行数和列数）和数据类型。

在步骤（4）中，使用了 pandas 中的 pivot_table 函数创建一个数据透视表。在该函数中，我们使用了 index 参数指定数据透视表的行，使用 values 参数指定数据透视表的数字列，使用 aggfunc 参数指定要应用于数字列的聚合函数。该聚合函数是 numpy 中的 mean 函数，表示计算均值作为聚合结果。

5.4.4　扩展知识

pivot_table 函数有一个 columns 参数，它可以接受一个附加变量。一般来说，此变量必须是分类变量。该分类变量的类别将作为列添加到数据透视表中，就像交叉表一样。每列中的值将仍然是聚合数值变量获得的值。

举例来说，我们可以将 species（物种）分类变量作为行，sex（性别）变量的类别作为列，然后聚合 culmen_length_mm（以毫米为单位的企鹅喙长）变量以生成数据透视表的值。其结果如图 5.6 所示。

sex	FEMALE	MALE
species		
Adelie	37.257534	40.390411
Chinstrap	46.573529	51.094118
Gentoo	45.563793	49.393548

图 5.6　具有两个分类变量的 pandas 数据透视表

5.5　生成两个变量的配对图

配对图（pairplot）提供了单个变量的分布以及两个变量之间关系的直观表示。配对图不是一个图，而是一组显示单个变量（数值或分类变量）和两个变量（数值-数值和分类-数值）的子图。

配对图结合了诸如直方图、密度图和散点图之类的图表来表示数据集中的变量。它提供了一种简单的方法来帮助分析人员查看数据集中多个变量的分布和关系。

本秘笈将探索如何在 seaborn 中创建配对图。seaborn 中的 pairplot 函数可用于此目的。

5.5.1　准备工作

本秘笈将使用 Kaggle 网站的 Palmer Archipelago (Antarctica) Penguins（南极洲帕尔默群岛企鹅）数据。你也可以从本书配套 GitHub 存储库中找到所有文件。

5.5.2　实战操作

要使用 seaborn 库创建配对图，请按以下步骤操作。

（1）导入 pandas、matplotlib 和 seaborn 库：

```
import pandas as pd
import matplotlib.pyplot as plt
import seaborn as sns
```

（2）使用 read_csv 将.csv 文件加载到 DataFrame 中，然后对 DataFrame 进行子集化以仅包含相关列：

```
penguins_data = pd.read_csv("data/penguins_size.csv")
penguins_data = penguins_data[['species','culmen_length_mm',
'body_mass_g','sex']]
```

（3）使用 head 方法了解前 5 行，还可以了解 DataFrame 的形状以及数据类型：

```
penguins_data.head()
  species  culmen_length_mm    body_mass_g   sex
0  Adelie    39.1              3750.0        MALE
1  Adelie    39.5              3800.0        FEMALE
2  Adelie    40.3              3250.0        FEMALE
3  Adelie
```

```
4  Adelie     36.7                   3450.0        FEMALE

penguins_data.shape
(344, 4)

penguins_data.dtypes
species              object
culmen_length_mm     float64
body_mass_g          float64
sex                  object
```

（4）使用 pairplot 函数创建配对图：

```
sns.pairplot(data = penguins_data)
```

这会产生如图 5.7 所示的结果。

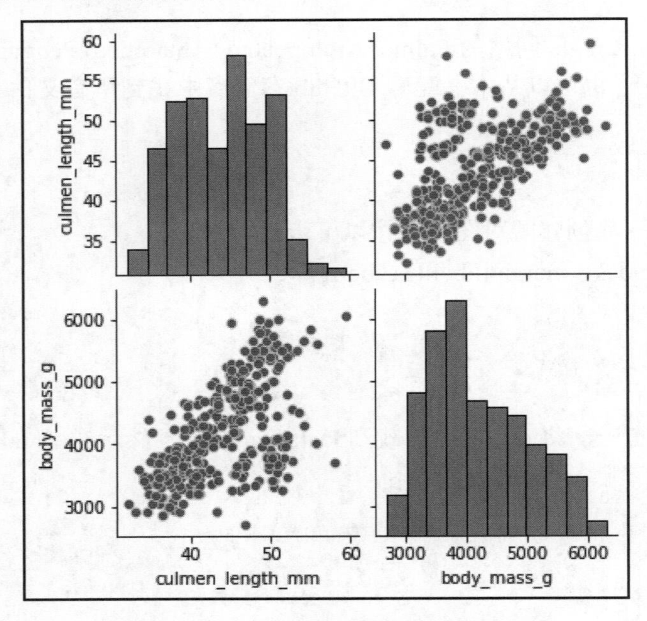

图 5.7　单变量和双变量分析的配对图

现在我们已经在数据集上创建了配对图。

5.5.3　原理解释

为创建配对图，需要使用 pandas、matplotlib 和 seaborn 库。

在步骤（1）中，导入了 pandas 并将其简写为 pd，从 matplotlib 库中导入了 pyplot 模块并将其简写为 plt，导入了 seaborn 并将其简写为 sns。

在步骤（2）中，使用了 read_csv 将.csv 文件加载到 pandas DataFrame 中，并将其命名为 penguins_data。我们对 DataFrame 进行子集化，使其仅包含 4 个相关列。

在步骤（3）中，使用 head 方法查看了数据的前 5 行，以快速了解数据的情况。我们还分别使用了 shape 和 dtypes 方法了解 DataFrame 的形状（行数和列数）和数据类型。

在步骤（4）中，使用了 pandas 中的 pairplot 函数创建配对图。在该函数中，使用了 data 参数来指定用于生成配对图的数据。

5.6　使用条形图分析两个变量

条形图可用于单变量和双变量分析。对于双变量分析来说，*x* 轴通常代表数据集中的分类变量，而 *y* 轴则代表数值变量。这意味着条形图通常用于分类-数值分析。数值变量通常使用求和、中位数和平均值等函数进行聚合。条形图可以提供快速的见解，特别是当我们需要快速比较数据集中的类别时。

本秘笈将探索如何在 seaborn 中创建用于双变量分析的条形图。seaborn 中 barplot 函数可用于此目的。在 4.6 节“使用条形图执行单变量分析”中介绍过，seaborn 中还有一个 countplot 函数，可以绘制条形图。其中，countplot 函数仅绘制每个类别的计数，因此它更适合单变量分析。相应地，barplot 函数可以针对每个类别绘制一个数值变量，因此更适用于双变量分析。

5.6.1　准备工作

本秘笈将使用 Kaggle 网站的 Palmer Archipelago (Antarctica) Penguins（南极洲帕尔默群岛企鹅）数据。你也可以从本书配套 GitHub 存储库中找到所有文件。

5.6.2　实战操作

要使用 seaborn 库创建条形图，请按以下步骤操作。

（1）导入 numpy、pandas、matplotlib 和 seaborn 库：

```
import numpy as np
import pandas as pd
import matplotlib.pyplot as plt
```

```
import seaborn as sns
```

（2）使用 read_csv 将.csv 文件加载到 DataFrame 中，然后对 DataFrame 进行子集化以仅包含相关列：

```
penguins_data = pd.read_csv("data/penguins_size.csv")
penguins_data = penguins_data[['species','culmen_length_mm','sex']]
```

（3）检查数据。使用 head 方法检查前 5 行，还可以检查行数和列数以及数据类型：

```
penguins_data.head()
   species  culmen_length_mm   sex
0  Adelie   39.1               MALE
1  Adelie   39.5               FEMALE
2  Adelie   40.3               FEMALE
3  Adelie
4  Adelie   36.7               FEMALE

penguins_data.shape
(344, 3)

penguins_data.dtypes
species              object
culmen_length_mm     float64
sex                  object
```

（4）使用 barplot 函数创建条形图：

```
sns.barplot(data = penguins_data,x=penguins_
data['species'],y=penguins_data['culmen_length_mm'],estimator=np.median)
```

这会产生如图 5.8 所示的结果。

（5）设置图表大小和图表标题。另外，还可以指定轴标签名称和标签大小：

```
plt.figure(figsize= (12,6))

ax = sns.barplot(data = penguins_data,x=penguins_
data['species'],y=penguins_data['culmen_length_mm'],estimator=np.median)
ax.set_xlabel('Species',fontsize = 15)
ax.set_ylabel('Culmen_length_mm', fontsize = 15)
ax.set_title('Bivariate analysis of Culmen Length and Species',
fontsize= 20)
```

这会产生如图 5.9 所示的结果。

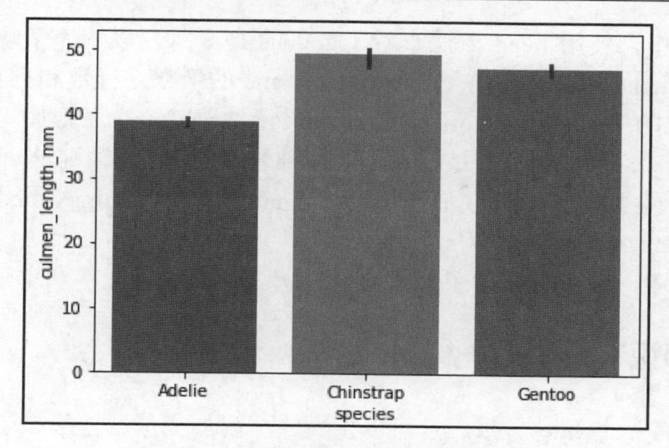

图 5.8　包含基本信息的条形图

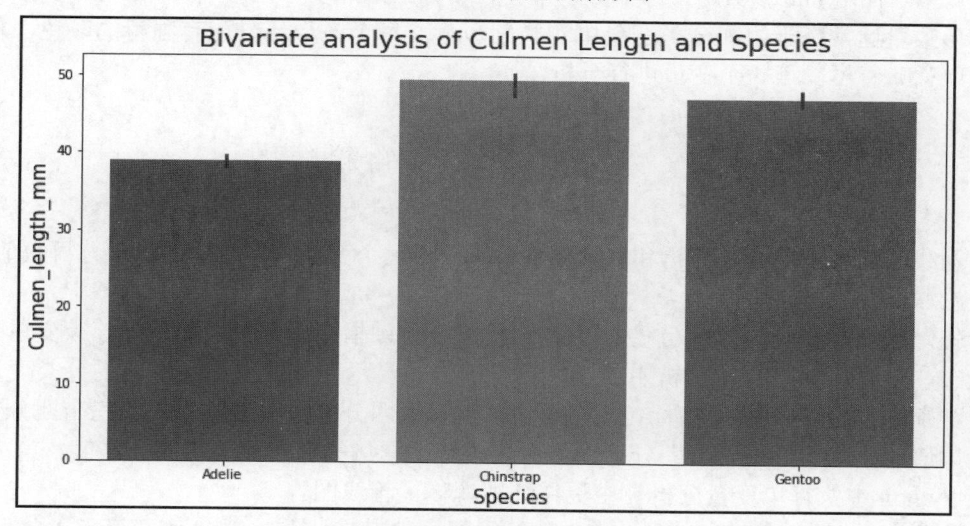

图 5.9　包含更多信息的条形图

现在我们已经根据两个感兴趣的变量创建了一个条形图。

5.6.3　原理解释

在步骤（1）中，导入了 pandas 并将其简写为 pd，导入了 numpy 并将其简写为 np，从 matplotlib 库中导入了 pyplot 模块并将其简写为 plt，导入了 seaborn 并将其简写为 sns。

在步骤（2）中，使用了 read_csv 将.csv 文件加载到 pandas DataFrame 中，并将其命名为 penguins_data。我们对 DataFrame 进行子集化，使其仅包含 3 个相关列。

在步骤（3）中，使用 head 方法查看了数据的前 5 行，以快速了解数据的情况。我们还分别使用了 shape 和 dtypes 方法了解 DataFrame 的形状（行数和列数）和数据类型。

在步骤（4）中，使用了 seaborn 中的 barplot 函数创建一个条形图。在该函数中，指定了数据集以及 x 轴和 y 轴。x 轴是 species（物种）变量，而 y 轴则是 culmen_length_mm（以毫米为单位的企鹅喙长）。我们还使用 estimator 参数将 numpy median 函数指定为 y 轴的聚合函数。

在步骤（5）中，为图表提供了其他信息，例如标题、轴标签和字号等。

5.6.4 扩展知识

barplot 函数有一个 hue 参数，它可以接受一个附加变量。一般来说，此变量必须是分类变量。使用 hue 参数时，每个类别都会在 x 轴上添加多个条形。x 轴上每个类别添加的条形数量通常基于附加分类变量中的类别数量。每个条形还分配有独特的颜色。使用此选项意味着可以跨 3 个变量进行分析。

5.7 生成两个变量的箱线图

箱线图可用于单变量分析和双变量分析。分析两个变量时，箱线图对于分析数值-分类变量非常有用。

就像单变量分析一样，箱线图可以通过 5 个关键指标让分析人员了解连续变量的基本分布。当然，在双变量分析中，连续变量的分布显示在分析人员感兴趣的分类变量的每个类别中。这 5 个关键指标包括最小值、第一个四分位数、中位数、第三个四分位数和最大值。这些指标可以帮助分析人员深入了解数据集的分布和可能的异常值。第 4 章“在 Python 中执行单变量分析”中更详细地解释了箱线图。

本秘笈将探索如何在 seaborn 中创建箱线图。seaborn 中的 boxplot 函数可用于此目的。

5.7.1 准备工作

本秘笈将使用 Kaggle 网站的 Palmer Archipelago (Antarctica) Penguins（南极洲帕尔默群岛企鹅）数据。你也可以从本书配套 GitHub 存储库中找到所有文件。

5.7.2 实战操作

要使用 seaborn 库创建箱线图，请按以下步骤操作。

（1）导入 pandas、matplotlib 和 seaborn 库：

```
import pandas as pd
import matplotlib.pyplot as plt
import seaborn as sns
```

（2）使用 read_csv 将.csv 文件加载到 DataFrame 中，然后对 DataFrame 进行子集化以仅包含相关列：

```
penguins_data = pd.read_csv("data/penguins_size.csv")
penguins_data = penguins_data[['species','culmen_length_mm','sex']]
```

（3）检查数据。使用 head 方法检查前 5 行，还可以检查行数和列数以及数据类型：

```
penguins_data.head()
   species  culmen_length_mm   sex
0  Adelie   39.1               MALE
1  Adelie   39.5               FEMALE
2  Adelie   40.3               FEMALE
3  Adelie
4  Adelie   36.7               FEMALE

penguins_data.shape
(344, 3)

penguins_data.dtypes
species             object
culmen_length_mm    float64
sex                 object
```

（4）使用 boxplot 函数创建箱线图：

```
sns.boxplot( data = penguins_data, x= penguins_data['species'],
y= penguins_data["culmen_length_mm"])
```

这会产生如图 5.10 所示的结果。

（5）设置图表大小和图表标题。另外，还可以指定轴标签名称和标签尺寸：

```
plt.figure(figsize= (12,6))

ax = sns.boxplot( data = penguins_data, x= penguins_data['species'],
y= penguins_data["culmen_length_mm"])
ax.set_xlabel('Culmen Length in mm',fontsize = 15)
ax.set_ylabel('Count of records', fontsize = 15)
ax.set_title('Bivariate analysis of Culmen Length and Species',
fontsize= 20)
```

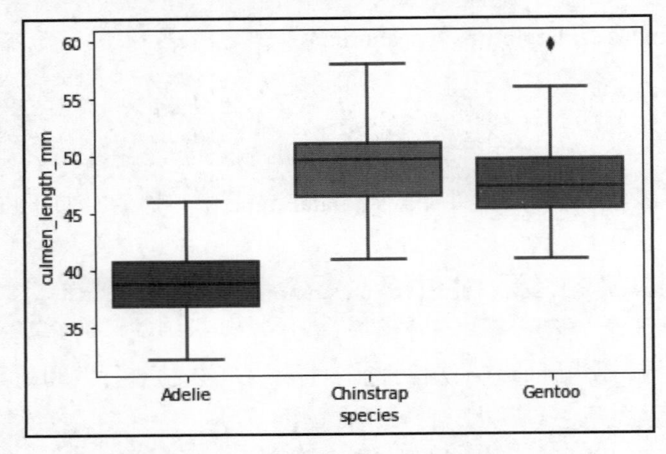

图 5.10　包含基本细节的箱线图

这会产生如图 5.11 所示的结果。

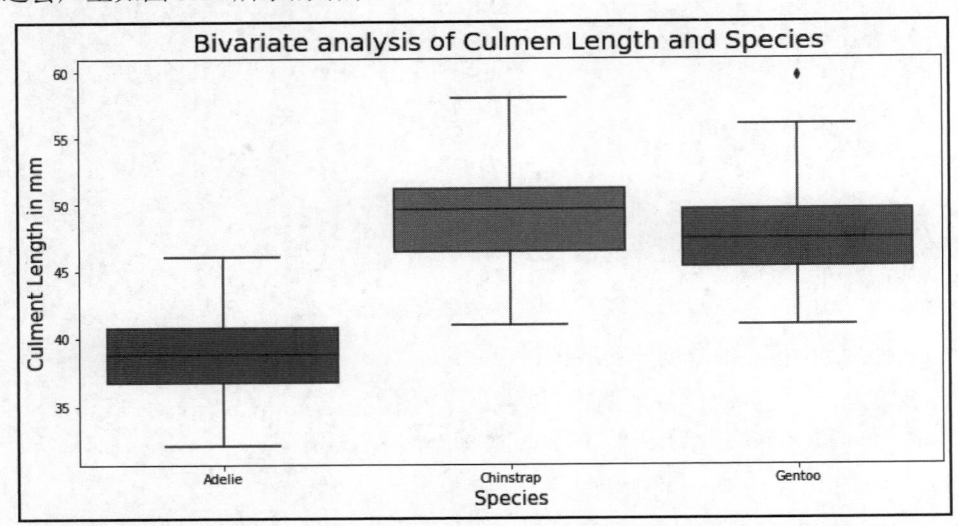

图 5.11　包含更多信息的箱线图

现在我们已经创建了基于两个变量的箱线图。

5.7.3　原理解释

创建箱线图需要使用 pandas、matplotlib 和 seaborn 库。

在步骤（1）中，导入了 pandas 并将其简写为 pd，从 matplotlib 库中导入了 pyplot

模块并将其简写为 plt，导入了 seaborn 并将其简写为 sns。

在步骤（2）中，使用了 read_csv 将.csv 文件加载到 pandas DataFrame 中，并将其命名为 penguins_data。我们对 DataFrame 进行子集化，使其仅包含 3 个相关列。

在步骤（3）中，使用 head 方法查看了数据的前 5 行，以快速了解数据的情况。我们还分别使用了 shape 和 dtypes 方法了解 DataFrame 的形状（行数和列数）和数据类型。

在步骤（4）中，使用了 seaborn 中的 boxplot 方法创建箱线图。在该方法中，指定了数据集以及 x 轴和 y 轴。x 轴是 species（物种）变量，而 y 轴则是 culmen_length_mm（以毫米为单位的企鹅喙长）。

在步骤（5）中，为图表提供了其他信息，例如标题、轴标签和字号等。

5.8　创建两个变量的直方图

就像箱线图一样，直方图也可用于单变量分析和双变量分析。就双变量分析而言，直方图对于分析数值-分类变量非常有用。

当分类变量只有两个类别时，这通常很简单。当分类有两个以上的类别时，这会变得复杂一些。

一般来说，在使用直方图的双变量分析中，可以将每个类别的直方图相互叠加，并为代表每个类别的直方图分配特定的颜色。这有助于分析人员轻松识别感兴趣的分类变量中连续变量跨类别的不同分布。此方法仅适用于最多 3 个类别的分类变量。

本秘笈将探索如何在 seaborn 中创建直方图。seaborn 中的 histplot 方法可用于此目的。

5.8.1　准备工作

本秘笈将使用 Kaggle 网站的 Palmer Archipelago (Antarctica) Penguins（南极洲帕尔默群岛企鹅）数据。你也可以从本书配套 GitHub 存储库中找到所有文件。

5.8.2　实战操作

要使用 seaborn 库创建直方图，请按以下步骤操作。

（1）导入 pandas、matplotlib 和 seaborn 库：

```
import pandas as pd
import matplotlib.pyplot as plt
import seaborn as sns
```

（2）使用 read_csv 将.csv 文件加载到 DataFrame 中，然后对 DataFrame 进行子集化以仅包含相关列：

```
penguins_data = pd.read_csv("data/penguins_size.csv")
penguins_data = penguins_data[['species','culmen_length_mm','sex']]
```

（3）检查数据。使用 head 方法检查前 5 行，还可以检查行数和列数以及数据类型：

```
penguins_data.head()
   species  culmen_length_mm   sex
0  Adelie   39.1               MALE
1  Adelie   39.5               FEMALE
2  Adelie   40.3               FEMALE
3  Adelie
4  Adelie   36.7               FEMALE

penguins_data.shape
(344, 3)

penguins_data.dtypes
species             object
culmen_length_mm    float64
sex                 object
```

（4）使用 histplot 方法创建直方图：

```
penguins_data_male = penguins_data.loc[penguins_data['sex']=='MALE',:]
penguins_data_female = penguins_data.loc[penguins_data['sex']=='FEMALE',:]

sns.histplot( data = penguins_data_male, x= penguins_data_
male["culmen_length_mm"], alpha=0.5, color = 'blue')
sns.histplot( data = penguins_data_female, x= penguins_data_
female["culmen_length_mm"], alpha=0.5, color = 'red')
```

这会产生如图 5.12 所示的结果。

（5）设置图表大小和图表标题，还可以指定轴的标签名称和标签尺寸：

```
plt.figure(figsize= (12,6))

ax = sns.histplot( data = penguins_data_male, x= penguins_data_
male["culmen_length_mm"], alpha=0.5, color = 'blue')
ax = sns.histplot( data = penguins_data_female, x= penguins_
data_female["culmen_length_mm"], alpha=0.5, color = 'red')
```

```
ax.set_xlabel('Culmen Length in mm',fontsize = 15)
ax.set_ylabel('Count of records', fontsize = 15)
ax.set_title('Bivariate analysis of Culmen Length and Sex',fontsize= 20)
plt.legend(['Male Penguins', 'Female Penguins'],loc="upper right")
```

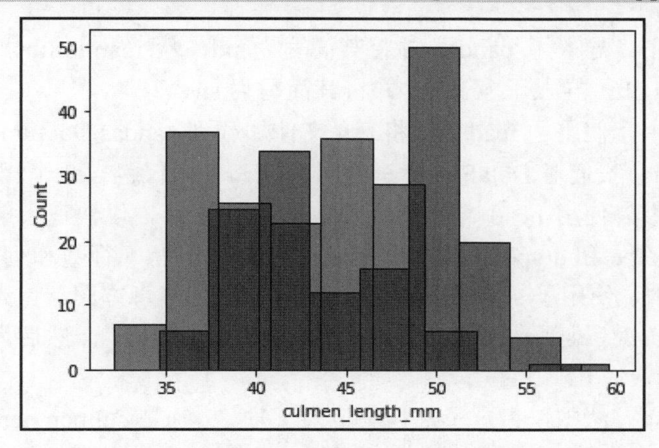

图 5.12　包含基本细节的直方图

这会产生如图 5.13 所示的结果。

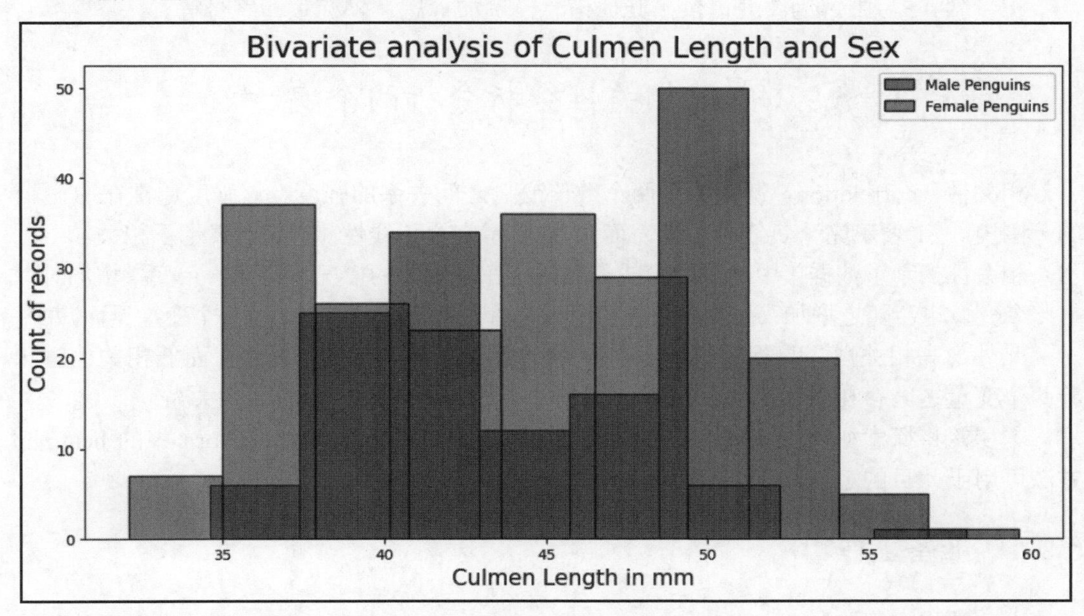

图 5.13　带有更多信息的直方图

现在我们已经根据两个感兴趣的变量创建了一个直方图。

5.8.3 原理解释

在步骤（1）中，导入了 pandas 并将其简写为 pd，从 matplotlib 库中导入了 pyplot 模块并将其简写为 plt，导入了 seaborn 并将其简写为 sns。

在步骤（2）中，使用了 read_csv 将.csv 文件加载到 pandas DataFrame 中，并将其命名为 penguins_data。我们对 DataFrame 进行子集化，使其仅包含 3 个相关列。

在步骤（3）中，使用 head 方法查看了数据的前 5 行，以快速了解数据的情况。我们还分别使用了 shape 和 dtypes 方法了解 DataFrame 的形状（行数和列数）和数据类型。

在步骤（4）中，使用了 seaborn 中的 histplot 方法创建直方图。首先创建了两个数据集，一个用于 MALE（雄性），另一个用于 FEMALE（雌性），然后为每个数据集创建两个单独的直方图。

在每个 histplot 方法中，指定了数据集以及 *x* 轴。*x* 轴是 culmen_length_mm（以毫米为单位的企鹅喙长）。我们还使用了 alpha 参数来定义每个直方图的透明度。在创建多个图表时，透明度小于 0.6 效果很好。最后，还使用了 color 参数来定义每个直方图的颜色。

在步骤（5）中，为图表提供了其他信息，例如标题、轴标签和字号等。

5.9 使用相关性分析分析两个变量

相关性（correlation）衡量的是两个数值变量之间关系的强度。该强度通常在−1～+1 的范围内。−1 表示完全负线性相关，而+1 则表示完全正线性相关，0 表示不相关。

相关性揭示了数据集中隐藏的模式和见解。在正相关的情况下，当一个变量增加时，另一个变量也会随之增加；在负相关的情况下，当一个变量增加时，另一个变量反而减少。

此外，高相关性（高相关值）意味着两个变量之间存在强相关性，而低相关性意味着两个变量之间存在弱相关性。值得注意的是，相关性并不意味着因果关系。

本秘笈将探索如何在 seaborn 中创建相关性热图（heatmap）。seaborn 中的 heatmap 方法可用于此目的。

5.9.1 准备工作

本秘笈将使用 Kaggle 网站的 Palmer Archipelago (Antarctica) Penguins（南极洲帕尔默群岛企鹅）数据。你也可以从本书配套 GitHub 存储库中找到所有文件。

5.9.2　实战操作

要使用 seaborn 库创建相关性热图，请按以下步骤操作。

（1）导入 pandas、matplotlib 和 seaborn 库：

```
import pandas as pd
import matplotlib.pyplot as plt
import seaborn as sns
```

（2）使用 read_csv 将.csv 文件加载到 DataFrame 中，对 DataFrame 进行子集化以使其仅包含相关列：

```
penguins_data = pd.read_csv("data/penguins_size.csv")

penguins_data = penguins_data[['species','culmen_length_mm',
'body_mass_g']]
```

（3）使用 head 方法检查前 5 行，还可以检查行数和列数以及数据类型：

```
penguins_data.head()
   species  culmen_length_mm   body_mass_g
0  Adelie   39.1               3750.0
1  Adelie   39.5               3800.0
2  Adelie   40.3               3250.0
3  Adelie
4  Adelie   36.7               3450.0

penguins_data.shape
(344, 3)

penguins_data.dtypes
species             object
culmen_length_mm    float64
body_mass_g         float64
```

（4）使用 heatmap 方法创建相关性热图：

```
penguins_corr = penguins_data.corr()
heatmap = sns.heatmap(penguins_corr, vmin=-1, vmax=1, annot=True)
```

这会产生如图 5.14 所示的结果。

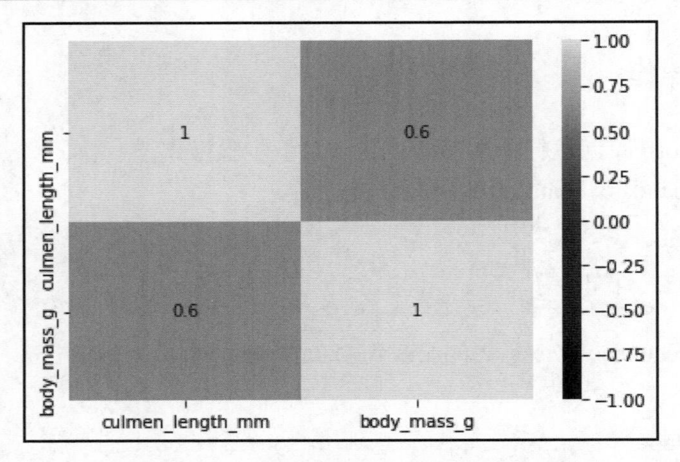

图 5.14　包含基本细节的相关性热图

（5）设置图表大小和图表标题。另外，还可以设置一个填充（pad）值来定义标题与热图顶部的距离：

```
plt.figure(figsize=(16, 6))
heatmap = sns.heatmap(penguins_data.corr(), vmin=-1, vmax=1, annot=True)
heatmap.set_title('Correlation Heatmap',fontdict={'fontsize':12},pad=12);
```

这会产生如图 5.15 所示的结果。

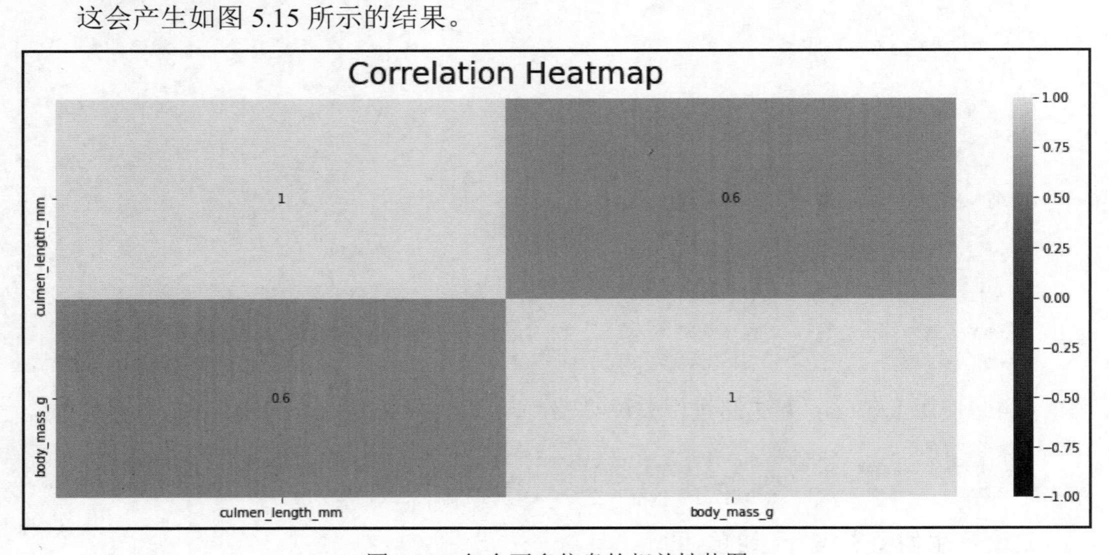

图 5.15　包含更多信息的相关性热图

现在我们已经在数据集上创建了相关性热图。

5.9.3　原理解释

在步骤（1）中，导入了 pandas 并将其简写为 pd，从 matplotlib 库中导入了 pyplot 模块并将其简写为 plt，导入了 seaborn 并将其简写为 sns。

在步骤（2）中，使用了 read_csv 将.csv 文件加载到 pandas DataFrame 中，并将其命名为 penguins_data。我们对 DataFrame 进行子集化，使其仅包含 3 个相关列。

在步骤（3）中，使用 head 方法查看了数据的前 5 行，以快速了解数据的情况。我们还分别使用了 shape 和 dtypes 方法了解 DataFrame 的形状（行数和列数）和数据类型。

在步骤（4）中，使用了 seaborn 中的 heatmap 方法创建热图。通过 pandas 中的 corr 方法，我们定义了一个相关矩阵（correlation matrix）并将其分配给一个变量，然后将该相关矩阵指定为热图方法中的数据集。

通过 vmin 和 vmax 参数，我们指定了要在热图上显示的最小值和最大值。

使用 annot 参数，我们将注解（annotation）设置为 True 以在热图上显示相关值。

在步骤（5）中，向图表添加了更多信息。我们使用了 set_title 方法来设置标题，使用 fontdict 参数来设置字体大小，并使用 pad 参数来定义标题与热图顶部的距离。

第 6 章　在 Python 中执行多变量分析

在处理大型数据集时，分析人员经常会遇到的一个问题是需要同时分析多个变量。虽然我们在第 4 章“在 Python 中执行单变量分析”和第 5 章“在 Python 中执行双变量分析”中讨论过的技术很有用，但当我们需要同时分析 5 个或更多变量时，它们仍然是不足的。处理高维数据（即具有多个变量的数据）的问题是众所周知的大难题，这通常被称为维数诅咒（curse of dimensionality，也称为“维数灾难”）。拥有许多变量可能是一件好事，因为我们可以从更多数据中收集更多见解。但是，这也可能是一个挑战，因为没有太多技术可以同时分析或可视化多个变量。

本章将介绍若干种可用于同时分析多个变量的多变量分析技术。

本章包含以下主题：

- 使用 Kmeans 实现多个变量的聚类分析
- 在 Kmeans 中选择最佳聚类数
- 分析 Kmeans 聚类
- 对多个变量实施主成分分析
- 选择主成分的数量
- 分析主成分
- 对多个变量实施因子分析
- 确定因子的数量
- 分析因子

6.1　技术要求

本章将利用 Python 中的 numpy、pandas、matplotlib、seaborn、sklearn 和 factor_analyzer 库。如果没有安装 sklearn 和 factor_analyzer 库，则可以使用以下代码通过 pip 安装它们：

```
pip install scikit-learn
pip install factor_analyzer
```

本章代码和 Notebook 可在本书配套 GitHub 存储库中找到，其网址如下：

https://github.com/PacktPublishing/Exploratory-Data-Analysis-with-Python-Cookbook

6.2　使用 Kmeans 实现多个变量的聚类分析

聚类指的是将数据点分成聚类（cluster）或组，目标是确保一组中的所有数据点彼此相似，但与其他组中的数据点不同。

聚类是根据相似性确定的，因此有不同类型的聚类算法。有的聚类算法基于质心，有的算法基于分层，有的算法基于密度，有的算法基于分布。总之，这些算法都有各自的优势和最适合的数据类型。

本秘笈将重点关注最常用的聚类算法，即 Kmeans 聚类算法。这是一种基于质心（centroid）的算法，可将数据分为 *K* 个聚类。这些聚类通常由用户在运行算法之前预定义。每个数据点根据其与聚类质心的距离分配给一个聚类。该算法的目标是最小化相应聚类内数据点的方差。最小化方差的过程是一个迭代过程。

现在让我们来看看如何在 sklearn 库中构建 Kmeans 模型。

6.2.1　准备工作

本章将使用两个数据集：Customer Personality Analysis（客户个性分析）数据和 Website Satisfaction Survey（网站满意度调查）数据，均来自 Kaggle 网站。

你可以为本章创建一个文件夹，并在该文件夹中创建一个新的 Python 脚本或 Jupyter Notebook 文件。你还可以创建一个 data 子文件夹并将从 Kaggle 网站下载的 marketing_campaign.csv 和 website_survey.csv 文件放入该子文件夹中。或者，你也可以从本书配套 GitHub 存储库中找到所有文件。

提示：

Kaggle 网站提供的 Customer Personality Analysis（客户个性分析）公共数据的网址如下：

https://www.kaggle.com/datasets/imakash3011/customer-personality-analysis

Kaggle 网站提供的 Website Satisfaction Survey（网站满意度调查）公共数据的网址如下：

https://www.kaggle.com/datasets/hayriyigit/website-satisfaction-survey

Kaggle 网站中的 Customer Personality Analysis（客户个性分析）公共数据以单列格式显示，但本书配套 GitHub 存储库中的数据已被转换为多列格式，以便于在 pandas 中使用。

本章将使用完整的数据集，在不同秘笈中使用数据集的不同样本。本章配套 GitHub 存储库中也提供了这些数据。

6.2.2　实战操作

要使用 sklearn 库执行多变量分析，请按以下步骤操作。

（1）导入 pandas、matplotlib、seaborn 和 sklearn 库：

```
import pandas as pd
import matplotlib.pyplot as plt
import seaborn as sns
from sklearn.preprocessing import StandardScaler
from sklearn.cluster import KMeans
```

（2）使用 read_csv 将.csv 文件加载到 DataFrame 中，对 DataFrame 进行子集化以使其仅包含相关列：

```
marketing_data = pd.read_csv("data/marketing_campaign.csv")

marketing_data = marketing_data[['MntWines','MntFruits', 'MntMea
tProducts','MntFishProducts','MntSweetProducts','MntGoldProds',
'NumDealsPurchases','NumWebPurchases', 'NumCatalogPurchases',
'NumStorePurchases', 'NumWebVisitsMonth']]
```

（3）使用 head 方法检查前 5 行，还可以检查行数和列数以及数据类型：

```
marketing_data.head()
   MntWines  MntFruits  ...  NumWebVisitsMonth
0  635       88         ...  7
1  11        1          ...  5
2  426       49         ...  4
3  11        4          ...  6
4  173       43         ...  5

marketing_data.shape
(2240, 11)

marketing_data.dtypes
MntWines            int64
MntFruits           int64
```

```
MntMeatProducts     int64
...                 ...
NumStorePurchases   int64
NumWebVisitsMonth   int64
```

（4）使用 pandas 中的 isnull 方法检查缺失值。我们将使用链接方法在一条语句中调用 DataFrame 上的 isnull 和 sum 方法：

```
marketing_data.isnull().sum()
MntWines            0
MntFruits           0
...                 ...
NumStorePurchases   0
NumWebVisitsMonth   0
```

（5）使用 dropna 方法删除缺失值。将 inplace 参数设置为 true 表示直接修改原始对象，无须创建新对象：

```
marketing_data.dropna(inplace=True)

marketing_data.shape
(2240, 11)
```

（6）使用 sklearn 库中的 StandardScaler 类缩放数据：

```
scaler = StandardScaler()
marketing_data_scaled = scaler.fit_transform(marketing_data)
```

（7）使用 sklearn 库中的 Kmeans 类构建 Kmeans 模型：

```
kmeans = KMeans(n_clusters= 4, init='k-means++',random_state= 1)
kmeans.fit(marketing_data_scaled)
```

（8）使用 matplotlib 可视化 Kmeans 聚类：

```
label = kmeans.fit_predict(marketing_data_scaled)
marketing_data_test = marketing_data.copy()
marketing_data_test['label'] = label
marketing_data_test['label'] = marketing_data_test['label'].astype(str)
plt.figure(figsize= (18,10))
sns.scatterplot(data = marketing_data_test , marketing_data_
test['MntWines'], marketing_data_test['MntFruits'], hue =
marketing_data_test['label'])
```

这会产生如图 6.1 所示的结果。

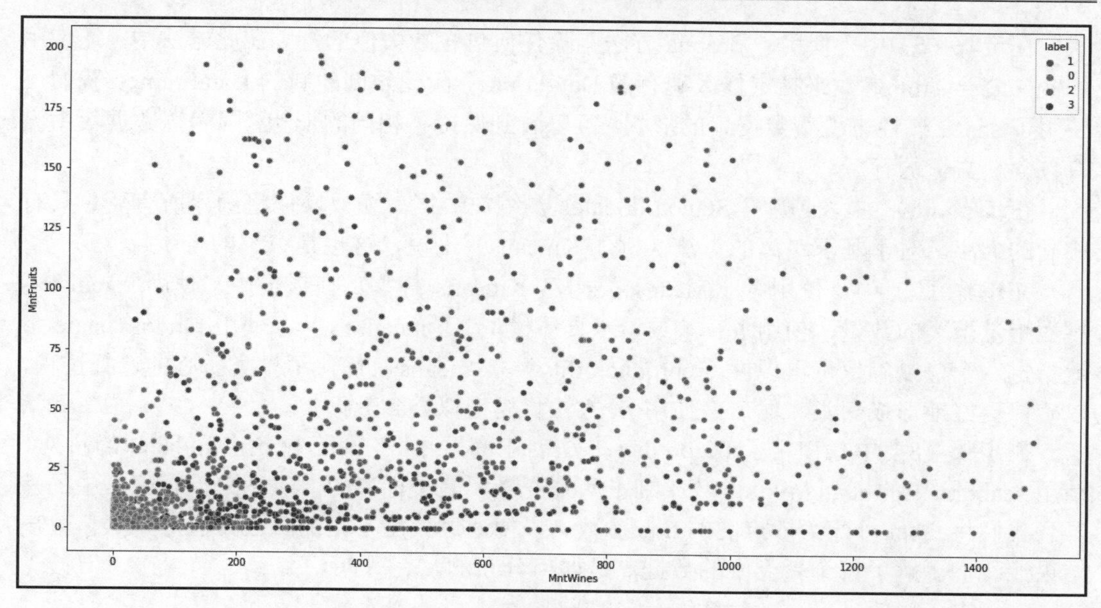

图 6.1　跨两个变量的 Kmeans 聚类的散点图

现在我们已经使用 Kmeans 对数据进行了多变量分析。

6.2.3　原理解释

本秘笈使用了 pandas、matplotlib、seaborn 和 sklearn 多个库。

在步骤（1）中，导入了所需的库。

在步骤（2）中，使用了 read_csv 将.csv 文件加载到 pandas DataFrame 中，并将其命名为 marketing_data。我们对 DataFrame 进行子集化，使其包含 11 个相关列。

在步骤（3）中，使用 head 方法查看了数据的前 5 行，以快速了解数据的情况。我们还分别使用了 shape 和 dtypes 方法了解 DataFrame 的形状（行数和列数）和数据类型。

在步骤（4）中，检查了缺失值以确保数据中没有缺失值，这是构建 Kmeans 模型的先决条件。我们使用了 pandas 中的 isnull 和 sum 方法来实现这一点。这种方法称为链接（chaining）。使用链接方法可以在一个语句中调用一个对象的多个方法。如果没有链接，那么我们将不得不调用第一个方法并将其输出保存在变量中，然后通过已保存的变量调用下一个方法。isnull 和 sum 链接方法显示的值指示的是每列缺失值的数量。我们所用的数据集中没有缺失值，因此可以看到所有值都为 0。

在步骤（5）中，使用了 dropna 方法删除任何包含缺失值的行。在此方法中，还使用了 inplace = True 参数来指定修改现有的 DataFrame，而无须创建新的 DataFrame。我们还使用了 shape 属性来检查数据集的形状，可以看到保持了相同的形状，因为该数据集中没有包含缺失值的行。

在步骤（6）中，使用了 StandardScaler 类缩放数据。缩放操作将确保所有变量具有相同的大小。对于基于距离的算法（例如 Kmeans）来说，这也是关键的一步。

在步骤（7）中，使用了 KMeans 类构建 Kmeans 模型。在该类中，使用 n_clusters 参数指定聚类的数量，使用 init 参数指示具体模型（k-means++），使用 random_state 参数指定一个值以确保可再现性（reproducibility）。k-means++优化了聚类质心的选择过程，以确保更好地形成聚类。然后，使用 fit 方法将模型拟合到数据集。

在步骤（8）中，使用了 fit_predict 方法创建聚类并将它们分配给名为 label 的新列。使用 seaborn 中的 scatterplot 函数绘制了两个变量和聚类标签的散点图来检查聚类中的差异。我们将 label 分配给散点图的 hue 参数，以便通过使用不同的颜色来区分聚类。输出结果让我们了解了每个聚类中的数据点是如何分布的。

6.2.4　扩展知识

Kmeans 算法大致有以下缺点：

（1）它只适用于数值变量，而对于分类变量则无能为力。

（2）它对异常值很敏感，这可能会使其输出不太可靠。

（3）*K* 个聚类的数量需要由用户预先定义。

为了解决分类变量的问题，我们可以探索 *K*-Prototype 算法，该算法旨在处理数值变量和分类变量。

对于异常值问题，建议在使用算法之前对异常值进行处理。或者，也可以使用基于密度的算法，例如 DBSCAN，该算法可以很好地处理异常值。

在下一个秘笈中，将介绍选择最佳 *K* 聚类数量的技术。

除了探索性数据分析，聚类分析在机器学习中也非常有用。一个常见的用例是客户细分，我们需要根据数据点的相似性（在本用例中为客户）将数据点分组在一起。它还可以用于图像分类，将相似的图像分组在一起。

6.2.5　参考资料

以下网址提供了有关 Kmeans 和聚类算法的富有见地的文章：

https://www.analyticsvidhya.com/blog/2019/08/compressive-guide-k-means-clustering/

https://www.freecodecamp.org/news/8-clustering-algorithms-in-machine-learning-that-all-data-scientists-should-know/

6.3　在 Kmeans 中选择最佳聚类数

Kmeans 聚类算法的主要缺点之一是 K 个聚类数必须由用户预先定义。解决这个问题的常用技术之一是肘部方法（elbow method）。肘部方法使用聚类内平方和（within cluster sum of squares，WCSS）——也称为惯性（inertia）——来查找最佳聚类数（K）。

WCSS 表示聚类内的总方差。它的计算方法是找到聚类中每个数据点与相应聚类质心之间的距离，并将这些距离加在一起。

肘部方法将计算一系列预定义 K 值（例如 2～10）的 Kmeans，并绘制图表，其中 x 轴是 K 个聚类的数量，y 轴是每个 K 聚类对应的 WCSS。

本秘笈将探索如何使用肘部方法来确定 K 个聚类的最佳数量。我们将使用 sklearn 和一些自定义代码。

6.3.1　准备工作

本秘笈将使用来自 Kaggle 网站的 Customer Personality Analysis（客户个性分析）数据。你也可以从本书配套 GitHub 存储库中找到所有文件。

6.3.2　实战操作

要使用 sklearn 库选择最佳的 K 聚类数量，请按以下步骤操作。

（1）导入 pandas、matplotlib、seaborn 和 sklearn 库：

```
import pandas as pd
import matplotlib.pyplot as plt
import seaborn as sns
from sklearn.preprocessing import StandardScaler
from sklearn.cluster import KMeans
```

（2）使用 read_csv 将.csv 文件加载到 DataFrame 中，对 DataFrame 进行子集化以使其仅包含相关列：

```
marketing_data = pd.read_csv("data/marketing_campaign.csv")

marketing_data = marketing_data[['MntWines','MntFruits', 'MntMea
tProducts','MntFishProducts','MntSweetProducts','MntGoldProds',
'NumDealsPurchases','NumWebPurchases', 'NumCatalogPurchases',
'NumStorePurchases', 'NumWebVisitsMonth']]
```

（3）使用 head 方法检查前 5 行，还可以检查行数和列数以及数据类型：

```
marketing_data.head()
   MntWines  MntFruits  ...  NumWebVisitsMonth
0  635       88         ...  7
1  11        1          ...  5
2  426       49         ...  4
3  11        4          ...  6
4  173       43         ...  5

marketing_data.shape
(2240, 11)

marketing_data.dtypes
MntWines            int64
MntFruits           int64
MntMeatProducts     int64
...                 ...
NumStorePurchases   int64
NumWebVisitsMonth   int64
```

（4）使用 pandas 中的 isnull 方法检查缺失值：

```
marketing_data.isnull().sum()
MntWines            0
MntFruits           0
...                 ...
NumStorePurchases   0
NumWebVisitsMonth   0
```

（5）使用 dropna 方法删除缺失值：

```
marketing_data.dropna(inplace=True)

marketing_data.shape
(2240, 11)
```

（6）使用 sklearn 库中的 StandardScaler 类缩放数据：

```
scaler = StandardScaler()
marketing_data_scaled = scaler.fit_transform(marketing_data)
```

（7）使用 sklearn 库中的 Kmeans 类构建 Kmeans 模型：

```
kmeans = KMeans(n_clusters= 4, init='k-means++',random_state= 1)
kmeans.fit(marketing_data_scaled)
```

（8）检查 Kmeans 聚类的输出：

```
label = kmeans.fit_predict(marketing_data_scaled)
marketing_data_output = marketing_data.copy()
marketing_data_output['cluster'] = label
marketing_data_output['cluster'].value_counts()
0   1020
2   475
3   467
1   278
```

（9）使用肘部技术找到 K 个聚类的最佳数量：

```
distance_values = []
for cluster in range(1,14):
    kmeans = KMeans(n_clusters = cluster, init='k-means++')
    kmeans.fit(marketing_data_scaled)
    distance_values.append(kmeans.inertia_)

cluster_output = pd.DataFrame({'Cluster':range(1,14), 'distance_
values':distance_values})

plt.figure(figsize=(12,6))
plt.plot(cluster_output['Cluster'], cluster_output['distance_values'],
marker='o')
plt.xlabel('Number of clusters')
plt.ylabel('Inertia')
```

这会产生如图 6.2 所示的结果。

在图 6.2 中可以看到，该方法产生的图形类似于人的手臂肘部的弯曲形状，“肘部方法”的名称也正是来源于此。

现在我们已经确定了 K 个聚类的最佳数量。

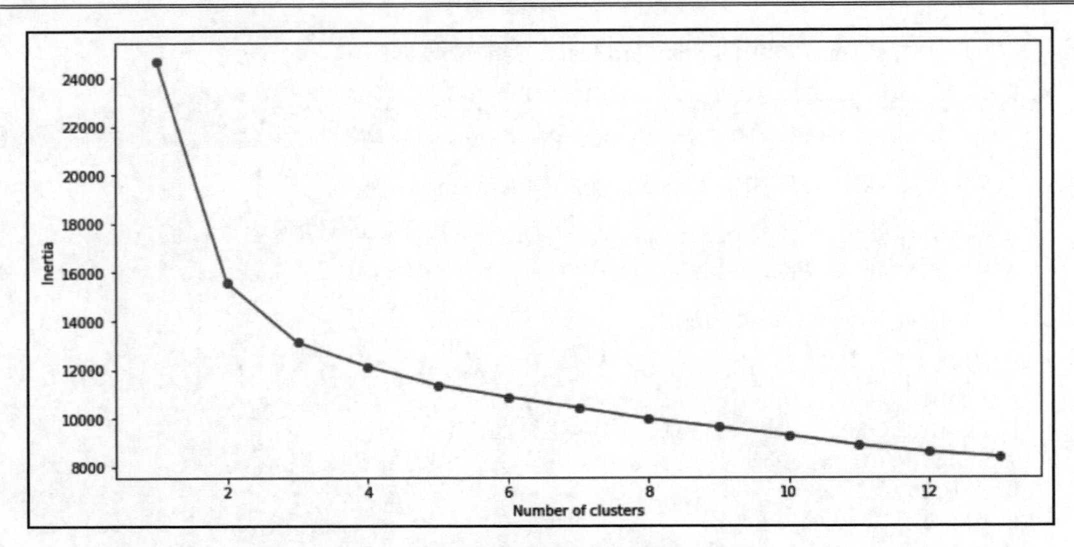

图 6.2　惯性和 Kmeans 聚类的陡坡图

6.3.3　原理解释

在步骤（1）中，导入了所有需要的库。

在步骤（2）中，使用了 read_csv 将.csv 文件加载到 pandas DataFrame 中，并将其命名为 marketing_data。我们对 DataFrame 进行子集化，使其包含 11 个相关列。

在步骤（3）中，使用 head 方法查看了数据的前 5 行，以快速了解数据的情况。我们还分别使用了 shape 和 dtypes 方法了解 DataFrame 的形状（行数和列数）和数据类型。

在步骤（4）中，检查了缺失值以确保数据中没有缺失值，这是构建 Kmeans 模型的先决条件。我们使用了 pandas 中的 isnull 和 sum 方法来实现这一点。

在步骤（5）中，使用了 dropna 方法删除任何包含缺失值的行。在此方法中，还使用了 inplace = True 参数来指定修改现有的 DataFrame，而无须创建新的 DataFrame。

在步骤（6）中，使用了 StandardScaler 类缩放数据。缩放操作将确保所有变量具有相同的大小。对于基于距离的算法（例如 Kmeans）来说，这也是关键的一步。

在步骤（7）中，使用了 KMeans 类构建 Kmeans 模型。在该类中，使用 n_clusters 参数指定聚类的数量，使用 init 参数指示具体模型（k-means++），使用 random_state 参数指定一个值以确保模型的可再现性。k-means++优化了聚类质心的选择过程，以确保更好地形成聚类。然后，使用 fit 方法将模型拟合到数据集。

在步骤（8）中，使用了 fit_predict 方法创建聚类并将它们分配给一个名为 label 的新变量。我们创建了数据集的副本，并将 label 变量分配给新创建的数据集中的新列。我们使用了 value_counts 方法来了解每个聚类中的记录数。

在步骤（9）中，创建了一个 for 循环来计算 Kmeans 模型的惯性，聚类范围为 1～13。我们将值存储在名为 distance_values 的列表中，并将该列表转换为 DataFrame。

然后，我们根据聚类的数量绘制惯性值，以获得肘部方法图。在肘部方法图中，可以看到惯性急剧下降并变得相当恒定的位置。这种情况发生在聚类 3～7 周围。这意味着我们可以从该范围中进行选择。当然，在选择最佳 *K* 聚类时还应该考虑计算成本，因为更多的聚类意味着更高的计算成本。

6.3.4　扩展知识

就像肘部方法一样，轮廓分析（silhouette analysis）也可用于确定 *K* 个聚类的最佳数量。该方法主要是通过检查聚类内样本与相邻聚类内样本的距离来测量聚类的质量。其分数范围为−1～1。较大的值表示样本被分配到正确的聚类，即聚类中的样本距离相邻聚类较远。较小的值则表示样本已被分配到错误的聚类，即聚类中的样本与相邻聚类很接近。

sklearn 的 silhouette_score 模块可用于轮廓分析。就像肘部方法一样，我们可以在 *x* 轴上绘制聚类数量，在 *y* 轴上绘制平均轮廓分数，以可视化轮廓分析。

6.3.5　参考资料

要了解有关选择最佳聚类的更多信息，可阅读以下文章：

https://www.analyticsvidhya.com/blog/2021/05/k-mean-getting-the-optimal-number-of-clusters/

https://scikit-learn.org/stable/auto_examples/cluster/plot_kmeans_silhouette_analysis.html

6.4　分析 Kmeans 聚类

性能分析（profiling）可以让我们了解每个聚类。通过分析，我们可以了解各个聚类的差异和相似之处，还可以说出每个聚类的定义特征，这是进行聚类时的关键步骤，对于探索性数据分析目的而言更是如此。

数值字段分析的方法是找到每个聚类的数值字段的平均值。对于分类字段来说，则可以找到每个聚类中每个类别的出现百分比。然后，计算的结果可以显示在各种图表中，例如表格、箱线图和散点图。表格通常是首选，因为它可以一次显示所有值。其他图表选项可以为表格见解提供更多背景信息。

本秘笈将探索如何使用 pandas 来分析 Kmeans 聚类。

6.4.1　准备工作

本秘笈将使用来自 Kaggle 网站的 Customer Personality Analysis（客户个性分析）数据。你也可以从本书配套 GitHub 存储库中找到所有文件。

6.4.2　实战操作

要使用 pandas 库分析 Kmeans 聚类，请按以下步骤操作。

（1）导入 numpy、pandas、matplotlib、seaborn 和 sklearn 库：

```
import numpy as np
import pandas as pd
import matplotlib.pyplot as plt
import seaborn as sns
from sklearn.preprocessing import StandardScaler
from sklearn.cluster import KMeans
```

（2）使用 read_csv 将.csv 文件加载到 DataFrame 中，对 DataFrame 进行子集化以使其仅包含相关列：

```
marketing_data = pd.read_csv("data/marketing_campaign.csv")

marketing_data = marketing_data[['MntWines','MntFruits', 'MntMea
tProducts','MntFishProducts','MntSweetProducts','MntGoldProds',
'NumDealsPurchases','NumWebPurchases', 'NumCatalogPurchases',
'NumStorePurchases', 'NumWebVisitsMonth']]
```

（3）使用 head 方法检查前 5 行，还可以检查行数和列数以及数据类型：

```
marketing_data.head()
   MntWines  MntFruits  ...  NumWebVisitsMonth
0  635       88         ...  7
1  11        1          ...  5
2  426       49         ...  4
3  11        4          ...  6
4  173       43         ...  5
```

```
marketing_data.shape
(2240, 11)

marketing_data.dtypes
MntWines              int64
MntFruits             int64
MntMeatProducts       int64
...                   ...
NumStorePurchases     int64
NumWebVisitsMonth     int64
```

（4）使用 dropna 方法删除缺失值：

```
marketing_data.dropna(inplace=True)
```

（5）使用 sklearn 库中的 StandardScaler 类缩放数据：

```
scaler = StandardScaler()
marketing_data_scaled = scaler.fit_transform(marketing_data)
```

（6）使用 sklearn 库中的 Kmeans 类构建 Kmeans 模型：

```
kmeans = KMeans(n_clusters= 4, init='k-means++',random_state= 1)
kmeans.fit(marketing_data_scaled)
```

（7）检查 Kmeans 聚类的输出：

```
label = kmeans.fit_predict(marketing_data_scaled)
marketing_data_output = marketing_data.copy()
marketing_data_output['cluster'] = label
marketing_data_output['cluster'].value_counts()
0   1020
2   475
3   467
1   278
```

（8）获取每个变量的总体平均值以分析聚类：

```
cols =['MntWines', 'MntFruits', 'MntMeatProducts',
'MntFishProducts','MntSweetProducts', 'MntGoldProds',
'NumDealsPurchases','NumWebPurchases',
'NumCatalogPurchases','NumStorePurchases','NumWebVisitsMonth']

overall_mean = marketing_data_output[cols].apply(np.mean).T

overall_mean = pd.DataFrame(overall_mean,columns =['overall_average'])
```

```
overall_mean
```

这会产生如图 6.3 所示的结果。

	overall_average
MntWines	303.935714
MntFruits	26.302232
MntMeatProducts	166.950000
MntFishProducts	37.525446
MntSweetProducts	27.062946
MntGoldProds	44.021875
NumDealsPurchases	2.325000
NumWebPurchases	4.084821
NumCatalogPurchases	2.662054
NumStorePurchases	5.790179
NumWebVisitsMonth	5.316518

图 6.3　聚类的总体平均值

（9）获取每个聚类每个变量的平均值以分析聚类：

```
cluster_mean = marketing_data_output.groupby('cluster')[cols].mean().T
cluster_mean
```

这会产生如图 6.4 所示的结果。

cluster	0	1	2	3
MntWines	40.580392	535.892086	627.526316	411.929336
MntFruits	4.913725	98.348921	40.991579	15.188437
MntMeatProducts	21.498039	460.676259	363.021053	110.357602
MntFishProducts	7.219608	133.233813	63.473684	20.351178
MntSweetProducts	5.066667	103.719424	40.835789	15.464668
MntGoldProds	14.696078	98.370504	61.261053	58.186296
NumDealsPurchases	1.869608	1.438849	1.677895	4.505353
NumWebPurchases	2.017647	5.636691	5.277895	6.462527
NumCatalogPurchases	0.556863	5.683453	5.635789	2.436831
NumStorePurchases	3.228431	8.241007	8.713684	6.952891
NumWebVisitsMonth	6.290196	2.920863	3.298947	6.668094

图 6.4　各个变量的每个聚类的平均值

（10）连接两个数据集以获得最终的性能分析输出：

```
pd.concat([cluster_mean,overall_mean],axis =1)
```

这会产生如图 6.5 所示的结果。

	0	1	2	3	overall_average
MntWines	40.580392	535.892086	627.526316	411.929336	303.935714
MntFruits	4.913725	98.348921	40.991579	15.188437	26.302232
MntMeatProducts	21.498039	460.676259	363.021053	110.357602	166.950000
MntFishProducts	7.219608	133.233813	63.473684	20.351178	37.525446
MntSweetProducts	5.066667	103.719424	40.835789	15.464668	27.062946
MntGoldProds	14.696078	98.370504	61.261053	58.186296	44.021875
NumDealsPurchases	1.869608	1.438849	1.677895	4.505353	2.325000
NumWebPurchases	2.017647	5.636691	5.277895	6.462527	4.084821
NumCatalogPurchases	0.556863	5.683453	5.635789	2.436831	2.662054
NumStorePurchases	3.228431	8.241007	8.713684	6.952891	5.790179
NumWebVisitsMonth	6.290196	2.920863	3 298947	6.668094	5.316518

图 6.5　汇总输出结果

现在我们已经分析了 Kmeans 模型定义的聚类。

6.4.3　原理解释

在步骤（1）中，导入了所有需要的库。

在步骤（2）中，使用了 read_csv 将.csv 文件加载到 pandas DataFrame 中，并将其命名为 marketing_data。我们对 DataFrame 进行子集化，使其包含 11 个相关列。

在步骤（3）中，使用 head 方法查看了数据的前 5 行，以快速了解数据的情况。我们还分别使用了 shape 和 dtypes 方法了解 DataFrame 的形状（行数和列数）和数据类型。

在步骤（4）中，使用了 dropna 方法删除任何包含缺失值的行，确保数据中没有缺失值，这是构建 Kmeans 模型的先决条件。

在步骤（5）中，使用了 StandardScaler 类缩放数据。缩放操作将确保所有变量具有相同的大小；对于基于距离的算法（例如 Kmeans）来说，这也是关键的一步。

在步骤（6）中，使用了 KMeans 类构建 kmeans 模型。在该类中，使用 n_clusters 参数指定聚类的数量，使用 init 参数指示具体模型（k-means++），使用 random_state 参数指定一个值以确保模型的可再现性。k-means++优化了聚类质心的选择过程，以确保更好地形成聚类。然后，使用 fit 方法将模型拟合到数据集。

在步骤（7）中，使用了 fit_predict 方法创建聚类并将它们分配给一个名为 label 的新变量。我们创建了数据集的副本，并将 label 变量分配给新创建的数据集中的新列。我们使用了 value_counts 方法来了解每个聚类中的记录数。

在步骤（8）中，我们将输入 Kmeans 模型中的相关列存储在一个列表中，并使用这个列的列表对 DataFrame 进行子集化，使用 apply 方法将 numpy mean 函数应用于所有行，并使用 T 方法转置数据，这将获得每一列的平均值，它也是与聚类进行比较的基线。

在步骤（9）中，计算了每个聚类每一列的平均值。具体实现方式是使用 groupby 方法按聚类进行分组，然后使用 pandas mean 和 T 方法。

在步骤（10）中，使用了 concat 函数连接两个输出，然后通过比较每个聚类的平均值以及整体平均值来检查输出，这将使我们了解聚类之间的相似点和差异。凭借这些了解，我们也可以将聚类命名为用户更容易理解的名称。

根据图 6.5 的输出结果，我们可以做以下推断：

- 聚类 0 在所有类别中的支出都非常低。虽然其网络访问量（NumWebVisitsMonth）高于平均水平，但是这并不能转化为网络购买。
- 聚类 1 和聚类 2 在各产品类别上的支出都非常高，并且主要是在商店和网上购物。
- 聚类 3 在各个产品类别上的支出都较低（但接近平均水平）。它们的网络访问量最高，这可以转化为网络购买。它们的商店购买量也高于平均水平。

6.4.4　扩展知识

分析 Kmeans 聚类还可以使用有监督的机器学习模型（例如决策树）来完成。决策树模型可帮助我们关联到达每个聚类所需的一组规则。为每个聚类提供的规则集显示了聚类的定义特征。决策树非常直观且易于解释。该树还可以可视化，使已设置的规则具有透明度。在进行分析时，聚类标签可用作目标字段，而其他变量则用作模型输入。

6.5　对多个变量实施主成分分析

主成分分析（principal component analysis，PCA）是一种流行的降维方法，用于降低非常大的数据集的维度。它通过将多个变量组合成称为主成分的新变量来实现这一点。这些主成分通常彼此独立，并且包含来自原始变量的有价值的信息。

尽管 PCA 提供了一种分析大型数据集的简单方法，但也要考虑到其准确率（accuracy）的问题。PCA 不提供原始数据的精确表示，但它试图保留尽可能多的有价值的信息。这意味着，大多数时候，它产生的输出足以让分析人员从中收集见解。

本秘笈将探讨如何使用 sklearn 库实现 PCA。

6.5.1 准备工作

本秘笈将使用来自 Kaggle 网站的 Customer Personality Analysis（客户个性分析）数据。你也可以从本书配套 GitHub 存储库中找到所有文件。

6.5.2 实战操作

要使用 sklearn 库实现 PCA，请按以下步骤操作。

（1）导入 pandas、matplotlib、seaborn 和 sklearn 库：

```
import pandas as pd
import matplotlib.pyplot as plt
import seaborn as sns
from sklearn.preprocessing import StandardScaler
from sklearn.decomposition import PCA
```

（2）使用 read_csv 将.csv 文件加载到 DataFrame 中，对 DataFrame 进行子集化以使其仅包含相关列：

```
marketing_data = pd.read_csv("data/marketing_campaign.csv")

marketing_data = marketing_data[['MntWines','MntFruits', 'MntMea
tProducts','MntFishProducts','MntSweetProducts','MntGoldProds',
'NumDealsPurchases','NumWebPurchases', 'NumCatalogPurchases',
'NumStorePurchases', 'NumWebVisitsMonth']]
```

（3）使用 head 方法检查前 5 行，还可以检查行数和列数以及数据类型：

```
marketing_data.head()
   MntWines  MntFruits  ...  NumWebVisitsMonth
0  635       88         ...  7
1  11        1          ...  5
2  426       49         ...  4
3  11        4          ...  6
4  173       43         ...  5

marketing_data.shape
(2240, 11)
```

```
marketing_data.dtypes
MntWines             int64
MntFruits            int64
MntMeatProducts      int64
...                  ...
NumStorePurchases    int64
NumWebVisitsMonth    int64
```

（4）使用 pandas 中的 isnull 方法检查缺失值：

```
marketing_data.isnull().sum()
MntWines             0
MntFruits            0
...                  ...
NumStorePurchases    0
NumWebVisitsMonth    0
```

（5）使用 dropna 方法删除缺失值：

```
marketing_data.dropna(inplace=True)

marketing_data.shape
(2240, 11)
```

（6）使用 sklearn 库中的 StandardScaler 类缩放数据：

```
x = marketing_data.values
marketing_data_scaled = StandardScaler().fit_transform(x)
```

（7）使用 sklearn 库中的 PCA 类将 PCA 应用于数据集：

```
pca_marketing = PCA(n_components=6,random_state = 1)
principalComponents_marketing = pca_marketing.fit_
transform(marketing_data_scaled)
```

（8）将输出保存到 DataFrame 中并进行检查：

```
principal_marketing_data = pd.DataFrame(data =
principalComponents_marketing, columns = ['principal component 1',
'principal component 2',
'principal component 3','principal component 4',
'principal component 5','principal component 6'])
principal_marketing_data
```

这会产生如图 6.6 所示的结果。

现在我们已经在数据集上实施了 PCA。

	principal component 1	principal component 2	principal component 3	principal component 4	principal component 5	principal component 6
0	3.800461	0.572973	1.254630	1.083547	0.274886	2.368660
1	-2.175610	-0.928702	-0.117578	0.292224	0.323580	-0.105413
2	1.501507	0.123894	0.096791	-0.992810	-1.071276	-0.602728
3	-2.016701	-0.518668	0.025703	0.070743	-0.181590	-0.227872
4	-0.044173	0.763401	0.238572	1.149119	-0.334696	-0.495866
...	...	...	...	...	...	...
2235	2.660651	1.308848	2.151732	-2.178308	1.453732	0.526411
2236	-1.063664	2.738997	-0.463307	0.821222	-0.336517	-0.070777
2237	1.130411	0.004491	-1.519866	-0.539346	-0.947537	-0.493189
2238	1.749883	0.079894	-0.509966	-0.305776	-0.035570	-0.746510
2239	-1.796636	0.271300	0.011374	0.207581	0.083997	0.072001

2240 rows × 6 columns

图 6.6　PCA 输出的 DataFrame

6.5.3　原理解释

本秘笈使用了 pandas、matplotlib、seaborn 和 sklearn 多个库。

在步骤（1）中，导入了所需的库。

在步骤（2）中，使用了 read_csv 将.csv 文件加载到 pandas DataFrame 中，并将其命名为 marketing_data。我们对 DataFrame 进行子集化，使其包含 11 个相关列。

在步骤（3）中，使用 head 方法查看了数据的前 5 行，以快速了解数据的情况。我们还分别使用了 shape 和 dtypes 方法了解 DataFrame 的形状（行数和列数）和数据类型。

在步骤（4）中，检查了缺失值以确保数据中没有缺失值，这是 PCA 的先决条件。我们使用了 pandas 中的 isnull 和 sum 方法来实现这一点。isnull 和 sum 链接方法显示的值指示的是每列缺失值的数量。我们的数据集中没有缺失值，因此可以看到所有值都为 0。

在步骤（5）中，使用了 dropna 方法删除任何包含缺失值的行。在此方法中，还使用了 inplace = True 参数来指定修改现有的 DataFrame，而无须创建新的 DataFrame。我们还使用了 shape 属性来检查数据集的形状，可以看到保持了相同的形状，因为该数据集中没有包含缺失值的行。

在步骤（6）中，使用了 StandardScaler 类缩放数据。缩放操作将确保所有变量具有相同的大小，这也是 PCA 关键的一步。

在步骤（7）中，使用了 PCA 类实现主成分分析。在该类中，我们使用 n_components 参数来指定主成分的数量，并使用 random_state 参数指定一个值以确保可再现性。然后，使用 fit_transform 方法将模型拟合到数据集。

在步骤（8）中，将 PCA 输出保存到一个 DataFrame 中并执行了检查。

6.5.4 扩展知识

PCA 也常用于机器学习中的降维。它可用于将具有许多变量的大型数据集转换为仅包含较小的一组不相关变量的数据集，同时仍保留原始数据中的信息。这不仅可以简化数据集，还可以提高机器学习模型的速度和准确率。

6.5.5 参考资料

以下文章对主成分分析做了更详尽的解释：

https://builtin.com/data-science/step-step-explanation-principal-component-analysis

6.6 选择主成分的数量

并非所有主成分都提供有价值的信息，这意味着我们不需要保留所有成分来获得数据的良好表示，只要保留其中一部分即可。

我们可以使用陡坡图（scree plot）来了解最有用的主成分。陡坡图可以根据每个主成分的解释方差的比例绘制各个主成分。所谓“主成分的解释方差的比例”，就是每个主成分相对于原始变量所持有的信息量，其计算方式是每个主成分的方差除以所有主成分的方差之和。一般来说，该比例越高越好，因为比例越高，意味着该主成分越能提供原始变量的良好表示。75%左右的累积解释方差是一个很好的目标。

主成分的方差是从该主成分的特征值导出的。简而言之，特征值让我们了解变量中的方差（信息）有多少是由主成分解释的。

本秘笈将探索如何使用 sklearn 和 matplotlib 确定主成分的最佳数量。

6.6.1 准备工作

本秘笈将使用来自 Kaggle 网站的 Customer Personality Analysis（客户个性分析）数据。你也可以从本书配套 GitHub 存储库中找到所有文件。

6.6.2 实战操作

要使用 sklearn 和 matplotlib 确定主成分的最佳数量，请按以下步骤操作。

（1）导入 numpy、pandas、matplotlib、seaborn 和 sklearn 库：

```
import numpy as np
import pandas as pd
import matplotlib.pyplot as plt
import seaborn as sns
from sklearn.preprocessing import StandardScaler
from sklearn.decomposition import PCA
```

（2）使用 read_csv 将.csv 文件加载到 DataFrame 中，对 DataFrame 进行子集化以使其仅包含相关列：

```
marketing_data = pd.read_csv("data/marketing_campaign.csv")

marketing_data = marketing_data[['MntWines','MntFruits', 'MntMea
tProducts','MntFishProducts','MntSweetProducts','MntGoldProds',
'NumDealsPurchases','NumWebPurchases', 'NumCatalogPurchases',
'NumStorePurchases', 'NumWebVisitsMonth']]
```

（3）使用 head 方法检查前 5 行，还可以检查行数和列数以及数据类型：

```
marketing_data.head()
   MntWines   MntFruits   ...   NumWebVisitsMonth
0  635        88          ...   7
1  11         1           ...   5
2  426        49          ...   4
3  11         4           ...   6
4  173        43          ...   5

marketing_data.shape
(2240, 11)

marketing_data.dtypes
MntWines             int64
MntFruits            int64
MntMeatProducts      int64
...                  ...
NumStorePurchases    int64
NumWebVisitsMonth    int64
```

（4）使用 pandas 中的 isnull 方法检查缺失值：

```
marketing_data.isnull().sum()
MntWines             0
MntFruits            0
```

```
...                   ...
NumStorePurchases    0
NumWebVisitsMonth    0
```

（5）使用 dropna 方法删除缺失值：

```
marketing_data.dropna(inplace=True)

marketing_data.shape
(2240, 11)
```

（6）使用 sklearn 库中的 StandardScaler 类缩放数据：

```
x = marketing_data.values
marketing_data_scaled = StandardScaler().fit_transform(x)
```

（7）使用 sklearn 库中的 PCA 类将 PCA 应用于数据集：

```
pca_marketing = PCA(n_components=6,random_state = 1)
principalComponents_marketing = pca_marketing.fit_
transform(marketing_data_scaled)
```

（8）检查每个主成分的解释方差：

```
for i in range(0,len(pca_marketing.explained_variance_ratio_)):
    print("Component ",i,"",pca_marketing.explained_variance_ratio_[i])

Component  0   0.46456652843636387
Component  1   0.1405246545704046
Component  2   0.07516844380951325
Component  3   0.06144172878159457
Component  4   0.05714631700947585
Component  5   0.047436409149406174
```

（9）创建陡坡图来检查最佳主成分的数量：

```
plt.figure(figsize= (12,6))

PC_values = np.arange(pca_marketing.n_components_) + 1
cummulative_variance = np.cumsum(pca_marketing.explained_variance_ratio_)
plt.plot(PC_values,cummulative_variance,'o-',linewidth=2,color='blue')
plt.title('Scree Plot')
plt.xlabel('Principal Components')
plt.ylabel('Cummulative Explained Variance')
plt.show()
```

这会产生如图 6.7 所示的结果。

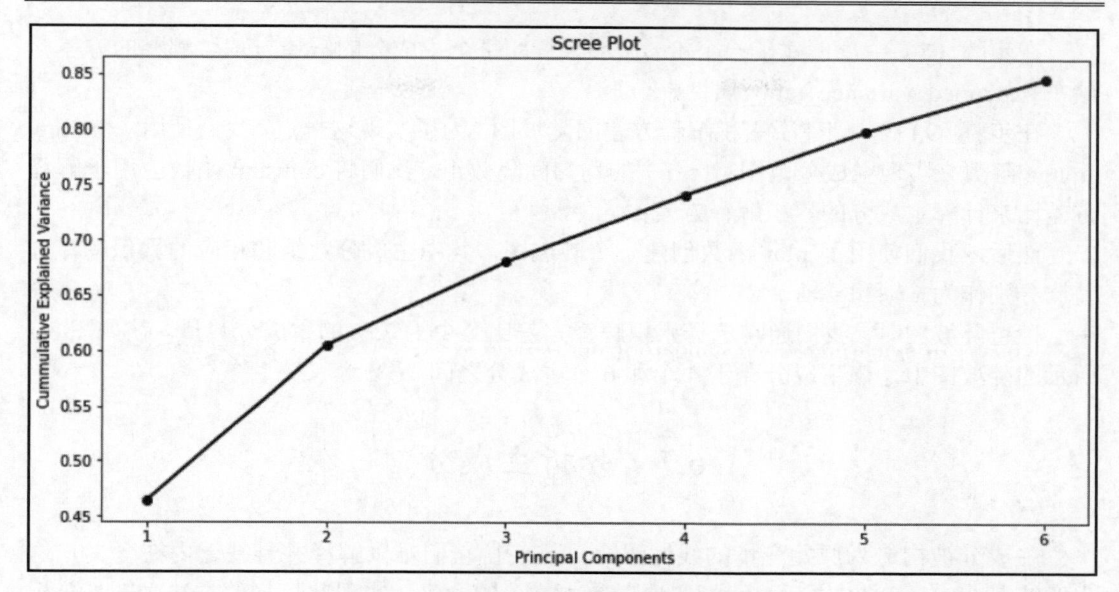

图 6.7　累积解释方差和主成分的陡坡图

现在我们已经确定了 PCA 模型的最佳主成分数量。

6.6.3　原理解释

在步骤（1）中，导入了所需的库。

在步骤（2）中，使用了 read_csv 将.csv 文件加载到 pandas DataFrame 中，并将其命名为 marketing_data。我们对 DataFrame 进行子集化，使其包含 11 个相关列。

在步骤（3）中，使用 head 方法查看了数据的前 5 行，以快速了解数据的情况。我们还分别使用了 shape 和 dtypes 方法了解 DataFrame 的形状（行数和列数）和数据类型。

在步骤（4）中，检查了缺失值以确保数据中没有缺失值，这是 PCA 的先决条件。我们使用了 pandas 中的 isnull 和 sum 方法来实现这一点。

在步骤（5）中，使用了 dropna 方法删除任何包含缺失值的行。

在步骤（6）中，使用了 StandardScaler 类缩放数据。缩放操作将确保所有变量具有相同的大小，这也是 PCA 关键的一步。

在步骤（7）中，使用了 PCA 类实现主成分分析。在该类中，我们使用 n_components 参数来指定成分的数量，并使用 random_state 参数指定一个值以确保可再现性。然后，使用 fit_transform 方法将模型拟合到数据集。

在步骤（8）中，创建了一个 for 循环来打印每个主成分的解释方差。解释的方差存储在 explained_variance_ratio_属性中。

在步骤（9）中，创建了累积解释方差的陡坡图。为了实现这一点，我们使用了 numpy arange 函数来实现主成分范围（1～6）的均匀间隔数组。我们将 cumsum 函数应用于解释方差比来计算主成分的累积解释方差比。

然后，我们使用了 plot 函数创建一个陡坡图，其中主成分数组和相应的累积解释方差比分别作为 x 轴和 y 轴。

检查陡坡图时，我们通常选择累积解释方差比至少为 75%的主成分数量。在如图 6.7 所示的陡坡图中，该主成分介于 4 个和 6 个主成分之间。

6.7　分析主成分

主成分被构造为原始变量的线性组合，这使得它们难以解释并且缺乏内在含义。这也意味着在实现 PCA 之后，我们需要确定主成分的含义。实现此目标的方法之一是分析原始变量和主成分之间的关系。表达这种关系的值称为载荷（loading）。

本秘笈将探索如何使用 sklearn 分析主成分。

6.7.1　准备工作

本秘笈将使用来自 Kaggle 网站的 Customer Personality Analysis（客户个性分析）数据。你也可以从本书配套 GitHub 存储库中找到所有文件。

6.7.2　实战操作

要使用 sklearn 库分析 PCA 模型的输出，请按以下步骤操作。

（1）导入 pandas、matplotlib、seaborn 和 sklearn 库：

```
import pandas as pd
import matplotlib.pyplot as plt
import seaborn as sns
from sklearn.preprocessing import StandardScaler
from sklearn.decomposition import PCA
```

（2）使用 read_csv 将.csv 文件加载到 DataFrame 中，对 DataFrame 进行子集化以使其仅包含相关列：

```
marketing_data = pd.read_csv("data/marketing_campaign.csv")

marketing_data = marketing_data[['MntWines','MntFruits', 'MntMea
tProducts','MntFishProducts','MntSweetProducts','MntGoldProds',
'NumDealsPurchases','NumWebPurchases', 'NumCatalogPurchases',
'NumStorePurchases', 'NumWebVisitsMonth']]
```

（3）使用 head 方法检查前 5 行，还可以检查行数和列数以及数据类型：

```
marketing_data.head()
   MntWines   MntFruits   ...   NumWebVisitsMonth
0  635        88          ...   7
1  11         1           ...   5
2  426        49          ...   4
3  11         4           ...   6
4  173        43          ...   5

marketing_data.shape
(2240, 11)

marketing_data.dtypes
MntWines             int64
MntFruits            int64
MntMeatProducts      int64
...                  ...
NumStorePurchases    int64
NumWebVisitsMonth    int64
```

（4）使用 pandas 中的 isnull 方法检查缺失值：

```
marketing_data.isnull().sum()
MntWines             0
MntFruits            0
...                  ...
NumStorePurchases    0
NumWebVisitsMonth    0
```

（5）使用 dropna 方法删除缺失值：

```
marketing_data.dropna(inplace=True)

marketing_data.shape
(2240, 11)
```

（6）使用 sklearn 库中的 StandardScaler 类缩放数据：

```
x = marketing_data.values
marketing_data_scaled = StandardScaler().fit_transform(x)
```

（7）使用 sklearn 库中的 PCA 类将 PCA 应用于数据集：

```
pca_marketing = PCA(n_components=6,random_state = 1)
principalComponents_marketing = pca_marketing.fit_
transform(marketing_data_scaled)
```

（8）提取载荷并检查它们：

```
loadings_df = pd.DataFrame(pca_marketing.components_).T
loadings_df = loadings_df.set_index(marketing_data.columns)
loadings_df
```

这会产生如图 6.8 所示的结果。

	0	1	2	3	4	5
MntWines	0.327941	0.222837	-0.435535	-0.208662	-0.087749	0.243052
MntFruits	0.323026	-0.130151	0.376355	0.140996	-0.224386	-0.012065
MntMeatProducts	0.354452	-0.130388	-0.209744	0.305524	0.151587	0.354552
MntFishProducts	0.333163	-0.142444	0.345355	0.150907	-0.049328	0.050934
MntSweetProducts	0.321179	-0.104676	0.363038	0.115690	-0.350306	0.047819
MntGoldProds	0.265813	0.189065	0.405995	-0.416516	0.693513	-0.128306
NumDealsPurchases	-0.042299	0.636331	0.077169	0.661013	0.144609	-0.268801
NumWebPurchases	0.245131	0.493262	0.039387	-0.358028	-0.270322	0.161445
NumCatalogPurchases	0.360813	0.009298	-0.269517	0.235563	0.316932	0.252435
NumStorePurchases	0.329634	0.187143	-0.241080	-0.112152	-0.297203	-0.574865
NumWebVisitsMonth	-0.277380	0.407525	0.265537	-0.020082	-0.173500	0.548833

图 6.8　PCA 载荷的 DataFrame

（9）过滤掉低于特定阈值的载荷：

```
loadings_df.where(abs(loadings_df) >= 0.35)
```

这会产生如图 6.9 所示的结果。

现在我们已经分析了 PCA 模型中的主成分。

	0	1	2	3	4	5
MntWines	NaN	NaN	-0.435535	NaN	NaN	NaN
MntFruits	NaN	NaN	0.376355	NaN	NaN	NaN
MntMeatProducts	0.354452	NaN	NaN	NaN	NaN	0.354552
MntFishProducts	NaN	NaN	NaN	NaN	NaN	NaN
MntSweetProducts	NaN	NaN	0.363038	NaN	-0.350306	NaN
MntGoldProds	NaN	NaN	0.405995	-0.416516	0.693513	NaN
NumDealsPurchases	NaN	0.636331	NaN	0.661013	NaN	NaN
NumWebPurchases	NaN	0.493262	NaN	-0.358028	NaN	NaN
NumCatalogPurchases	0.360813	NaN	NaN	NaN	NaN	NaN
NumStorePurchases	NaN	NaN	NaN	NaN	NaN	-0.574865
NumWebVisitsMonth	NaN	0.407525	NaN	NaN	NaN	0.548833

图 6.9　各种阈值的 PCA 输出

6.7.3　原理解释

在步骤（1）中，导入了所需的库。

在步骤（2）中，使用了 read_csv 将.csv 文件加载到 pandas DataFrame 中，并将其命名为 marketing_data。我们对 DataFrame 进行子集化，使其包含 11 个相关列。

在步骤（3）中，使用 head 方法查看了数据的前 5 行，以快速了解数据的情况。我们还分别使用了 shape 和 dtypes 方法了解 DataFrame 的形状（行数和列数）和数据类型。

在步骤（4）中，检查了缺失值以确保数据中没有缺失值，这是 PCA 的先决条件。我们使用了 pandas 中的 isnull 和 sum 方法来实现这一点。

在步骤（5）中，使用了 dropna 方法删除任何包含缺失值的行。

在步骤（6）中，使用了 StandardScaler 类缩放数据。缩放操作将确保所有变量具有相同的大小，这也是 PCA 关键的一步。

在步骤（7）中，使用了 PCA 类实现主成分分析。在该类中，我们使用 n_components 参数来指定成分的数量，并使用 random_state 参数指定一个值以确保可再现性。然后，使用 fit_transform 方法将模型拟合到数据集。

在步骤（8）中，从 n_components_属性中提取了载荷并将其存储在 DataFrame 中。然后使用 T 方法转置 DataFrame。此外，我们还使用了 set_index 方法将 DataFrame 的索引设置为列名。

在步骤（9）中，通过阈值过滤了载荷，以便它更容易解释和理解。输出结果向我们展示了变量如何与各个主成分相关。

6.7.4 扩展知识

关于载荷的一个常见问题是多个变量可能与单个主成分相关，从而使其难以解释。对此的常见解决方案称为适当情况下的旋转（rotation in proper case）。

旋转将主成分旋转为一种结构，使它们更易于解释。旋转最大限度地减少与主成分密切相关的变量的数量，并尝试将每个变量仅与一个主成分相关联，从而有助于提高它们的可解释性。旋转的结果是每个主成分与一组特定变量之间存在很大的相关性，而与其他变量之间的相关性则可以忽略不计。

目前，sklearn 中还没有旋转的实现。因此，你需要自定义代码来实现它。

6.7.5 参考资料

Python 在 factor_analyzer 库中有一个用于因子分析的旋转实现。你可以通过 6.8 节“对多个变量实施因子分析”了解旋转输出的外观。

6.8 对多个变量实施因子分析

就像 PCA 一样，因子分析（factor analysis）也可以用于降维。它可用于将多个变量压缩为更小的变量集（称为因子），使之更易于分析和理解。

因子是一个潜在的或隐藏的变量，它描述了观察到的变量（即在数据集中采集到的变量）的关系。其关键概念是我们数据集中的多个变量具有相似的反应，因为它们与未直接测量的特定主题或隐藏变量相关。例如，对食物味道、食物温度和食物新鲜度等变量的反应可能是相似的，因为它们有一个共同的主题（因子），即食物的质量。因子分析在对调查数据的分析中非常流行。

本秘笈将探索如何使用 factor_analyzer 库将因子分析应用于数据集。

6.8.1 准备工作

本秘笈将使用来自 Kaggle 网站的 Website Satisfaction Survey（网站满意度调查）数据。你也可以从本书配套 GitHub 存储库中找到所有文件。

Website Satisfaction Survey（网站满意度调查）数据中的每个变量（q1～q26）都与一个调查问题相关联。与每个变量相关的调查问题可以在 Kaggle 网站上该调查数据的元数据中看到。

提示：

Kaggle 网站提供的 Website Satisfaction Survey（网站满意度调查）公共数据的网址如下：

https://www.kaggle.com/datasets/hayriyigit/website-satisfaction-survey

6.8.2　实战操作

要使用 factor_analyzer 库进行因子分析，请按以下步骤操作。

（1）导入 pandas、matplotlib、seaborn、sklearn 和 factor_analyzer 库：

```
import pandas as pd
import matplotlib.pyplot as plt
import seaborn as sns
from sklearn.preprocessing import StandardScaler
from factor_analyzer import FactorAnalyzer
from factor_analyzer.factor_analyzer import calculate_kmo
```

（2）使用 read_csv 将.csv 文件加载到 DataFrame 中，对 DataFrame 进行子集化以使之仅包含相关列：

```
satisfaction_data = pd.read_csv("data/website_survey.csv")

satisfaction_data = satisfaction_data[['q1',
'q2', 'q3','q4', 'q5', 'q6', 'q7', 'q8',
'q9', 'q10','q11','q12','q13', 'q14','q15',
'q16', 'q17', 'q18', 'q19', 'q20', 'q21', 'q22',
'q23', 'q24','q25', 'q26']]
```

（3）使用 head 方法检查前 5 行，还可以检查行数和列数以及数据类型：

```
satisfaction_data.head()
   q1  q2  q3  q4  ...  q25  q26
0  9   7   6   6   ...  5    3
1  10  10  10  9   ...  9    8
2  10  10  10  10  ...  8    8
3  5   8   5   5   ...  10   6
4  9   10  9   10  ...  10   10

satisfaction_data.shape
```

```
(73, 26)

Satisfaction_data.dtypes
q1   int64
q2   int64
q3   int64
q4   int64
...  ...
q25  int64
q26  int64
```

（4）使用 pandas 中的 isnull 方法检查缺失值：

```
satisfaction_data.isnull().sum()
q1   0
q2   0
q3   0
q4   0
...  ...
q25  0
q26  0
```

（5）使用 dropna 方法删除缺失值：

```
satisfaction_data.dropna(inplace=True)

satisfaction_data.shape
(73, 26)
```

（6）使用 pandas 中的 corr 方法检查多重共线性：

```
satisfaction_data.corr()[(satisfaction_data.corr()>0.9) &
(satisfaction_data.corr()<1)]

    q1  q2  q3  q4 … q25  q26
q1
q2
q3
q4
...
q25
q26
```

（7）使用 factor_analyzer 库中的 calculate_kmo 类测试数据的适用性：

```
kmo_all,kmo_model=calculate_kmo(satisfaction_data)
```

```
kmo_model
0.86476
```

（8）使用 factor_analyzer 库中的 FactorAnalyzer 类对数据集应用因子分析：

```
fa = FactorAnalyzer(n_factors = 6, rotation="varimax")
fa.fit(satisfaction_data)
```

（9）检查载荷：

```
loadings_output = pd.DataFrame(fa.loadings_,index=satisfaction_
data.columns)
loadings_output
```

这会产生如图 6.10 所示的结果。

	0	1	2	3	4	5
q1	0.091495	0.773220	-0.075197	0.323028	0.025180	-0.011134
q2	0.170028	0.835743	0.138555	0.107889	0.059724	0.043701
q3	0.030677	0.714850	0.035009	0.096148	0.127674	0.218543
q4	0.129466	0.816115	0.068117	-0.029781	0.133684	0.100296
q5	0.190598	0.651182	0.238826	0.368984	0.036734	0.015868
q6	0.216372	0.121810	0.243359	0.804852	0.108610	0.049316
q7	0.412134	0.238174	0.072134	0.625986	0.165875	0.113483
q8	0.184605	0.288331	0.286474	0.525538	0.206809	0.339109
q9	0.294554	0.006791	0.569362	0.226370	-0.114852	0.530618
q10	0.299583	0.045600	0.639910	0.171549	0.224400	0.157741
q11	0.370816	0.261551	0.503414	0.297665	0.302885	0.183464
q12	0.179816	0.099230	0.891192	0.207311	0.093948	0.033167
q13	0.410334	0.115936	0.298440	0.352660	0.616465	-0.022653
q14	0.404361	0.293690	0.311951	0.188599	0.430506	0.173400
q15	0.232076	0.282038	0.342465	0.573959	0.120769	0.177804
q16	0.405849	0.070595	0.600486	0.137131	0.282366	0.160197
q17	0.414700	0.227079	0.164386	0.534676	0.396478	0.219793
q18	0.389244	0.247077	0.225246	0.078194	0.245236	0.406661
q19	0.456111	0.243858	0.288471	0.224083	0.464653	0.298386
q20	0.418895	0.358063	0.347444	0.326688	0.374696	0.342628
q21	0.221965	0.441209	0.190201	0.336798	0.228637	0.565586
q22	0.475269	0.241734	0.245755	0.418891	0.451944	0.342739
q23	0.757977	0.095174	0.282660	0.252791	0.169766	0.052193
q24	0.805413	0.110427	0.143583	0.193832	0.194302	0.127148
q25	0.667780	0.254834	0.306257	0.203562	0.185318	0.151899
q26	0.768589	0.129073	0.293272	0.265155	0.040168	0.152406

图 6.10　载荷输出

现在我们已经对数据集执行了因子分析。

6.8.3 原理解释

本秘笈使用了包括 pandas、matplotlib、seaborn 和 factor_analyzer 在内的多个库。

在步骤（1）中，导入了所需的库。

在步骤（2）中，使用了 read_csv 将.csv 文件加载到 pandas DataFrame 中，并将其命名为 satisfaction_data。我们对 DataFrame 进行子集化，使其包含 26 个相关列。

在步骤（3）中，使用 head 方法查看了数据的前 5 行，以快速了解数据的情况。我们还分别使用了 shape 和 dtypes 方法了解 DataFrame 的形状（行数和列数）和数据类型。

在步骤（4）中，检查了缺失值以确保数据中没有缺失值，这是一个先决条件。我们使用了 pandas 中的 isnull 和 sum 方法来实现这一点。列名称后面显示的值指示的是每列缺失值的数量。我们的数据集中没有缺失值，因此可以看到所有值都为 0。

在步骤（5）中，使用了 dropna 方法删除任何包含缺失值的行。在此方法中，还使用了 inplace = True 参数来指定修改现有的 DataFrame，而无须创建新的 DataFrame。我们还使用了 shape 属性来检查数据集的形状，可以看到保持了相同的形状，因为该数据集中没有包含缺失值的行。

在步骤（6）中，使用了 corr 方法检查多重共线性，并设置大于 90%的阈值来识别高度相关的列。一般来说，需要删除其中一列，因为因子分析假设不存在多重共线性。此检查的输出为空，因为没有大于阈值的列。

在步骤（7）中，使用了 calculate_kmo 类测试数据是否适合因子分析。Kaiser-Meyer-Olkin（KMO）检验可以检查变量之间的相关性，这是因子分析等降维技术的关键先决条件。KMO 分数范围为 0～1，大于 0.6 的值通常更适合因子分析。

在步骤（8）中，使用了 FactorAnalyzer 类对数据集实施因子分析。在该类中，我们使用 n_factors 参数来指定因子的数量，并使用 rotation 参数来指示要使用的具体旋转。然后，使用 fit 方法将模型拟合到数据集。

在步骤（9）中，使用了 loadings_属性来提取载荷，并将其保存在 DataFrame 中。这些载荷表示的是原始变量和潜在因子之间的关系。

6.8.4 扩展知识

就像主成分分析一样，因子分析也可以用于机器学习中的降维操作。当多个变量被压缩为较小的一组变量（因子）时，会简化数据，并且其输出可以用作机器学习模型的输入，以提高模型的速度和准确率。

6.9　确定因子的数量

产生的因子数量通常等于数据集中变量的数量，但是，很大一部分有价值的信息往往只包含在少数几个因子中，这意味着仅保留几个因子，我们仍然可以获得数据的良好表示。

陡坡图可用于确定因子的数量。陡坡图绘制了因子与其特征值（eigenvalue）的关系，而特征值可以让我们了解数据集中有多少方差（信息）是由因子解释的。这里有一个经验法则是选择特征值大于 1 的因子（特征值大于 1 意味着解释能力大于 1 个变量）。

因为我们的变量通常是缩放的，所以单个变量的特征值（方差）等于 1。因此，有用的因子需要比单个变量解释更多的信息，因为因子是变量的组合。

本秘笈将探讨如何使用 factor_analyzer 和 matplotlib 库确定最佳因子数。

6.9.1　准备工作

本秘笈将使用来自 Kaggle 网站的 Website Satisfaction Survey（网站满意度调查）数据。你也可以从本书配套 GitHub 存储库中找到所有文件。

6.9.2　实战操作

要使用 factor_analyzer 和 matplotlib 库确定最佳因子数，请按以下步骤操作。

（1）导入 numpy、pandas、matplotlib、seaborn、sklearn 和 factor_analyzer 库：

```
import numpy as np
import pandas as pd
import matplotlib.pyplot as plt
import seaborn as sns
from sklearn.preprocessing import StandardScaler
from factor_analyzer import FactorAnalyzer
from factor_analyzer.factor_analyzer import calculate_kmo
```

（2）使用 read_csv 将.csv 文件加载到 DataFrame 中，对 DataFrame 进行子集化以使之仅包含相关列：

```
satisfaction_data = pd.read_csv("data/website_survey.csv")
```

```
satisfaction_data = satisfaction_data[['q1',
'q2', 'q3','q4', 'q5', 'q6', 'q7', 'q8',
'q9', 'q10','q11','q12','q13', 'q14','q15',
'q16', 'q17', 'q18', 'q19', 'q20', 'q21', 'q22',
'q23', 'q24','q25', 'q26']]
```

（3）使用 head 方法检查前 5 行，还可以检查行数和列数以及数据类型：

```
satisfaction_data.head()
   q1  q2  q3  q4  ...  q25  q26
0  9   7   6   6   ...  5    3
1  10  10  10  9   ...  9    8
2  10  10  10  10  ...  8    8
3  5   8   5   5   ...  10   6
4  9   10  9   10  ...  10   10

satisfaction_data.shape
(73, 26)

Satisfaction_data.dtypes
q1   int64
q2   int64
q3   int64
q4   int64
...  ...
q25  int64
q26  int64
```

（4）使用 pandas 中的 isnull 方法检查缺失值：

```
satisfaction_data.isnull().sum()
q1   0
q2   0
q3   0
q4   0
...  ...
q25  0
q26  0
```

（5）使用 dropna 方法删除缺失值：

```
satisfaction_data.dropna(inplace=True)

satisfaction_data.shape
(73, 26)
```

（6）使用 pandas 中的 corr 方法检查多重共线性：

```
satisfaction_data.corr()[(satisfaction_data.corr()>0.9) &
(satisfaction_data.corr()<1)]

    q1  q2  q3  q4 … q25  q26
q1
q2
q3
q4
...
q25
q26
```

（7）使用 factor_analyzer 库中的 calculate_kmo 类测试数据的适用性：

```
kmo_all,kmo_model=calculate_kmo(satisfaction_data)
kmo_model
0.86476
```

（8）使用 factor_analyzer 库中的 FactorAnalyzer 类对数据集应用因子分析：

```
fa = FactorAnalyzer(n_factors = 6, rotation="varimax")
fa.fit(satisfaction_data)
```

（9）创建陡坡图：

```
fa = FactorAnalyzer(rotation = 'varimax',n_factors=marketing_
data.shape[1])
fa.fit(marketing_data)
ev,_ = fa.get_eigenvalues()

factor_values = np.arange(marketing_data.shape[1]) + 1

plt.figure(figsize= (12,6))

plt.plot(factor_values,ev,'o-', linewidth=2)
plt.title('Scree Plot')
plt.xlabel('Factors')
plt.ylabel('Eigen Value')
plt.grid()
```

这会产生如图 6.11 所示的结果。

现在我们已经找到了因子分析的最佳因子数。

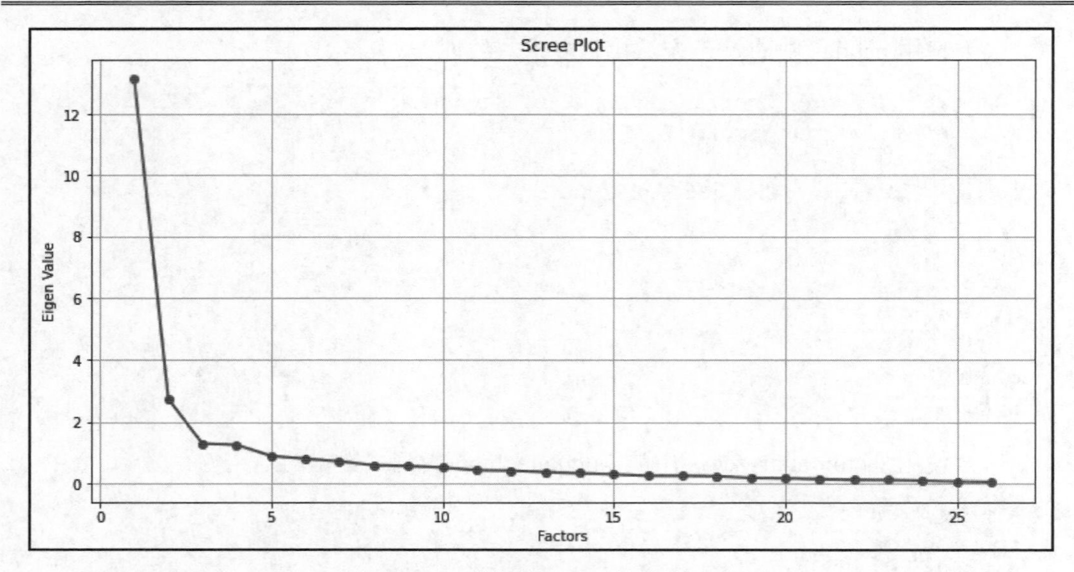

图 6.11　特征值和因子的陡坡图

6.9.3　原理解释

在步骤（1）中，导入了所需的库。

在步骤（2）中，使用了 read_csv 将.csv 文件加载到 pandas DataFrame 中，并将其命名为 satisfaction_data。我们对 DataFrame 进行子集化，使其包含 26 个相关列。

在步骤（3）中，使用 head 方法查看了数据的前 5 行，以快速了解数据的情况。我们还分别使用了 shape 和 dtypes 方法了解 DataFrame 的形状（行数和列数）和数据类型。

在步骤（4）中，检查了缺失值以确保数据中没有缺失值，这是一个先决条件。我们使用了 pandas 中的 isnull 和 sum 方法来实现这一点。

在步骤（5）中，使用了 dropna 方法删除任何包含缺失值的行。在此方法中，还使用了 inplace = True 参数来指定修改现有的 DataFrame，而无须创建新的 DataFrame。

在步骤（6）中，使用了 corr 方法检查多重共线性，并设置大于 90%的阈值来识别高度相关的列。此检查的输出为空，因为没有大于阈值的列。

在步骤（7）中，使用了 calculate_kmo 类测试数据是否适合因子分析。Kaiser-Meyer-Olkin（KMO）检验可以检查变量之间的相关性，这是因子分析等降维技术的关键先决条件。KMO 分数范围为 0～1，大于 0.6 的值通常更适合因子分析。

在步骤（8）中，使用了 FactorAnalyzer 类对数据集实施因子分析。在该类中，我们使用 n_factors 参数来指定因子的数量，并使用 rotation 参数来指示要使用的具体旋转。然后，使用 fit 方法将模型拟合到数据集。

在步骤（9）中，使用了 get_eigenvalues 方法提取特征值，该方法存储了原始特征值和公共因子特征值。我们使用了 numpy arange 函数来实现因子范围（1～26）的均匀间隔数组，然后使用 plot 函数创建一个陡坡图，其中，因子数组和相应的特征值分别作为 x 轴和 y 轴。一般来说，我们可以选择特征值大于 1 的因子的数量。按照这一经验法则，在如图 6.11 所示的陡坡图中，我们可以选择 5 个因子。

6.10　分析因子

生成数据集的因子后，了解原始变量对因子的贡献也会很有趣。由于因子是原始变量的线性组合，因此在对其进行分析之前通常难以解释。我们的目标是了解每个因子传达的信息，以便相应地命名它们。

以下 3 个概念有助于执行因子分析。

（1）载荷（loading）：它们表达了原始变量和潜在因子之间的关系。简单来说，它基本上是变量与潜在因子之间的相关系数。载荷值范围为−1～1，其中接近−1 或 1 的值表示某个因子对变量有显著影响。

（2）公因子方差（communality，也称为“共同度”）：它显示了由潜在因子解释的每个变量方差的比例。

（3）旋转（rotation）：可将因子旋转为更易于解释的结构。让多个变量与因子相关可能会降低因子的解释性。旋转可以最大限度地减少与因子密切相关的变量的数量，并尝试将每个变量仅与一个因子相关联，从而有助于提高可解释性。旋转的结果是每个因子与一组特定变量之间存在很大的相关性，而与其他变量之间的相关性可以忽略不计。

本秘笈将探索如何使用 factor_analyzer 库分析数据集中的潜在因子。

6.10.1　准备工作

本秘笈将使用来自 Kaggle 网站的 Website Satisfaction Survey（网站满意度调查）数据。你也可以从本书配套 GitHub 存储库中找到所有文件。

6.10.2　实战操作

要使用 factor_analyzer 库分析因子，请按以下步骤操作。

（1）导入 pandas、matplotlib、seaborn、sklearn 和 factor_analyzer 库：

```
import pandas as pd
import matplotlib.pyplot as plt
import seaborn as sns
from sklearn.preprocessing import StandardScaler
from factor_analyzer import FactorAnalyzer
from factor_analyzer.factor_analyzer import calculate_kmo
```

（2）使用 read_csv 将.csv 文件加载到 DataFrame 中，对 DataFrame 进行子集化以使之仅包含相关列：

```
satisfaction_data = pd.read_csv("data/website_survey.csv")

satisfaction_data = satisfaction_data[['q1',
'q2', 'q3','q4', 'q5', 'q6', 'q7', 'q8',
'q9', 'q10','q11','q12','q13', 'q14','q15',
'q16', 'q17', 'q18', 'q19', 'q20', 'q21', 'q22',
'q23', 'q24','q25', 'q26']]
```

（3）使用 head 方法检查前 5 行，还可以检查行数和列数以及数据类型：

```
satisfaction_data.head()
   q1  q2  q3  q4  ...  q25  q26
0  9   7   6   6   ...  5    3
1  10  10  10  9   ...  9    8
2  10  10  10  10  ...  8    8
3  5   8   5   5   ...  10   6
4  9   10  9   10  ...  10   10

satisfaction_data.shape
(73, 26)

Satisfaction_data.dtypes
q1   int64
q2   int64
q3   int64
q4   int64
...  ...
q25  int64
q26  int64
```

（4）使用 pandas 中的 isnull 方法检查缺失值：

```
satisfaction_data.isnull().sum()
q1   0
```

```
q2    0
q3    0
q4    0
...   ...
q25   0
q26   0
```

（5）使用 dropna 方法删除缺失值：

```
satisfaction_data.dropna(inplace=True)

satisfaction_data.shape
(73, 26)
```

（6）使用 pandas 中的 corr 方法检查多重共线性：

```
satisfaction_data.corr()[(satisfaction_data.corr()>0.9) &
(satisfaction_data.corr()<1)]

    q1  q2  q3  q4 … q25  q26
q1
q2
q3
q4
...
q25
q26
```

（7）使用 factor_analyzer 库中的 calculate_kmo 类测试数据的适用性：

```
kmo_all,kmo_model=calculate_kmo(satisfaction_data)
kmo_model
0.86476
```

（8）使用 factor_analyzer 库中的 FactorAnalyzer 类对数据集应用因子分析：

```
fa = FactorAnalyzer(n_factors = 5, rotation="varimax")
fa.fit(satisfaction_data)
```

（9）生成载荷：

```
loadings_output = pd.DataFrame(fa.loadings_,index=satisfaction_
data.columns)
loadings_output
```

这会产生如图 6.12 所示的结果。

	0	1	2	3	4
q1	0.099961	0.774357	-0.079795	0.321797	0.015576
q2	0.178909	0.836019	0.135454	0.101916	0.063459
q3	0.041438	0.713113	0.055440	0.095694	0.254581
q4	0.146058	0.811110	0.070999	-0.031095	0.166014
q5	0.202457	0.655376	0.237125	0.362648	0.002515
q6	0.239624	0.122927	0.257562	0.802537	0.059995
q7	0.436143	0.237686	0.090813	0.621522	0.151444
q8	0.201393	0.286128	0.332926	0.520492	0.355756
q9	0.253617	0.030815	0.584818	0.208287	0.250758
q10	0.333174	0.045337	0.656804	0.164210	0.182566
q11	0.414787	0.256035	0.521090	0.292189	0.270524
q12	0.197599	0.103579	0.900842	0.194721	-0.009453
q13	0.522679	0.116309	0.293003	0.351973	0.285052
q14	0.473860	0.285857	0.327055	0.193583	0.338894
q15	0.247173	0.283218	0.367144	0.565713	0.166359
q16	0.448919	0.067157	0.611020	0.131054	0.223560
q17	0.477713	0.219711	0.189818	0.533798	0.372763
q18	0.401174	0.244422	0.274638	0.075665	0.416154
q19	0.522615	0.233302	0.317482	0.224103	0.469467
q20	0.464073	0.350758	0.384202	0.321777	0.452556
q21	0.229490	0.436125	0.265986	0.329182	0.533499
q22	0.536084	0.232606	0.285820	0.418030	0.495126
q23	0.782388	0.096663	0.289445	0.239066	0.062135
q24	0.821780	0.110341	0.160566	0.182693	0.148196
q25	0.680231	0.254174	0.326707	0.191116	0.166604
q26	0.730739	0.133893	0.321196	0.248114	0.083717

图 6.12　因子的载荷 DataFrame

（10）使用特定阈值过滤载荷：

```
loadings_output.where(abs(loadings_output) > 0.5)
```

这会产生如图 6.13 所示的结果。

（11）生成公因子方差：

```
pd.DataFrame(fa.get_communalities(),index=satisfaction_data.columns,
columns=['Communalities'])
```

这会产生如图 6.14 所示的结果。

	0	1	2	3	4
q1	NaN	0.774357	NaN	NaN	NaN
q2	NaN	0.836019	NaN	NaN	NaN
q3	NaN	0.713113	NaN	NaN	NaN
q4	NaN	0.811110	NaN	NaN	NaN
q5	NaN	0.655376	NaN	NaN	NaN
q6	NaN	NaN	NaN	0.802537	NaN
q7	NaN	NaN	NaN	0.621522	NaN
q8	NaN	NaN	NaN	0.520492	NaN
q9	NaN	NaN	0.584818	NaN	NaN
q10	NaN	NaN	0.656804	NaN	NaN
q11	NaN	NaN	0.521090	NaN	NaN
q12	NaN	NaN	0.900842	NaN	NaN
q13	0.522679	NaN	NaN	NaN	NaN
q14	NaN	NaN	NaN	NaN	NaN
q15	NaN	NaN	NaN	0.565713	NaN
q16	NaN	NaN	0.611020	NaN	NaN
q17	NaN	NaN	NaN	0.533798	NaN
q18	NaN	NaN	NaN	NaN	NaN
q19	0.522615	NaN	NaN	NaN	NaN
q20	NaN	NaN	NaN	NaN	NaN
q21	NaN	NaN	NaN	NaN	0.533499
q22	0.536084	NaN	NaN	NaN	NaN
q23	0.782388	NaN	NaN	NaN	NaN
q24	0.821780	NaN	NaN	NaN	NaN
q25	0.680231	NaN	NaN	NaN	NaN
q26	0.730739	NaN	NaN	NaN	NaN

图 6.13　使用阈值过滤后的载荷 DataFrame

	Communalities
q1	0.719784
q2	0.763698
q3	0.587289
q4	0.712800
q5	0.658255
q6	0.786534
q7	0.664188
q8	0.630742
q9	0.513547
q10	0.604748
q11	0.667696
q12	0.899296
q13	0.577711
q14	0.565546
q15	0.623808
q16	0.646538
q17	0.736405
q18	0.475018
q19	0.698971
q20	0.794353
q21	0.706602
q22	0.843083
q23	0.766267
q24	0.768617
q25	0.698338
q26	0.723643

图 6.14　公因子方差 DataFrame

现在我们已经分析了因子分析中的因子。

6.10.3　原理解释

在步骤（1）中，导入了所需的库。

在步骤（2）中，使用了 read_csv 将.csv 文件加载到 pandas DataFrame 中，并将其命名为 satisfaction_data。我们对 DataFrame 进行子集化，使其包含 26 个相关列。

在步骤（3）中，使用 head 方法查看了数据的前 5 行，以快速了解数据的情况。我们还分别使用了 shape 和 dtypes 方法了解 DataFrame 的形状（行数和列数）和数据类型。

在步骤（4）中，检查了缺失值以确保数据中没有缺失值，这是一个先决条件。我们使用了 pandas 中的 isnull 和 sum 方法来实现这一点。

在步骤（5）中，使用了 dropna 方法删除任何包含缺失值的行。在此方法中，还使用了 inplace = True 参数来指定修改现有的 DataFrame，而无须创建新的 DataFrame。

在步骤（6）中，使用了 corr 方法检查多重共线性，并设置大于 90% 的阈值来识别高度相关的列。此检查的输出为空，因为没有大于阈值的列。

在步骤（7）中，使用了 calculate_kmo 类测试数据是否适合因子分析。Kaiser-Meyer-Olkin（KMO）检验可以检查变量之间的相关性，这是因子分析等降维技术的关键先决条件。KMO 分数范围为 0～1，大于 0.6 的值通常更适合因子分析。

在步骤（8）中，使用了 FactorAnalyzer 类对数据集实施因子分析。在该类中，我们使用 n_factors 参数来指定因子的数量，并使用 rotation 参数来指示要使用的具体旋转。然后，使用 fit 方法将模型拟合到数据集。

在步骤（9）中，生成了载荷。

在步骤（10）中，对载荷应用了 0.5 的阈值进行过滤，这使得载荷矩阵更容易解释和理解，因为我们现在可以看到与每个因子密切相关的变量。应用阈值过滤有助于我们将每个变量仅与一个因子相关联。

在步骤（11）中，生成了公因子方差以查看由潜在因子解释的每个变量方差的比例。

在如图 6.13 所示的载荷 DataFrame 中，我们可以看到对因子影响最显著的变量。这些都是载荷大于 0.5 的变量。例如，对于因子 1（编号为 0），q13、q19、q22、q23、q24、q25 和 q26 变量的载荷都大于 0.5，因此被认为对因子 1 有显著影响。当我们查看这些变量时，可以看到它们似乎都与网站的可靠性有关。因此可以将因子 1 命名为“可靠性”。对于其他因子，也可以执行类似的步骤并适当地命名。

该过程的结果如下：

（1）可靠性（因子 1）：

- q13：在这个网站上，内容保持了一致性。
- q19：总体而言，我对这个网站的界面很满意。
- q22：总体而言，我对该网站有关购买流程的准确性感到满意。
- q23：我相信该网站上提供的信息。
- q24：这个网站对我来说是可信的。
- q25：我会再次访问该网站。
- q26：我会向我的朋友推荐这个网站。

（2）界面设计（因子 2）：

- q1：该网站所使用的字体类型和大小方便阅读。
- q2：这个网站的字体颜色很吸引人。
- q3：该网站上的文本对齐方式和间距使文本易于阅读。
- q4：这个网站的配色方案很吸引人。
- q5：颜色或图形的使用增强了导航功能。

（3）个性化（因子 3）：

- q9：该网站提供了足够的反馈来评估我执行任务时的进度。
- q10：该网站提供定制服务。
- q11：该网站为订购流程提供了多样化服务。
- q12：该网站提供了适合个人的内容。
- q16：个性化或简化购买流程很容易。

（4）用户友好性（因子 4）：

- q6：信息内容可以通过比较有关产品或服务的信息来帮助做出购买决策。
- q7：该网站提供的信息内容满足我的需求。
- q8：该网站为阅读和学习购买流程提供了内容和信息支持。
- q15：该网站的购买按钮和链接位置很明显。
- q17：网站的使用很容易学会。

（5）速度（因子 5）：

q21：总体而言，我对购买产品所花费的时间感到满意。

第 7 章　在 Python 中分析时间序列数据

本章将学习如何分析时间相关数据。时间相关数据也称为时间序列（time series）数据。时间序列数据是随时间变化的数据，是按固定时间间隔（例如每小时、每天、每周等）记录的一系列数据点。在分析时间序列数据时，我们通常会发现随时间重复的模式或趋势。

时间序列数据具有以下组成部分。

- 趋势（trend）：显示了时间序列数据随时间变化的总体方向，可以是向上、向下或平坦的。
- 季节性变化（seasonal variation）：在固定时间范围内重复发生的周期性波动。简单来说，当某种模式受到季节性因素（例如一年中的季度或月份）的影响时，就存在季节性变化。季节性模式通常有固定的周期，因为它们受到季节性因素的影响。例如，旅游淡旺季就是典型的季节性变化。
- 周期性变化（cyclical variation）：随时间发生但没有固定周期的波动。这意味着它们没有固定的重复时间间隔。社会经济的发展或企业的繁荣和衰退就是周期性模式的例子——这些波动不能与固定时期挂钩，周期的长度并不固定，通常比季节性模式的长度更长。此外，每个季节性模式的变化幅度基本一致，而每个周期性模式的变化幅度则各不相同。
- 不规则变化（irregular variation）/噪声（noise）：时间序列中不可预测的或者意外的变化或波动。

图 7.1 为部分分量的表示。

本章将讨论分析时间序列数据的常用技术。

本章包括以下主题：

- 使用折线图和箱线图可视化时间序列数据
- 发现时间序列数据中的模式
- 执行时间序列数据分解
- 执行平滑——移动平均
- 执行平滑——指数平滑
- 对时间序列数据执行平稳性检查
- 差分时间序列数据
- 使用相关图可视化时间序列数据

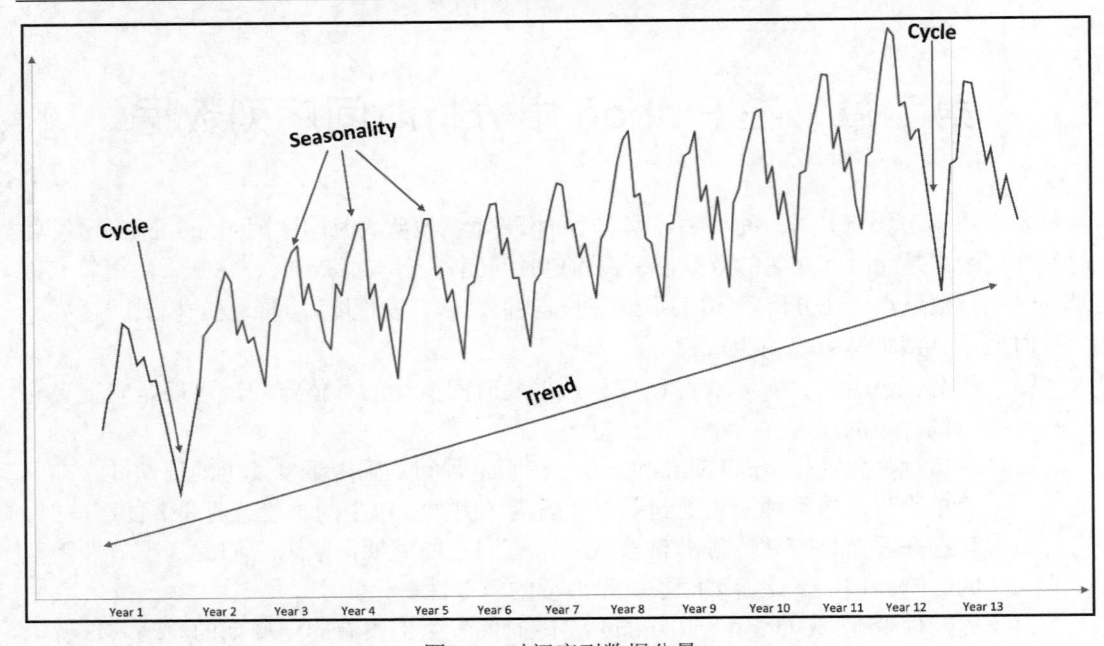

图 7.1　时间序列数据分量

原　文	译　文
Cycle	周期
Seasonality	季节性
Trend	趋势

7.1　技术要求

本章将利用 Python 中的 pandas、matplotlib、seaborn 和 statsmodels 库。

本章代码和 Notebook 可在本书配套 GitHub 存储库中获取，其网址如下：

https://github.com/PacktPublishing/Exploratory-Data-Analysis-with-Python-Cookbook

7.2　使用折线图和箱线图可视化时间序列数据

折线图（line chart）通过直线段连接时间序列的数据点，显示数据中的峰值（高点）和谷值（低点）。折线图的 x 轴通常代表时间间隔，而 y 轴代表我们打算跟踪的与时间相关的变量。使用折线图可以轻松发现与时间相关的趋势或变化。

箱线图可以通过 5 个关键指标让分析人员了解数据集的基本分布。这些指标包括最小值、第一个四分位数、中位数、第三个四分位数和最大值。本书第 4 章“在 Python 中执行单变量分析”介绍了有关箱线图及其组件的更多信息。

当箱线图用于时间序列数据时，*x* 轴通常代表时间间隔，而 *y* 轴则代表我们感兴趣的变量。*x* 轴上的时间间隔通常是汇总的时间间隔，例如，每小时可以汇总为每天，每天可以汇总为每月或每年等。

箱线图显示了 *y* 轴上变量的平均值如何随时间变化。它还显示了数据点在一个时间间隔内的分散程度。值得一提的是，箱线图的轴需要正确缩放以避免误导结果。*y* 轴的错误缩放可能会导致出现比预期更多的异常值。

本秘笈将探索如何使用折线图和箱线图可视化时间序列数据。我们将使用 matplotlib 中的 plot 函数和 seaborn 中的 boxplot 函数达到此目的。

7.2.1　准备工作

本秘笈将使用一个数据集：来自 Kaggle 网站的 San Francisco Air Traffic Passenger Statistics（旧金山空中交通乘客统计）数据。

你可以为本章创建一个文件夹，并在该文件夹中创建一个新的 Python 脚本或 Jupyter Notebook 文件。你还可以创建一个 data 子文件夹并将 SF_Air_Traffic_Passenger_Statistics_Transformed.csv 文件放入该子文件夹中。或者，你也可以从本书配套 GitHub 存储库中找到所有文件。

提示：

Kaggle 网站提供的 San Francisco Air Traffic Passenger Statistics（旧金山空中交通乘客统计）公共数据的网址如下：

https://www.kaggle.com/datasets/oscarm524/san-francisco-air-traffic-passenger-statistics?select=SF_Air_Traffic_Passenger_Statistics.csv

在本秘笈和本章其他秘笈中，该数据将被聚合，以仅给出日期和总乘客人数。原始数据和转换后的数据在本书配套 GitHub 存储库中可以找到。

7.2.2　实战操作

要使用 matplotlib 和 seaborn 库创建折线图和箱线图，请按以下步骤操作。

（1）导入 numpy、pandas、matplotlib 和 seaborn 库：

```
import numpy as np
import pandas as pd
import matplotlib.pyplot as plt
import seaborn as sns
```

（2）使用 read_csv 将.csv 文件加载到 DataFrame 中：

```
air_traffic_data = pd.read_csv("data/SF_Air_Traffic_Passenger_
Statistics_Transformed.csv")
```

（3）使用 head 方法检查前 5 行，还可以检查行数和列数以及数据类型：

```
air_traffic_data.head()
   Date    Total Passenger Count
0  200601  2448889
1  200602  2223024
2  200603  2708778
3  200604  2773293
4  200605  2829000

air_traffic_data.shape
(132, 2)

air_traffic_data.dtypes
Date                   int64
Total Passenger Count  int64
```

（4）将 Date 列从 int 数据类型转换为 datetime 数据类型：

```
air_traffic_data['Date']= pd.to_datetime(air_traffic_
data['Date'], format = "%Y%m")

air_traffic_data.dtypes
Date                         datetime64[ns]
Total Passenger Count        int64
```

（5）将 Date 列设置为 DataFrame 的索引：

```
air_traffic_data.set_index('Date',inplace = True)
air_traffic_data.shape
(132,1)
```

（6）使用 matplotlib 中的 plot 函数将时间序列数据绘制在折线图上：

```
plt.figure(figsize= (18,10))

plt.plot(air_traffic_data.index, air_traffic_data['Total
Passenger Count'], color='tab:red')
plt.title("Time series analysis of San Franscisco Air
Traffic",fontsize = 20)
plt.ticklabel_format(style='plain', axis='y')
```

这会产生如图 7.2 所示的结果。

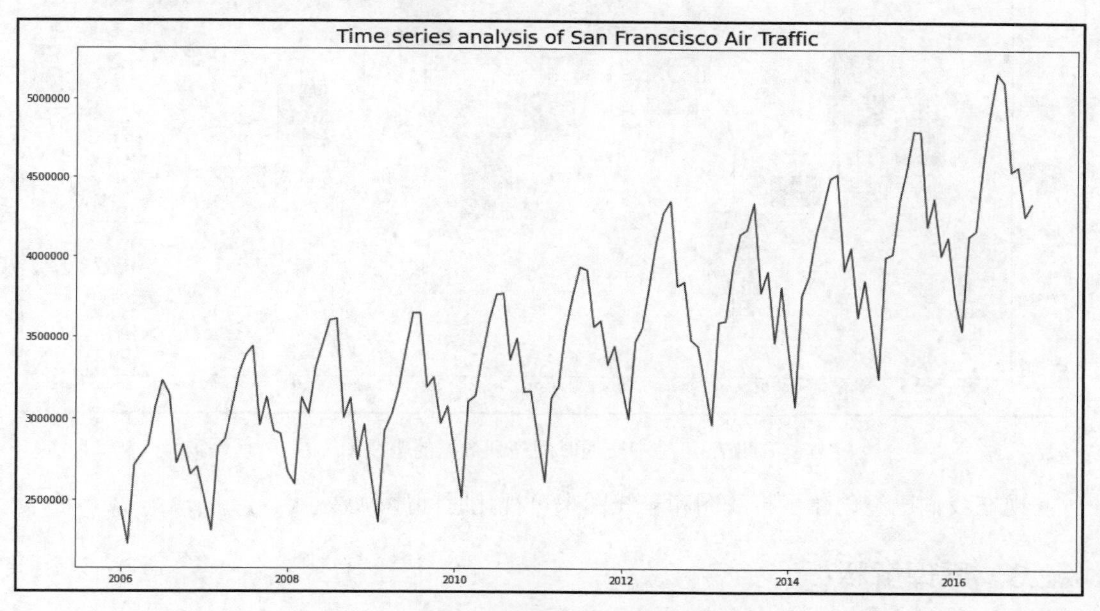

图 7.2　空中交通时间序列数据的折线图

（7）使用 seaborn 中的 boxplot 函数将时间序列数据绘制在箱线图上：

```
plt.figure(figsize= (18,10))

data_subset = air_traffic_data[air_traffic_data.index < '2010-01-01']

ax = sns.boxplot(data = data_subset , x= pd.PeriodIndex(data_
subset.index, freq='Q'),
                 y= data_subset['Total Passenger Count'])

ax.set_title("Time series analysis of San Franscisco Air
Traffic",fontsize = 20)
```

```
plt.ticklabel_format(style='plain', axis='y')
```

这会产生如图 7.3 所示的结果。

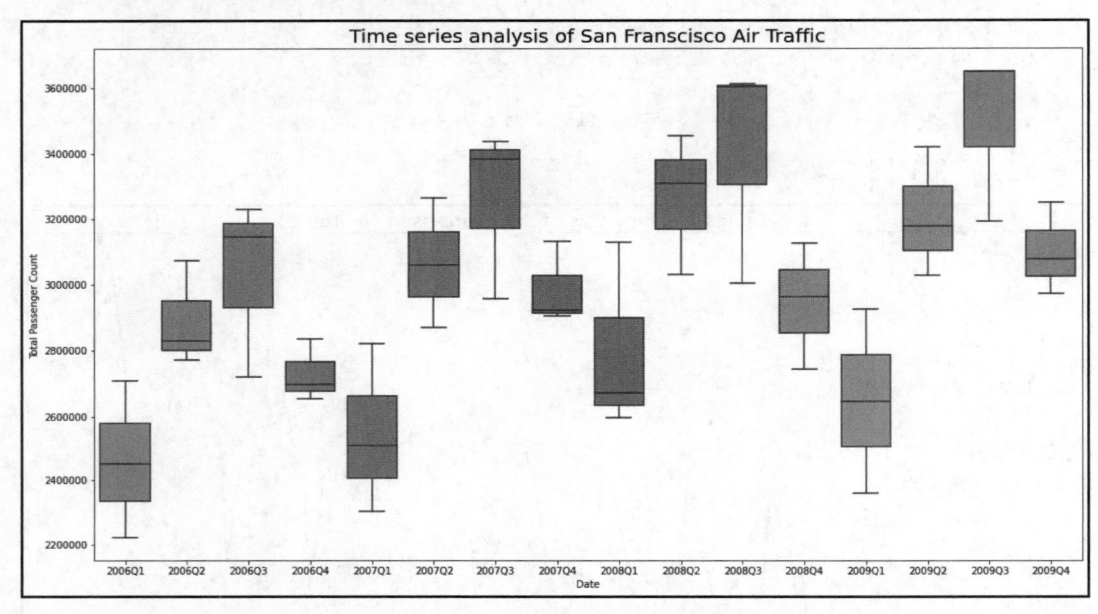

图 7.3　空中交通时间序列数据的箱线图

现在我们已经创建了折线图和箱线图来可视化时间序列数据。

7.2.3　原理解释

本秘笈使用了 numpy、pandas、matplotlib 和 seaborn 库。

在步骤（1）中，导入了所需的库。

在步骤（2）中，使用了 read_csv 函数将.csv 文件加载到 DataFrame 中。

在步骤（3）中，使用了 head 方法检查前 5 行，使用 shape 属性检查形状（行数和列数），并使用 dtypes 属性检查了数据类型。

在步骤（4）中，使用了 pandas 中的 to_ datetime 函数将 Date 列从整数数据类型转换为 datetime 数据类型。我们使用了 format 参数来指定日期的当前格式。

在步骤（5）中，使用 pandas 中的 set_index 方法将 Date 列设置为 DataFrame 的索引。这是一个很好的做法，因为 Python 中的系列操作通常需要时间序列上的日期索引。

在步骤（6）中，使用了 matplotlib 中的 plot 函数创建时间序列数据的折线图。我们将日期索引列指定为第一个参数，将乘客计数列指定为第二个参数，将喜欢的线条颜色（红色）指定为第三个参数。我们还使用了 ticklabel_format 函数来控制 y 轴上的科学标签。matplotlib 库经常使用科学标签来表示连续尺度。

在步骤（7）中，使用了 seaborn 中的 boxplot 函数创建时间序列数据的箱线图。首先，我们通过指定日期范围创建了数据子集。此范围可确保数据更易于可视化，并且箱线图不会太杂乱。在 boxplot 函数中，第一个参数的值是数据集，第二个参数的值是日期索引列，第三个参数的值是乘客数。对于第二个参数（日期索引列）的值，我们应用了 pandas PeriodIndex 函数将日期拆分为每年的季度。

7.3　发现时间序列数据中的模式

在分析时间序列数据时，通常应该注意 4 种类型的模式，包括趋势、季节性变化、周期性变化和不规则变化。折线图是分析这些模式非常有用的图表。通过折线图，我们可以轻松地在数据集中发现这些模式。

在分析数据趋势时，我们会尝试发现时间序列中值的长期增加或减少；在分析季节性变化数据时，我们会尝试识别受日历（季度、月份、星期几等）影响的周期性模式；在分析数据的周期性变化时，我们尝试找出数据点在较长时期内以不同幅度上升和下降的部分。例如，一个周期的持续时间至少为 2 年，并且每个周期可以在一定范围内（例如每隔 2～4 年）发生，而不是固定的时间段（例如每隔 2 年）。

本秘笈将使用折线图和箱线图来发现时间序列数据中的模式。我们将使用 matplotlib 中的 plot 函数和 seaborn 中的 boxplot 函数来完成此操作。

7.3.1　准备工作

本秘笈将使用 Kaggle 网站的 San Francisco Air Traffic Passenger Statistics（旧金山空中交通乘客统计）数据。你也可以从本书配套 GitHub 存储库中找到所有文件。

7.3.2　实战操作

要使用 matplotlib 和 seaborn 库创建折线图和箱线图，请按以下步骤操作。

（1）导入 numpy、pandas、matplotlib 和 seaborn 库：

```
import numpy as np
import pandas as pd
```

```
import matplotlib.pyplot as plt
import seaborn as sns
```

（2）使用 read_csv 将.csv 文件加载到 DataFrame 中：

```
air_traffic_data = pd.read_csv("data/SF_Air_Traffic_Passenger_
Statistics_Transformed.csv")
```

（3）使用 head 方法检查前 5 行，还可以检查行数和列数以及数据类型：

```
air_traffic_data.head()
   Date     Total Passenger Count
0  200601   2448889
1  200602   2223024
2  200603   2708778
3  200604   2773293
4  200605   2829000

air_traffic_data.shape
(132, 2)

air_traffic_data.dtypes
Date                     int64
Total Passenger Count    int64
```

（4）将 Date 列从 int 数据类型转换为 datetime 数据类型：

```
air_traffic_data['Date']= pd.to_datetime(air_traffic_data['Date'],
format = "%Y%m")

air_traffic_data.dtypes
Date                          datetime64[ns]
Total Passenger Count         int64
```

（5）将 Date 列设置为 DataFrame 的索引：

```
air_traffic_data.set_index('Date',inplace = True)
air_traffic_data.shape
(132,1)
```

（6）使用 matplotlib 中的 plot 函数将时间序列数据绘制在折线图上：

```
plt.figure(figsize= (18,10))

plt.plot(air_traffic_data.index, air_traffic_data['Total
Passenger Count'], color='tab:red')
```

```
plt.title("Time series analysis of San Franscisco Air
Traffic",fontsize = 20)
plt.ticklabel_format(style='plain', axis='y')
```

这会产生如图 7.4 所示的结果。

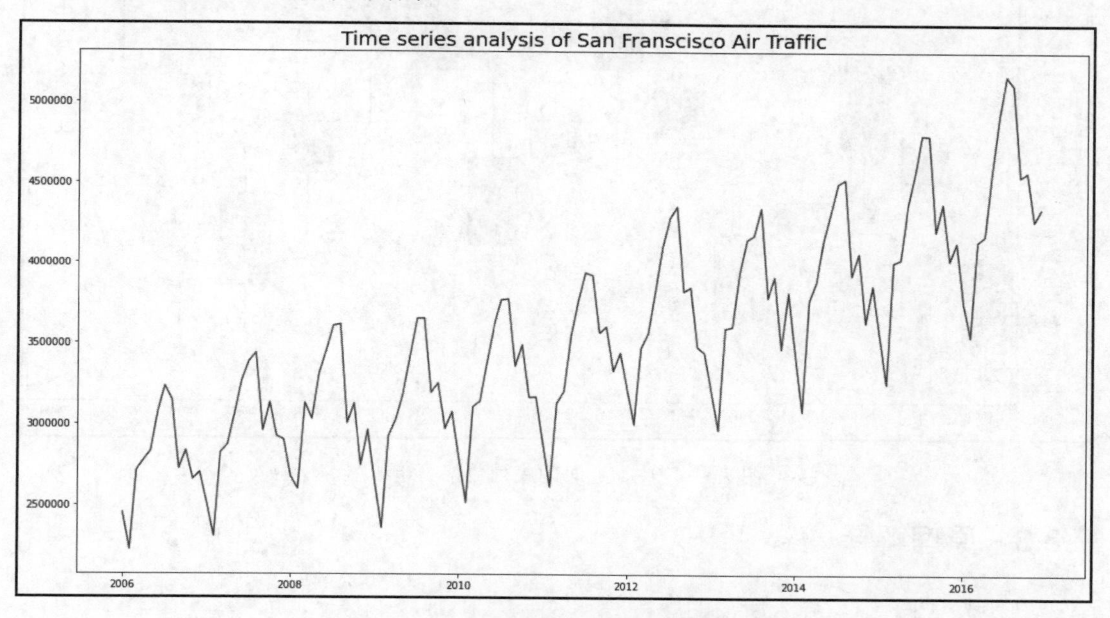

图 7.4　空中交通时间序列数据的折线图

（7）使用 seaborn 中的 boxplot 函数将时间序列数据绘制在箱线图上：

```
plt.figure(figsize= (18,10))

data_subset = air_traffic_data[air_traffic_data.index < '2010-01-01']

ax = sns.boxplot(data = data_subset , x= pd.PeriodIndex(data_
subset.index, freq='Q'),
                 y= data_subset['Total Passenger Count'])

ax.set_title("Time series analysis of San Franscisco Air Traffic",
fontsize = 20)

plt.ticklabel_format(style='plain', axis='y')
```

这会产生如图 7.5 所示的结果。

现在我们已经创建了折线图和箱线图来可视化时间序列数据。

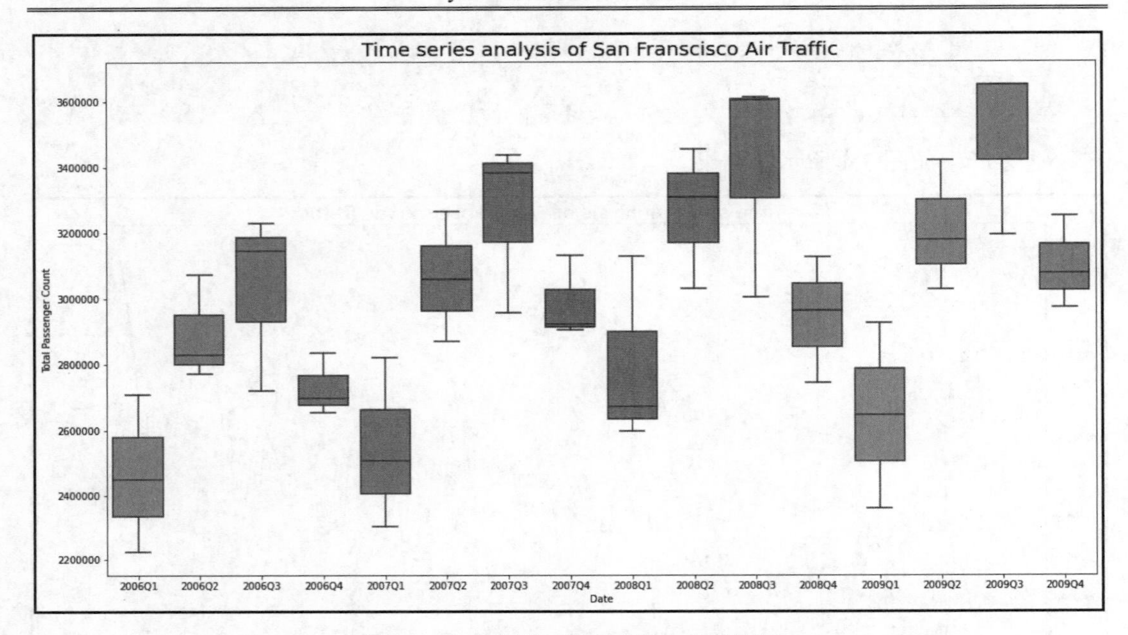

图 7.5　空中交通时间序列数据的箱线图

7.3.3　原理解释

在步骤（1）中，导入所需的库。

在步骤（2）中，使用了 read_csv 函数将.csv 文件加载到 DataFrame 中。

在步骤（3）中，使用了 head 方法检查前 5 行，使用 shape 属性检查形状（行数和列数），并使用 dtypes 属性检查了数据类型。

在步骤（4）中，使用了 pandas 中的 to_ datetime 函数将 Date 列从整数数据类型转换为 datetime 数据类型。我们使用了 format 参数来指定日期的当前格式。

在步骤（5）中，使用 pandas 中的 set_index 方法将 Date 列设置为 DataFrame 的索引。这是一个很好的做法，因为 Python 中的系列操作通常需要时间序列上的日期索引。

在步骤（6）中，使用了 matplotlib 中的 plot 函数创建时间序列数据的折线图。我们将日期索引列指定为第一个参数，将乘客计数列指定为第二个参数，将喜欢的线条颜色（红色）指定为第三个参数。我们还使用了 ticklabel_format 函数来控制 y 轴上的科学标签。matplotlib 库经常使用科学标签来表示连续尺度。

在步骤（7）中，使用了 seaborn 中的 boxplot 函数创建时间序列数据的箱线图。首先，我们通过指定日期范围创建了数据子集。此范围可确保数据更易于可视化，并且箱线图不会太杂乱。在 boxplot 函数中，第一个参数的值是数据集，第二个参数的值是日期索引列，第三个参数的值是乘客数。对于第二个参数（日期索引列）的值，我们应用了 pandas PeriodIndex 函数将日期拆分为每年的季度。

从如图 7.4 所示的折线图中，我们可以发现乘客数量的增加呈上升趋势。我们还可以通过每年的一致的年度波动来发现季节性。我们注意到年中左右出现了显著的峰值，这很可能是夏天。该时间序列数据不存在周期性波动。

从如图 7.5 所示的箱线图中，我们可以发现乘客数量在一年中各个季度的波动。第二季度（Q2）和第三季度（Q3）的乘客数量似乎历年来都是较高的。

7.4　执行时间序列数据分解

分解（decomposition）是将时间序列数据分解为各个分量（component）的过程，其目的是更好地发现潜在模式。一般来说，分解可以帮助我们更好地理解时间序列中的潜在模式。分量的定义如下：

- 趋势（trend）：时间序列中值的长期增加或减少。
- 季节性（seasonality）：受季节性因素（例如季度、月份、周或天）影响的时间序列的变化。
- 残差（residual）：考虑趋势和季节性后留下的模式。它也被认为是噪声（即时间序列中的随机变化）。

正如你可能已经注意到的，本章前面讨论过的周期性变化不会作为分解时间序列的分量出现。它通常与趋势分量结合起来称为趋势。

在分解时间序列时，可以将时间序列视为趋势、季节性和残差分量的加法或乘法组合。每个模型的公式如下所示。

加法模型：

$$Y = T + S + R$$

乘法模型：

$$Y = T \times S \times R$$

其中，Y 是序列，T 是趋势分量，S 是季节性分量，R 是残差分量。

当季节性变化随时间变化相对恒定时，适用加法模型；当季节性变化随时间变化增加时，适用乘法模型。在乘法模型中，波动的大小/幅度不是恒定的，而是随着时间的推移而增加。

本秘笈将使用 statsmodels 中的 seasonal_decompose 探索加法和乘法分解模型。

乘法分解模型的表示如图 7.6 所示。

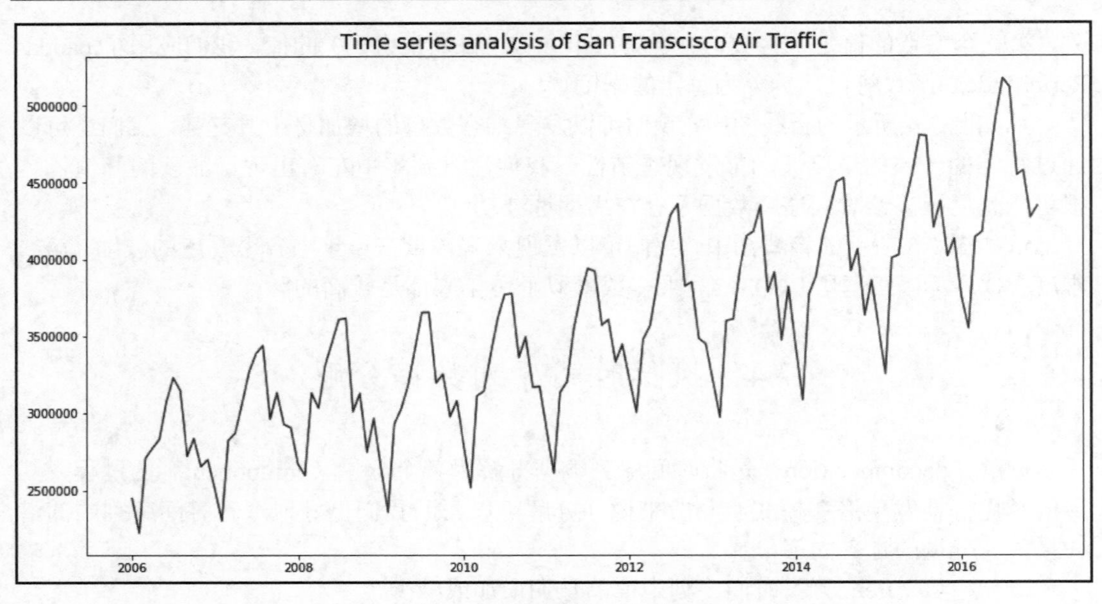

图 7.6　乘法分解的时间序列

加法分解模型的表示如图 7.7 所示。

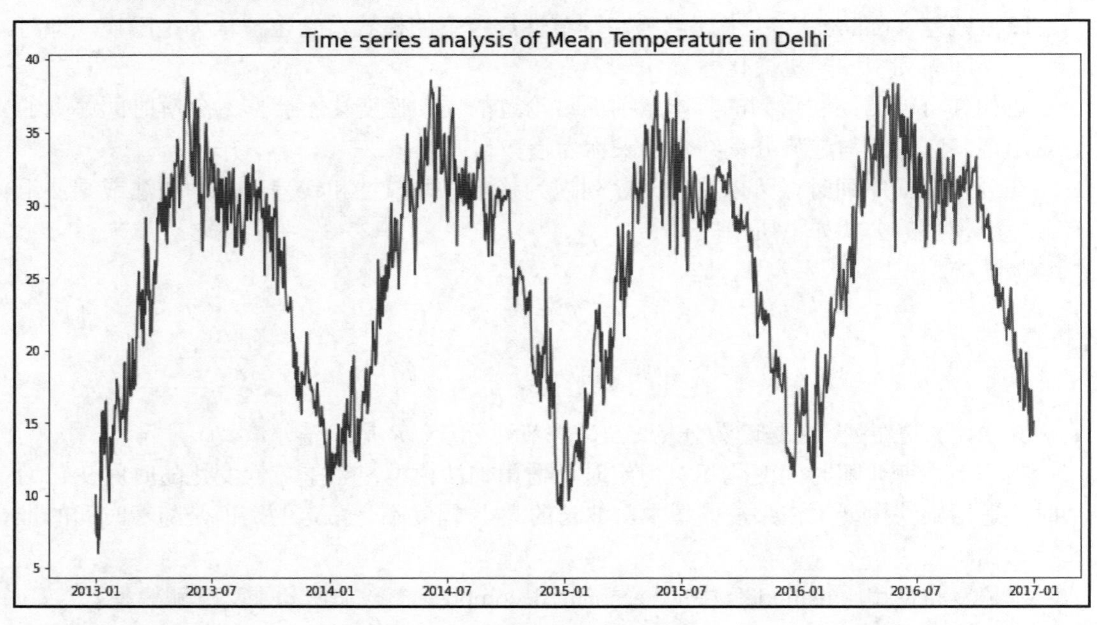

图 7.7　加法分解的时间序列

7.4.1　准备工作

本秘笈将使用两个数据集：San Francisco Air Traffic Passenger Statistics（旧金山空中交通乘客统计）数据和 Daily Climate（每日气候）时间序列数据。它们都来自 Kaggle 网站。

你也可以从本书配套 GitHub 存储库中找到所有文件。

提示：

Kaggle 网站提供的 Daily Climate（每日气候）公共数据的网址如下：

https://www.kaggle.com/datasets/sumanthvrao/daily-climate-time-series-data

该数据也可在本书配套 GitHub 存储库中找到。

7.4.2　实战操作

要使用 statsmodels 库分解时间序列数据，请按以下步骤操作。

（1）导入 numpy、pandas、matplotlib、seaborn 和 statsmodels 库：

```
import numpy as np
import pandas as pd
import matplotlib.pyplot as plt
import seaborn as sns
from statsmodels.tsa.seasonal import seasonal_decompose
```

（2）使用 read_csv 将.csv 文件加载到 DataFrame 中：

```
air_traffic_data = pd.read_csv("data/SF_Air_Traffic_Passenger_
Statistics_Transformed.csv")
weather_data = pd.read_csv("data/DailyDelhiClimate.csv")
```

（3）使用 head 方法检查前 5 行，还可以检查行数和列数以及数据类型：

```
air_traffic_data.head()
   Date     Total Passenger Count
0  200601   2448889
1  200602   2223024
2  200603   2708778
3  200604   2773293
4  200605   2829000
```

```
weather_data.head()
   date        meantemp
0  01/01/2013  10
1  02/01/2013  7.4
2  03/01/2013  7.166666667
3  04/01/2013  8.666666667
4  05/01/2013  6

air_traffic_data.shape
(132, 2)

weather_data.shape
(1461, 2)

air_traffic_data.dtypes
Date                     int64
Total Passenger Count    int64

weather_data.dtypes
date                     object
meantemp                 float64
```

（4）将 air_traffic_data 的 Date 列从 int 数据类型转换为 datetime 数据类型，将 weather_data 的 date 列从 object 数据类型转换为 datetime 数据类型：

```
air_traffic_data['Date']= pd.to_datetime(air_traffic_data['Date'],
format = "%Y%m")

air_traffic_data.dtypes
Date                          datetime64[ns]
Total Passenger Count         int64

weather_data['date']= pd.to_datetime(weather_data['date'],
format = "%d/%m/%Y")

weather_data.dtypes
date          datetime64[ns]
meantemp      float64
```

（5）分别将 air_traffic_data 的 Date 列和 weather_data 的 date 列设置为各自 DataFrame 的索引：

```
air_traffic_data.set_index('Date',inplace = True)
air_traffic_data.shape
(132,1)

weather_data.set_index('date', inplace = True)
weather_data.shape
(1461,1)
```

（6）使用 matplotlib 中的 plot 函数将空中交通时间序列数据绘制在折线图上：

```
plt.figure(figsize= (15,8))

plt.plot(air_traffic_data.index, air_traffic_data['Total
Passenger Count'], color='tab:red')
plt.title("Time series analysis of San Franscisco Air Traffic",
fontsize = 17)
plt.ticklabel_format(style='plain', axis='y')
```

这会产生如图 7.8 所示的结果。

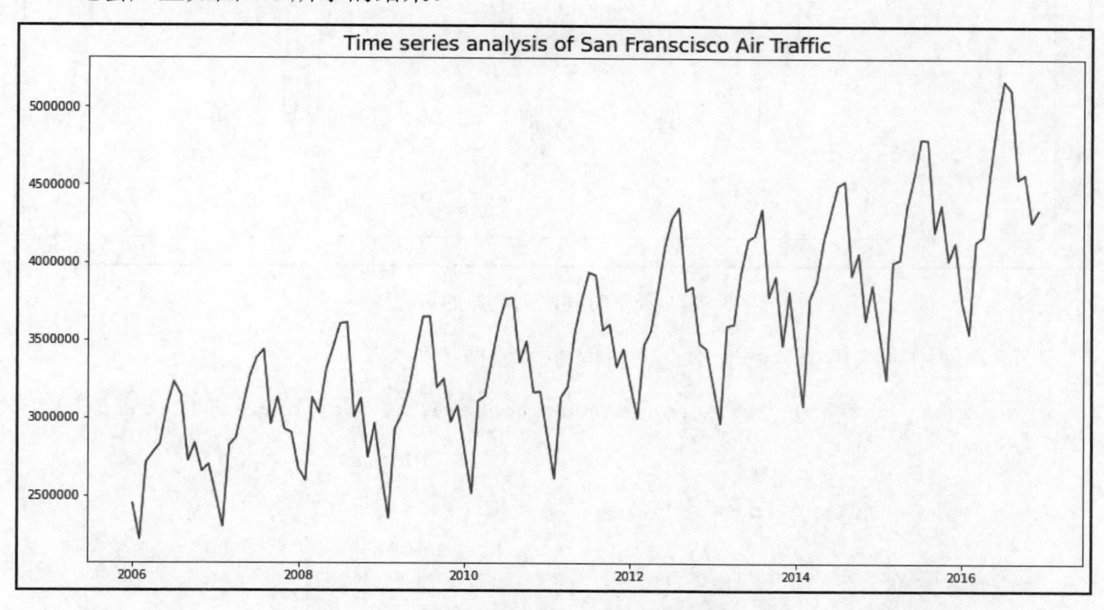

图 7.8　空中交通时间序列数据的折线图

（7）使用 matplotlib 中的 plot 函数将天气时间序列数据绘制在折线图上：

```
plt.figure(figsize= (15,8))
```

```
plt.plot(weather_data.index, weather_data['meantemp'],
color='tab:blue')
plt.title("Time series analysis of Mean Temperature in Delhi",
fontsize = 17)
plt.ticklabel_format(style='plain', axis='y')
```

这会产生如图 7.9 所示的结果。

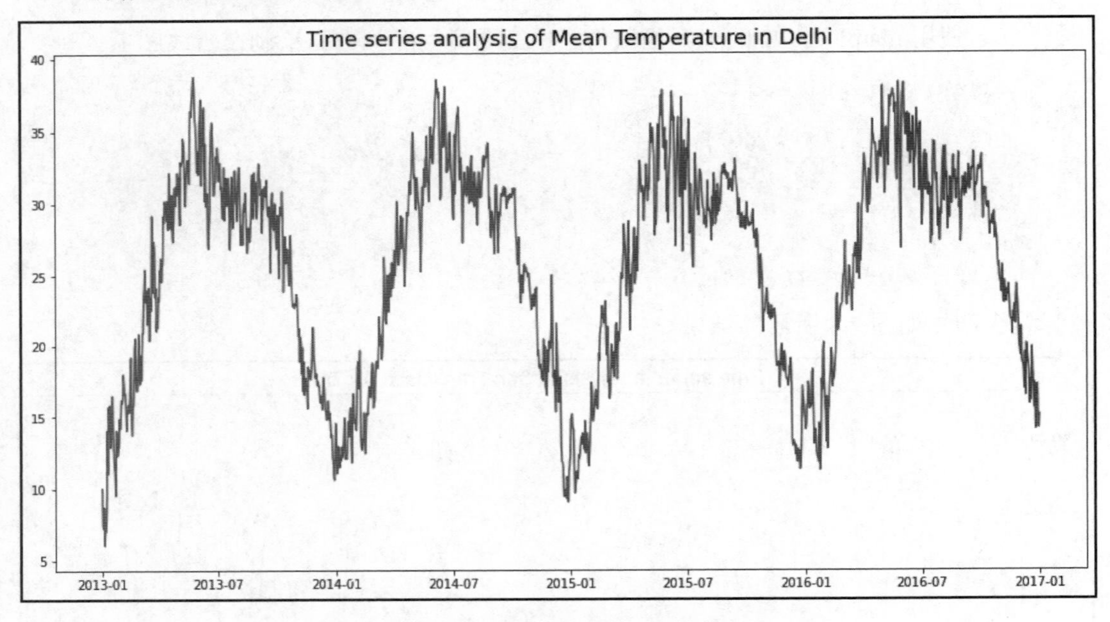

图 7.9　天气时间序列数据的折线图

（8）使用乘法模型分解空中交通时间序列数据：

```
decomposition_multi = seasonal_decompose(air_traffic_data['Total
Passenger Count'],

    model='multiplicative', period = 12)

fig = decomposition_multi.plot()
fig.set_size_inches((10, 9))
plt.show()
```

这会产生如图 7.10 所示的结果。

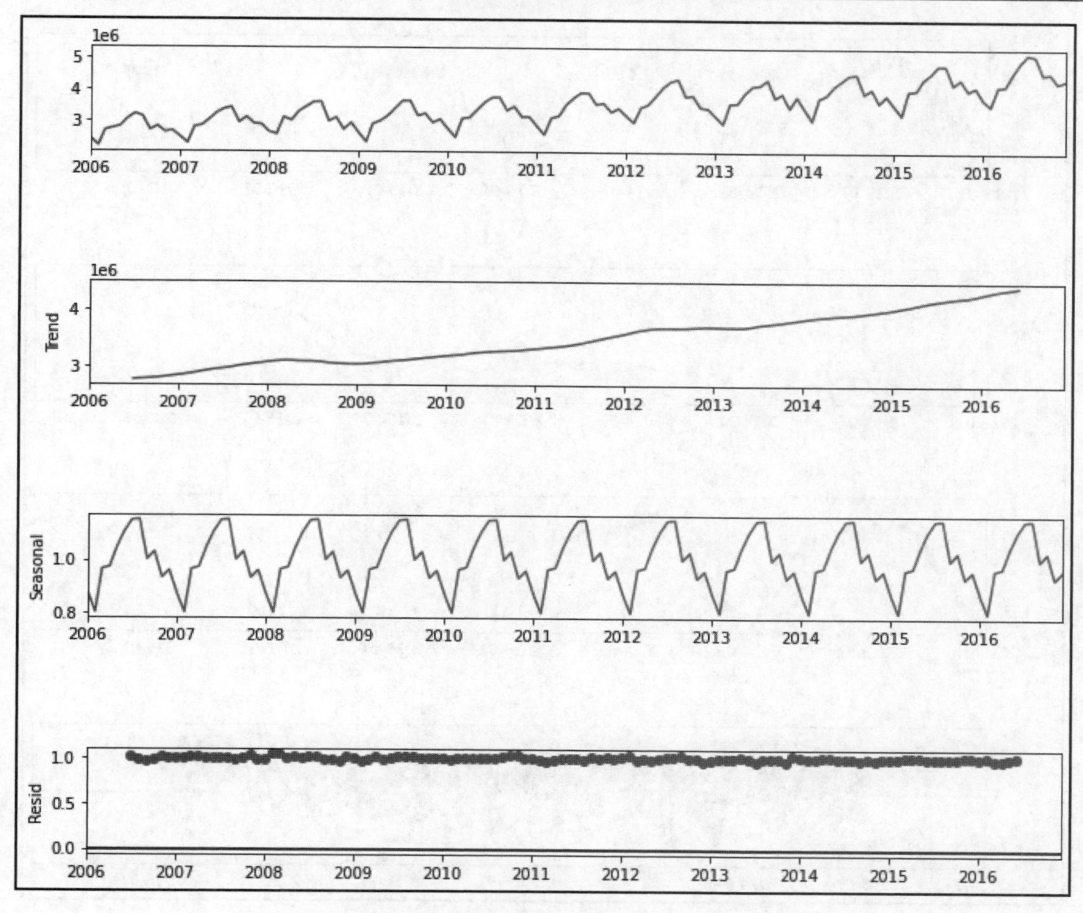

图 7.10　空中交通时间序列数据的乘法分解

（9）使用加法模型分解天气时间序列数据：

```
decomposition_add = seasonal_decompose(weather_data['meantemp'],

    model='additive',period = 365)

fig = decomposition_add.plot()
fig.set_size_inches((10, 9))
plt.show()
```

这会产生如图 7.11 所示的结果。

现在我们已经使用加法和乘法模型分解了时间序列数据。

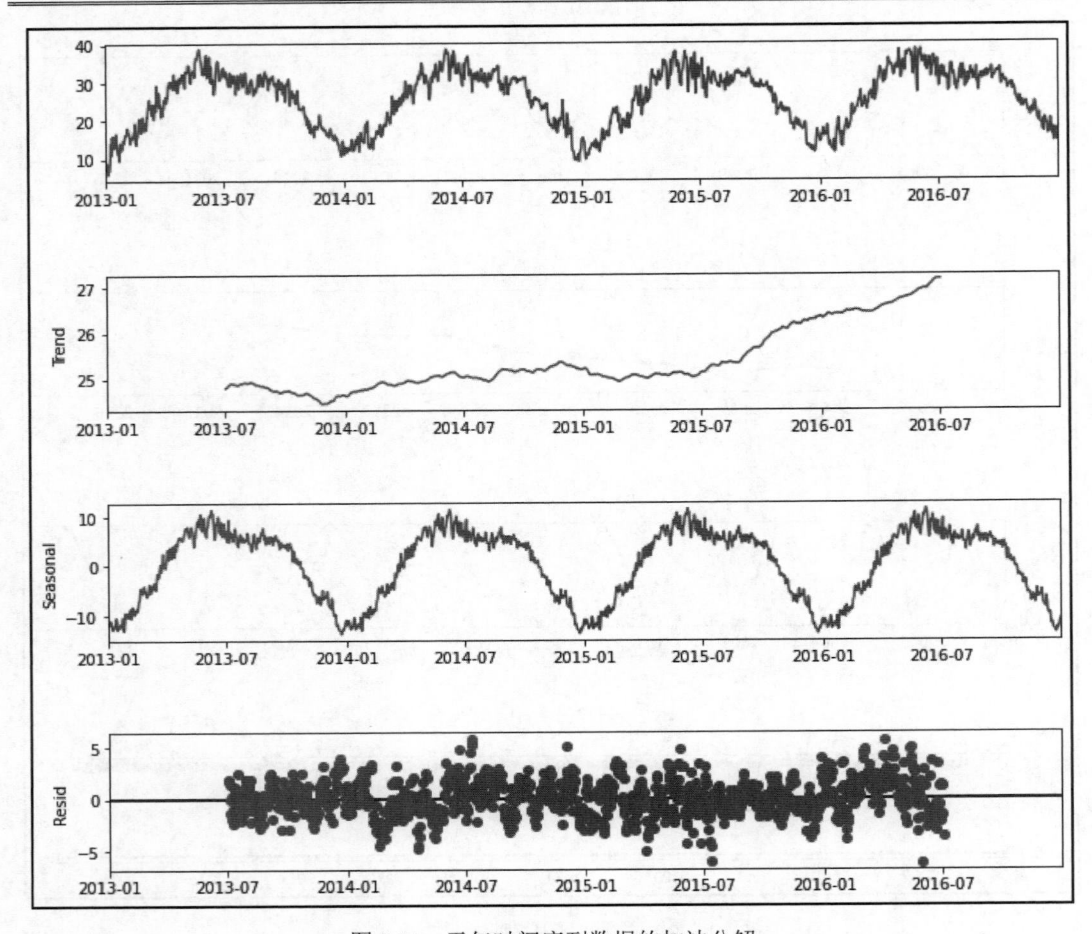

图 7.11　天气时间序列数据的加法分解

7.4.3　原理解释

在步骤（1）中，导入了所需的库。

在步骤（2）中，使用了 read_csv 函数将两个数据集的.csv 文件（DailyDelhiClimate.csv 和 SF_Air_Traffic_Passenger_Statistics_Transformed.csv）加载到 DataFrame 中。

在步骤（3）中，使用了 head 方法检查前 5 行，使用 shape 属性检查形状（行数和列数），并使用 dtypes 属性检查了数据类型。

在步骤（4）中，使用了 pandas 中的 to_ datetime 函数将 air_traffic_data 的 Date 列从整数数据类型转换为 datetime 数据类型。将 weather_data 的 date 列从 object 数据类型转

换为 datetime 数据类型。我们使用了 format 参数来指定日期的当前格式。

在步骤（5）中，使用了 pandas 中的 set_index 方法将 air_traffic_data 的 Date 列和 weather_data 的 date 列设置为各自 DataFrame 的索引。

在步骤（6）中，使用了 matplotlib 中的 plot 函数创建时间序列数据的折线图，以了解数据的外观。可以看到其季节性变化随时间变化而增加，因此适用乘法分解模型。

在步骤（7）中，使用了相同的函数来查看天气数据的外观。可以看到其季节性变化随时间变化相对恒定，因此适用加法分解模型。

在步骤（8）中，使用了 statsmodels 中的 seasonal_decompose 类来分解空中交通数据。这里使用乘法模型是因为其季节性变化随着时间的推移而增加。我们将数据指定为第一个参数，将模型类型指定为第二个参数，将周期指定为第三个参数。period 参数用于指示季节性周期中的观测值数量。将 period 值设置为 12 是因为我们假设该季节性模式每年都会重复，并且由于我们的数据具有每月频率，因此一年中有 12 个观测值。

在步骤（9）中，使用了 statsmodels 中的 seasonal_decompose 类来分解天气数据。这里使用加性模型是因为其季节性变化随时间变化是比较恒定的。同样，我们将数据指定为第一个参数，将模型类型指定为第二个参数，将周期指定为第三个参数。将 period 值设置为 365 是因为我们假设该季节性模式每年都会重复，并且由于我们的数据具有每日频率，因此一年中有 365 个观测值。

如图 7.10 和图 7.11 所示，分解在其输出中给出了以下分量。

- 原始时间序列：显示原始时间序列的折线图。
- 趋势（Trend）：显示时间序列中值的长期增加/减少。在空中交通时间序列数据中，我们可以发现一个强烈的趋势，这是 10 年间乘客数量发生巨大变化的结果（请注意，趋势图的 y 轴以百万为单位）。而天气时间序列数据显示了 4 年间的疲弱趋势，因为这段时间平均气温变化较小。
- 季节性（Seasonal）：显示受季节因素影响的变化。这两个时间序列数据都显示出强烈的季节性模式。
- 残差（Residual）：显示考虑趋势和季节性后留下的波动。空中交通时间序列数据显示的残差非常小，这意味着趋势和季节性是数据波动的主要原因。但是，天气时间序列数据具有较高的残差，这意味着趋势和季节性在数据波动原因中所占的比例并不大。

7.5 执行平滑——移动平均

平滑（smooth）通常作为时间序列分析的一部分来执行，以更好地揭示数据中存在的模式和趋势。平滑技术可以帮助消除时间序列数据集中的噪声，这可以减少短期波动的影响并更好地揭示潜在模式。

移动平均（moving average）是一种常用的平滑技术，有助于识别时间序列数据中的趋势和模式。它的工作原理是计算时间序列中一组相邻数据点的平均值。相邻点的数量由窗口的大小决定。

窗口（window）是指我们要计算平均值的周期数。通常根据数据的频率和分析人员试图识别的模式的性质来选择窗口。例如，如果我们有每日股票价格数据，则可以决定计算过去 10 天（包括当天）的平均价格。在这种情况下，窗口大小就是 10 天。

为了实现“移动”部分，我们需要沿着时间序列滑动窗口来计算平均值。简单来说，这意味着在 1 月 20 日，10 天的窗口期是从 1 月 11 日到 1 月 20 日；而在 1 月 21 日，10 天的窗口期将从 1 月 12 日到 1 月 21 日。

一般来说，我们可以根据原始时间序列可视化移动平均线，以便识别存在的任何趋势或模式。短窗口通常用于捕获数据的短期波动或快速变化，而长窗口则用于捕获长期趋势并平滑短期波动。

值得一提的是，平滑也可用于识别时间序列中的异常值或突然变化。

本秘笈将探索 Python 中的移动平均平滑技术。我们将使用 pandas 中的 rolling 和 mean 方法来执行该操作。

7.5.1 准备工作

本秘笈将使用一个数据集：来自雅虎财经（Yahoo Finance）的 MTN Group Limited（MTN 集团有限公司）股票数据。

提示：

雅虎财经网站提供的 MTN Group Limited（MTN 集团有限公司）股票数据的网址如下：

https://finance.yahoo.com/quote/MTNOY/history?p=MTNOY

该数据也可在本书配套 GitHub 存储库中找到。

7.5.2 实战操作

要使用 pandas 计算移动平均值，请按以下步骤操作。

（1）导入 numpy、pandas、matplotlib 和 seaborn 库：

```
import numpy as np
import pandas as pd
import matplotlib.pyplot as plt
import seaborn as sns
```

（2）使用 read_csv 将.csv 文件加载到 DataFrame 中，并对 DataFrame 进行子集化以使其仅包含相关列：

```
stock_data = pd.read_csv("data/MTNOY.csv")
stock_data = stock_data[['Date','Close']]
```

（3）使用 head 方法检查前 5 行，还可以检查行数和列数以及数据类型：

```
stock_data.head()
Date          Close
2010-02-01  14.7
2010-02-02  14.79
2010-02-03  14.6
2010-02-04  14.1
2010-02-05  14.28

stock_data.shape
(1490, 2)

stock_data.dtypes
Date          object
Close         float64
```

（4）将 Date 列从 object 数据类型转换为 datetime 数据类型：

```
stock_data['Date']= pd.to_datetime(stock_data['Date'], format =
"%Y-%m-%d")

stock_data.dtypes
Date          datetime64[ns]
Close         float64
```

（5）将 Date 列设置为 DataFrame 的索引：

```
stock_data.set_index('Date',inplace = True)
stock_data.shape
(1490,1)
```

（6）使用 matplotlib 中的 plot 函数将股票数据绘制在折线图上：

```
plt.figure(figsize= (18,10))
plt.plot(stock_data.index, stock_data['Close'],color='tab:blue')
```

这会产生如图 7.12 所示的结果。

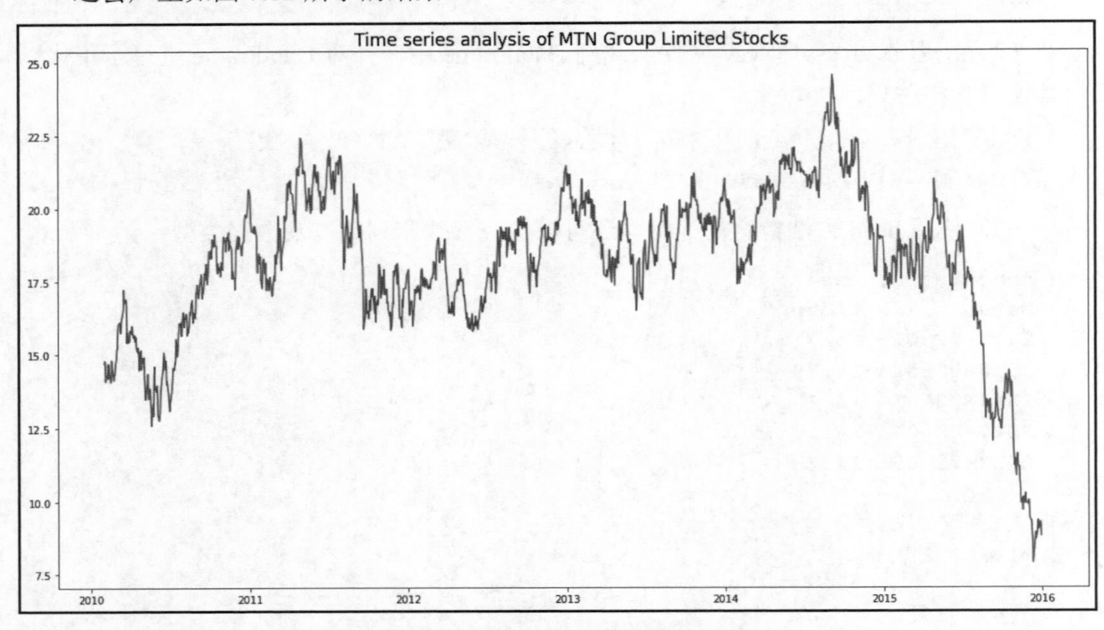

图 7.12　股票时间序列数据的折线图

（7）使用 pandas 中的 rolling 和 mean 方法进行移动平均平滑：

```
moving_data = stock_data.rolling(window=4)
moving_average_data = moving_data.mean()
moving_average_data.head()
Date            Close
2010-02-01
2010-02-02
2010-02-03
2010-02-04      14.5475
2010-02-05      14.4425
```

（8）现在可以使用 matplotlib 中的 plot 函数将原始时间序列数据与移动平均数据绘制在折线图上：

```
plt.figure(figsize= (18,10))
```

```
stock_data_subset = stock_data[stock_data.index>= '2015-01-01']
moving_average_data_subset = moving_average_data[moving_average_
data.index>= '2015-01-01']

plt.plot(stock_data_subset.index, stock_data_
subset['Close'],color='tab:blue',alpha = 0.4)
plt.plot(moving_average_data_subset.index,moving_average_data_
subset['Close'],color='tab:red')
```

这会产生如图 7.13 所示的结果。

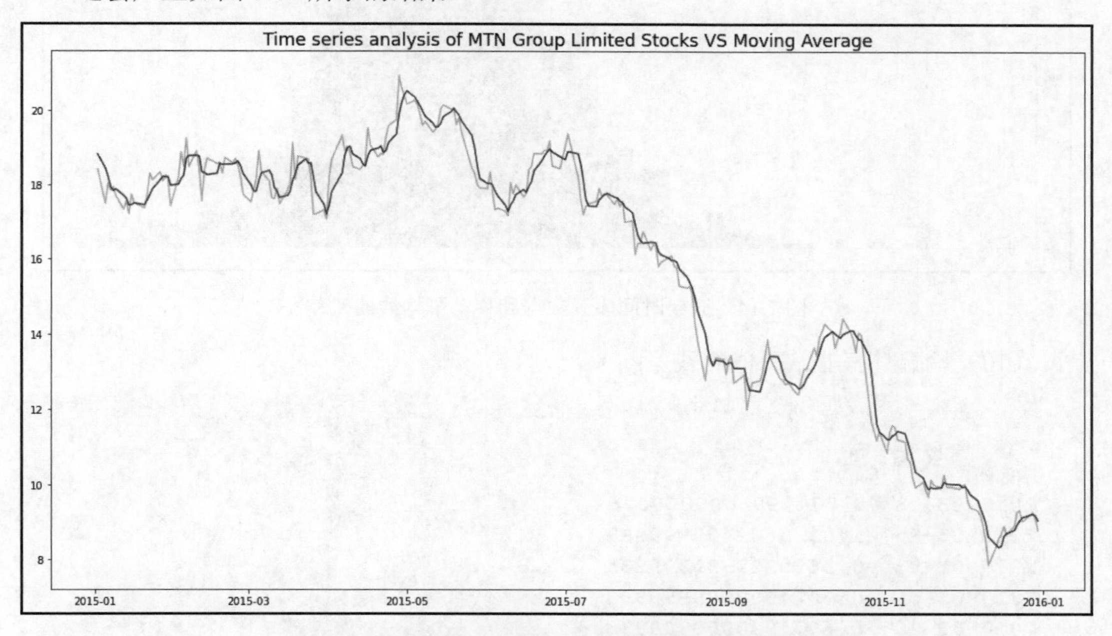

图 7.13　股票时间序列数据与移动平均线的折线图

（9）计算残差并将残差绘制在直方图上：

```
plt.figure(figsize= (18,10))

residuals = stock_data - moving_average_data
plt.hist(residuals, bins=50)
plt.show()
```

这会产生如图 7.14 所示的结果。

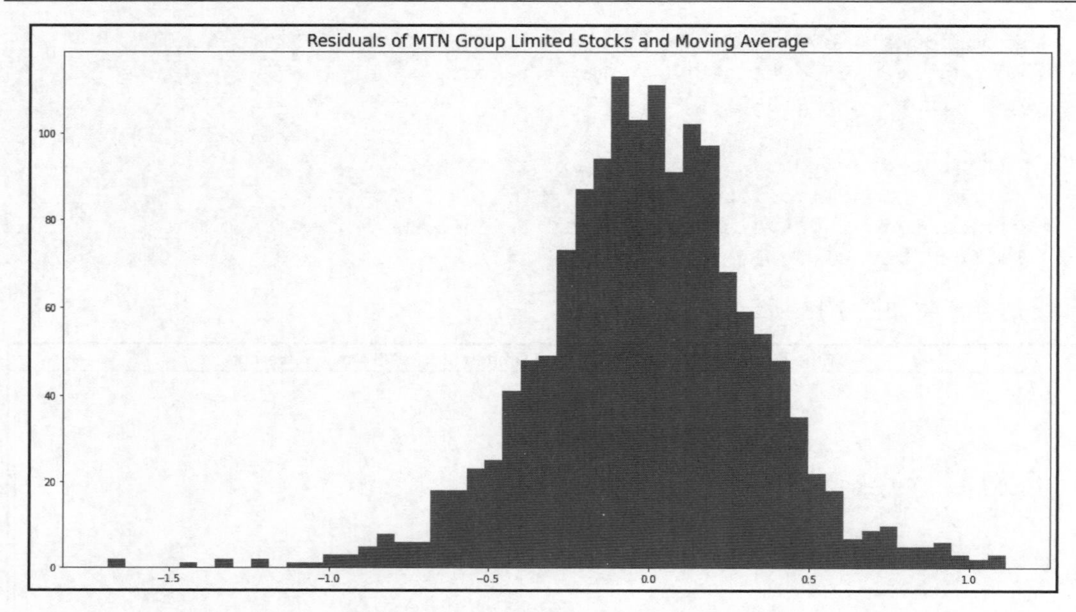

图 7.14　股票时间序列数据和移动平均线的残差

（10）检查具有非常高值的残差：

```
percentile_90 = np.nanpercentile(abs(residuals['Close']),90)
residuals[abs(residuals['Close']) >= percentile_90]
Date        Close
2010-03-18  0.5749995000000006
2010-03-25 -1.0125002499999987
2010-05-05 -0.5699999999999985
2010-05-06 -0.6624999999999996
2010-05-20 -0.697499999999998
...         ...
2015-09-17  0.5874999999999986
2015-10-26 -1.2249999999999996
2015-10-27 -1.3100000000000005
2015-10-28 -0.8975000000000009
2015-12-11 -0.7474999999999996
```

现在我们已经对时间序列数据进行了移动平均平滑。

7.5.3　原理解释

在步骤（1）中，导入了所有相关的库。

在步骤（2）中，使用了 read_csv 命令将.csv 文件加载到 DataFrame 中并进行了子集化，以使其仅包含 Date（日期）和 Close（收盘价）两列。

在步骤（3）中，使用了 head 方法检查前 5 行，使用 shape 属性检查形状（行数和列数），并使用 dtypes 属性检查了数据类型。

在步骤（4）中，使用了 pandas 中的 to_ datetime 函数将 Date 列从 object 数据类型转换为 datetime 数据类型。我们使用了 format 参数来指定日期的当前格式。

在步骤（5）中，使用了 pandas 中的 set_index 方法将 Date 列设置为 DataFrame 的索引。

在步骤（6）中，使用了 matplotlib 中的 plot 函数创建时间序列数据的折线图，以了解数据的外观。

在步骤（7）中，计算了移动平均值。首先使用 pandas 中的 rolling 方法来定义移动平均窗口，然后使用 mean 方法计算滚动窗口的平均值。

在步骤（8）中，基于原始时间序列数据绘制了移动平均数据。移动平均折线图平滑了数据的短期波动。

在步骤（9）中，计算了残差并在直方图中绘制了其结果。残差的计算方法很简单，就是用原始时间序列值减去移动平均值。然后，我们使用 matplotlib 中的 hist 函数将残差绘制在直方图上。该直方图给出了残差分布的形状，其中最左边和最右边的值可以被视为异常值。

在步骤（10）中，设置了 90%的阈值以检查值超出 90%的可能异常值。这些值还可以指示时间序列的突然变化。

7.5.4　参考资料

如果你有兴趣深入研究移动平均平滑和时间序列预测，则不妨阅读以下文章：

https://machinelearningmastery.com/moving-average-smoothing-for-time-series-forecasting-python/

7.6　执行平滑——指数平滑

另一种常用的平滑技术是指数平滑（exponential smoothing）。它更加重视最近的观察结果，而较少注意之前的观察结果。移动平均平滑对过去的观测值应用相同的权重，而指数平滑则随着观测值的老化，对观测值应用指数递减的权重。

与移动平均平滑相比，指数平滑的一个主要优势是能够更有效地捕捉数据的突然变化。这是因为指数平滑对最近的观察结果赋予更大的权重，而对以前的观察结果则赋予更小的权重，这与应用相同权重的移动平均平滑不同。

除了时间序列探索性分析，移动平均和指数平滑技术也可以用作预测时间序列中未来值的基础。

本秘笈将探索 Python 中的指数平滑技术。statsmodels 库中的 ExponentialSmoothing 模块可用于此目的。

7.6.1 准备工作

本秘笈将使用一个数据集：来自雅虎财经（Yahoo Finance）的 MTN Group Limited（MTN 集团有限公司）股票数据。

7.6.2 实战操作

要使用 statsmodels 库计算指数平滑，请按以下步骤操作。

（1）导入 numpy、pandas、matplotlib 和 seaborn 库，另外还需要导入来自 statsmodels 库的 ExponentialSmoothing 模块：

```
import numpy as np
import pandas as pd
import matplotlib.pyplot as plt
import seaborn as sns
from statsmodels.tsa.api import ExponentialSmoothing
```

（2）使用 read_csv 将.csv 文件加载到 DataFrame 中，并对 DataFrame 进行子集化以使其仅包含相关列：

```
stock_data = pd.read_csv("data/MTNOY.csv")
stock_data = stock_data[['Date','Close']]
```

（3）使用 head 方法检查前 5 行，还可以检查行数和列数以及数据类型：

```
stock_data.head()
Date        Close
2010-02-01  14.7
2010-02-02  14.79
2010-02-03  14.6
2010-02-04  14.1
2010-02-05  14.28

stock_data.shape
(1490, 2)
```

```
stock_data.dtypes
Date          object
Close         float64
```

（4）将 Date 列从 object 数据类型转换为 datetime 数据类型：

```
stock_data['Date']= pd.to_datetime(stock_data['Date'], format =
"%Y-%m-%d")

stock_data.dtypes
Date          datetime64[ns]
Close         float64
```

（5）将 Date 列设置为 DataFrame 的索引：

```
stock_data.set_index('Date',inplace = True)
stock_data.shape
(1490,1)
```

（6）使用 matplotlib 中的 plot 函数将股票数据绘制在折线图上：

```
plt.figure(figsize= (18,10))
plt.plot(stock_data.index, stock_data['Close'],color='tab:blue')
```

这会产生如图 7.15 所示的结果。

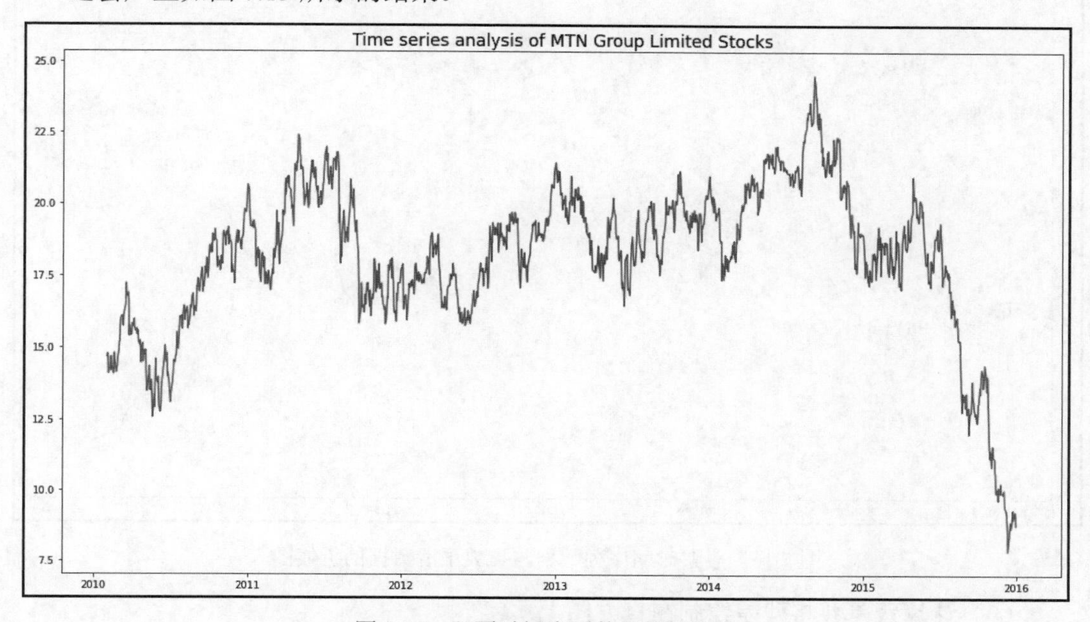

图 7.15　股票时间序列数据的折线图

（7）使用 statsmodels 中的 ExponentialSmoothing 类执行指数平滑：

```
exponentialmodel = ExponentialSmoothing(stock_data)
fit = exponentialmodel.fit(smoothing_level=0.7)
fitted_values = fit.fittedvalues
```

（8）现在可以使用 matplotlib 中的 plot 函数在折线图上绘制原始时间序列数据和指数平滑数据：

```
plt.figure(figsize= (18,10))

stock_data_subset = stock_data[stock_data.index>= '2015-01-01']
fitted_values_subset = fitted_values[fitted_values.index>='2015-01-01']

plt.plot(stock_data_subset.index, stock_data_
subset['Close'],label='Original Data',color='tab:blue',alpha = 0.4)
plt.plot(fitted_values_subset.index,fitted_values_subset.
values,label='Exponential Smoothing',color='tab:red')
```

这会产生如图 7.16 所示的结果。

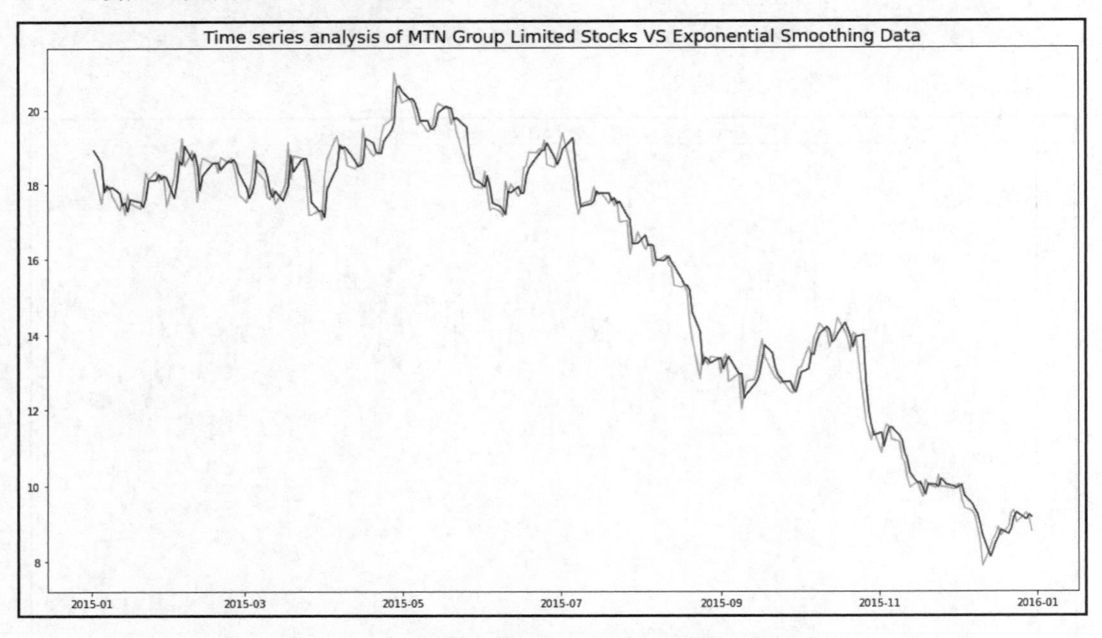

图 7.16　股票时间序列数据与指数平滑数据的折线图

（9）计算残差并将残差绘制在直方图上：

```
plt.figure(figsize= (18,10))

residuals = stock_data.squeeze() - fitted_values
plt.hist(residuals, bins=50)
plt.show()
```

这会产生如图 7.17 所示的结果。

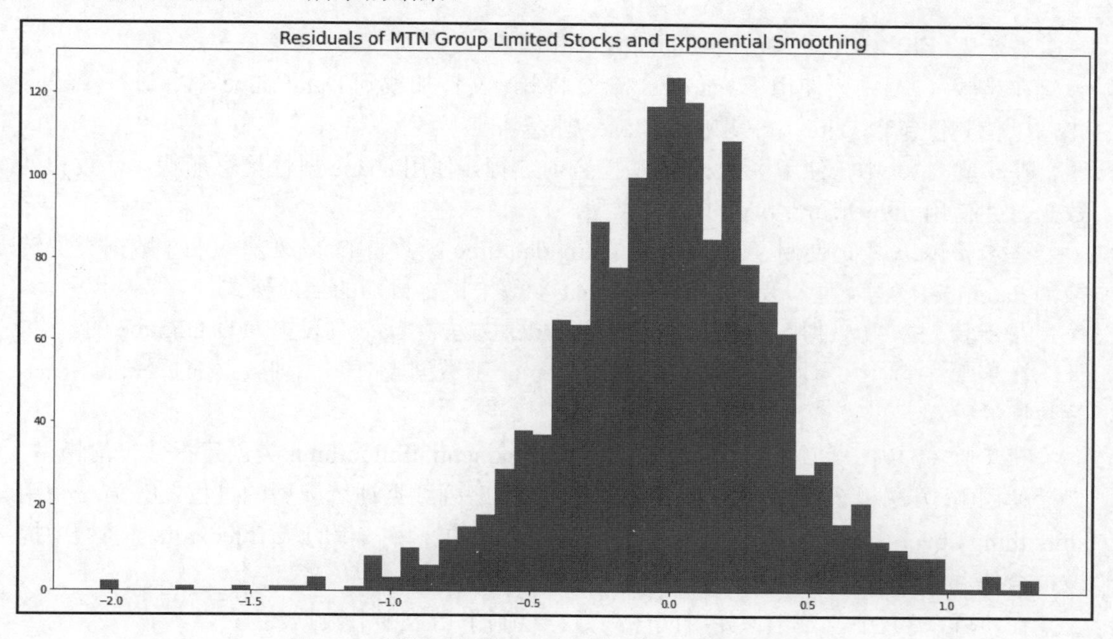

图 7.17　股票时间序列数据和指数平滑数据的残差

（10）检查具有非常高值的残差：

```
percentile_90 = np.nanpercentile(abs(residuals),90)
residuals[abs(residuals) >= percentile_90]
Date
2010-03-18     0.7069166397051063
2010-03-25    -1.2724502555655164
2010-05-20    -0.714170745592277
2010-05-26     0.9421852169607021
2010-05-27     0.9426555650882111
...           ...
2015-09-04    -0.663435304195815
2015-09-09    -0.933709177377624
2015-10-26    -1.7499660773721946
```

```
2015-10-27    -1.0749898232116593
2015-12-11    -0.797649483196115
```

现在我们已经对时间序列数据进行了指数平滑。

7.6.3 原理解释

在步骤（1）中，导入了需要的所有库和模块。

在步骤（2）中，使用了 read_csv 命令将.csv 文件加载到 DataFrame 中并进行了子集化，以使其仅包含 Date（日期）和 Close（收盘价）两列。

在步骤（3）中，使用了 head 方法检查前 5 行，使用 shape 属性检查形状（行数和列数），并使用 dtypes 属性检查了数据类型。

在步骤（4）中，使用了 pandas 中的 to_ datetime 函数将 Date 列从 object 数据类型转换为 datetime 数据类型。我们使用了 format 参数来指定日期的当前格式。

在步骤（5）中，使用了 pandas 中的 set_index 方法将 Date 列设置为 DataFrame 的索引。

在步骤（6）中，使用了 matplotlib 中的 plot 函数创建时间序列数据的折线图，以了解数据的外观。

在步骤（7）中，使用了 statsmodels 中的 ExponentialSmoothing 类创建指数平滑模型，然后使用 fit 方法拟合模型。拟合是我们根据时间序列数据训练模型的过程。fit 方法使用 smoothing_level 参数来控制先前观测值呈指数衰减的速率。我们从 fittedvalues 属性中提取拟合值并将其保存到 pandas 系列中。

在步骤（8）中，基于原始时间序列数据绘制了指数平滑数据。

在步骤（9）中，计算了残差并在直方图中绘制其结果。我们通过查找指数平滑值与原始时间序列值之间的差值来计算残差。本示例使用了 pandas 中的 squeeze 方法将原始时间序列 DataFrame 转换为 pandas 序列（因为拟合值位于 pandas 序列中），然后使用 matplotlib 中的 hist 函数将残差绘制在直方图上。该直方图给出了残差分布的形状，其中最左边和最右边的值可以被视为异常值。

在步骤（10）中，设置了 90%的阈值以检查值超出 90%的可能异常值。这些值还可以指示时间序列的突然变化。

7.6.4 参考资料

- 如果你有兴趣深入研究指数平滑和时间序列预测，则不妨阅读以下文章：

https://machinelearningmastery.com/exponential-smoothing-for-time-series-forecasting-in-python/

- Investopedia 网站提供了一些在投资中使用移动平均线概念的实际示例：

https://www.investopedia.com/articles/active-trading/052014/how-use-moving-average-buy-stocks.asp

7.7　对时间序列数据执行平稳性检查

平稳性（stationarity）是时间序列中的一个基本概念。平稳数据具有均值、方差和协方差等统计特性，这些特性不会随时间变化。

此外，平稳数据不包含趋势和季节性。一般来说，具有这些模式的时间序列是非平稳的。检查数据的平稳性很重要，因为非平稳数据的建模和预测可能具有挑战性。总体而言，平稳性有助于预测模型的选择和提高预测的准确率。

为了测试平稳性，可以使用称为迪基-富勒检验（Dickey-Fuller test）的统计检验。在不讨论技术细节的情况下，迪基-富勒检验适用于以下假设。

- 零假设（null hypothesis，也称为原假设）：时间序列数据是非平稳的。
- 备择假设（alternative hypothesis）：时间序列数据是平稳的。

该检验将生成检验统计量和显著性水平为 1%、5%和 10%的临界值。我们通常将检验统计量的值与临界值进行比较，以得出有关平稳性的结论。

其结果可以用以下方式解释。

- 如果检验统计量<临界值，则拒绝零假设并得出时间序列数据平稳的结论。
- 如果检验统计量>临界值，则不会拒绝零假设并得出时间序列数据非平稳的结论。

迪基-富勒检验有多种变体。一个常见的变体是增强迪基-富勒（augmented Dickey-Fuller，ADF）检验。ADF 检验同样执行的是 Dickey-Fuller 检验，但从序列中删除自相关。

本秘笈将使用 statsmodels 中的 adfuller 模块探索 Python 中的 ADF 检验。

7.7.1　准备工作

本秘笈将使用 Kaggle 网站的 San Francisco Air Traffic Passenger Statistics（旧金山空中交通乘客统计）数据。你也可以从本书配套 GitHub 存储库中找到所有文件。

7.7.2　实战操作

要使用 statsmodels 库执行时间序列数据的平稳性检查，请按以下步骤操作。

（1）导入 numpy、pandas、matplotlib、seaborn 和 statsmodels 库：

```
import numpy as np
import pandas as pd
import matplotlib.pyplot as plt
import seaborn as sns
from statsmodels.tsa.stattools import adfuller
```

（2）使用 read_csv 将.csv 文件加载到 DataFrame 中：

```
air_traffic_data = pd.read_csv("data/SF_Air_Traffic_Passenger_
Statistics_Transformed.csv")
```

（3）使用 head 方法检查前 5 行，还可以检查行数和列数以及数据类型：

```
air_traffic_data.head()
   Date     Total Passenger Count
0  200601   2448889
1  200602   2223024
2  200603   2708778
3  200604   2773293
4  200605   2829000

air_traffic_data.shape
(132, 2)

air_traffic_data.dtypes
Date                    int64
Total Passenger Count   int64
```

（4）将 Date 列从 int 数据类型转换为 datetime 数据类型：

```
air_traffic_data['Date']= pd.to_datetime(air_traffic_data['Date'],
format = "%Y%m")

air_traffic_data.dtypes
Date                          datetime64[ns]
Total Passenger Count         int64
```

（5）将 Date 列设置为 DataFrame 的索引：

```
air_traffic_data.set_index('Date',inplace = True)
air_traffic_data.shape
(132,1)
```

（6）使用 statsmodels 中的 adfuller 类通过 Dickey-Fuller 检验检查平稳性：

```
adf_result = adfuller(air_traffic_data, autolag='AIC')
adf_result
(   0.7015289287377346,
    0.9898683326442054,
    13,
    118,
    {   '1%': -3.4870216863700767,
        '5%': -2.8863625166643136,
        '10%': -2.580009026141913},
    3039.0876643475)
```

（7）设置 Dickey-Fuller 检验输出结果的格式：

```
print('ADF Test Statistic: %f' % adf_result[0])
print('p-value: %f' % adf_result[1])
print('Critical Values:')
print(adf_result[4])

if adf_result[0] < adf_result[4]["5%"]:
    print ("Reject Null Hypothesis - Time Series is Stationary")
else:
    print ("Failed to Reject Null Hypothesis - Time Series is
Non-Stationary")

ADF Test Statistic: 0.701529
p-value: 0.989868
Critical Values:
{'1%': -3.4870216863700767, '5%': -2.8863625166643136, '10%':
-2.580009026141913}
Failed to Reject Null Hypothesis - Time Series is Non-Stationary
```

现在我们已经检查了时间序列数据是否平稳。

7.7.3　原理解释

在步骤（1）中，导入了所需的库。

在步骤（2）中，使用了 read_csv 函数将.csv 文件加载到 DataFrame 中。

在步骤（3）中，使用了 head 方法检查前 5 行，使用 shape 属性检查形状（行数和列数），并使用 dtypes 属性检查了数据类型。

在步骤（4）中，使用了 pandas 中的 to_ datetime 函数将 Date 列从整数数据类型转换为 datetime 数据类型。我们使用了 format 参数来指定日期的当前格式。

在步骤（5）中，使用 pandas 中的 set_index 方法将 Date 列设置为 DataFrame 的索引。

在步骤（6）中，使用了 adfuller 类来执行 ADF 检验。我们将数据指示为第一个参数，并使用 autolag 参数指示最佳滞后数。当设置为'AIC'时，表示选择最小化 Akaike 信息准则（Akaike Information Criterion，AIC）的滞后阶数。有关滞后（lag）的解释，详见 7.9 节“使用相关图可视化时间序列数据”。AIC 是模型选择中常用的统计度量，其目标是选择最能平衡拟合优度（goodness of fit）与模型复杂性的模型。

在步骤（7）中，格式化了 adfuller 类的输出以使其更易于理解。由于检验统计量大于 5%的临界值，因此我们无法拒绝零假设并得出时间序列非平稳的结论。

7.7.4 参考资料

以下是关于数据平稳性讨论的资源：

https://www.kdnuggets.com/2019/08/stationarity-time-series-data.html
https://analyticsindiamag.com/complete-guide-to-dickey-fuller-test-in-time-series-analysis/

7.8 差分时间序列数据

当时间序列数据不平稳时，可以使用一种称为差分（differencing）的技术来使其平稳。差分实际上就是从先前值中减去当前值，以消除时间序列中存在的趋势或季节性。

当我们将每个值从前一个值减去一个时间周期时，就会发生一阶差分。差分可以进行多次，称为高阶差分（higher-order differencing）。这有助于消除更高水平的趋势或季节性。当然，差分次数过多的缺点是可能会丢失原始时间序列数据中的重要信息。

本秘笈将探索 Python 中的差分技术。pandas 中的 diff 方法可用于此目的。

7.8.1 准备工作

本秘笈将使用 Kaggle 网站的 San Francisco Air Traffic Passenger Statistics（旧金山空中交通乘客统计）数据。你也可以从本书配套 GitHub 存储库中找到所有文件。

7.8.2　实战操作

要使用 pandas 库实现差分，请按以下步骤操作。

（1）导入 numpy、pandas、matplotlib、seaborn 和 statsmodels 库：

```
import numpy as np
import pandas as pd
import matplotlib.pyplot as plt
import seaborn as sns
from statsmodels.tsa.stattools import adfuller
```

（2）使用 read_csv 将.csv 文件加载到 DataFrame 中：

```
air_traffic_data = pd.read_csv("data/SF_Air_Traffic_Passenger_
Statistics_Transformed.csv")
```

（3）使用 head 方法检查前 5 行，还可以检查行数和列数以及数据类型：

```
air_traffic_data.head()
   Date     Total Passenger Count
0  200601   2448889
1  200602   2223024
2  200603   2708778
3  200604   2773293
4  200605   2829000

air_traffic_data.shape
(132, 2)

air_traffic_data.dtypes
Date                     int64
Total Passenger Count    int64
```

（4）将 Date 列从 int 数据类型转换为 datetime 数据类型：

```
air_traffic_data['Date']= pd.to_datetime(air_traffic_data['Date'],
format = "%Y%m")

air_traffic_data.dtypes
Date                          datetime64[ns]
Total Passenger Count         int64
```

（5）将 Date 列设置为 DataFrame 的索引：

```
air_traffic_data.set_index('Date',inplace = True)
air_traffic_data.shape
(132,1)
```

（6）使用 pandas 中的 diff 方法使数据平稳：

```
air_traffic_data['Difference'] = air_traffic_data['Total
Passenger Count'].diff(periods=1)
air_traffic_data = air_traffic_data.dropna()
```

（7）使用 matplotlib 中的 plot 函数基于原始数据绘制平稳时间序列：

```
plt.figure(figsize= (18,10))

plt.plot(air_traffic_data['Total Passenger Count'], label='Total
Passenger Count')
plt.plot(air_traffic_data['Difference'], label='First-order
difference', color='tab:red')
plt.title('Total Passenger Count VS Passenger Count with firstorder
difference', size=15)
plt.legend()
```

这会产生如图 7.18 所示的结果。

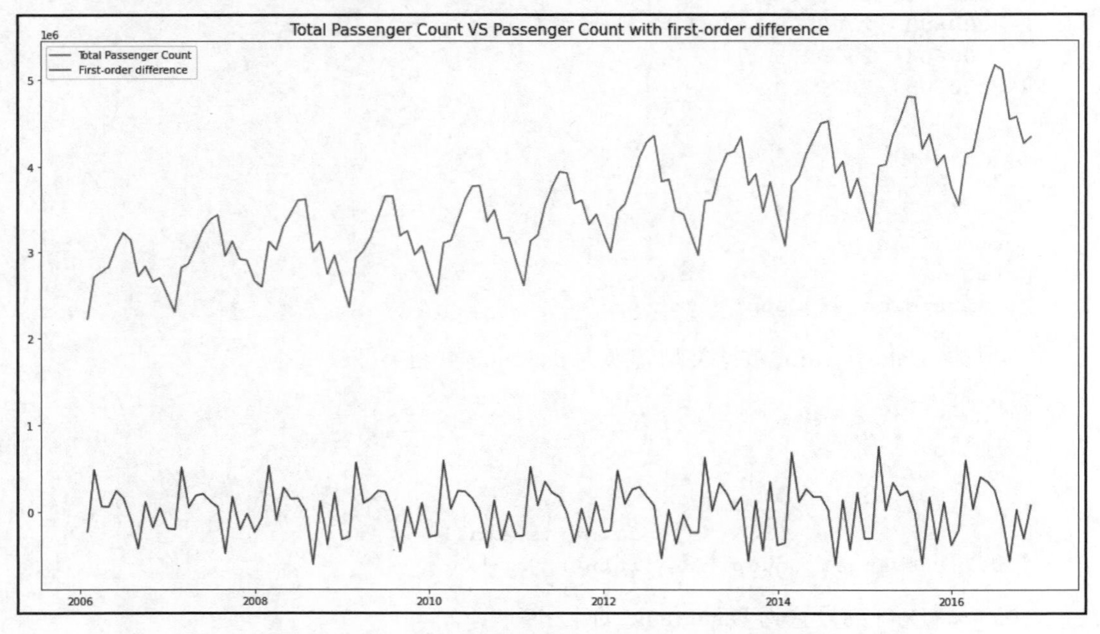

图 7.18　空中交通时间序列数据与其一阶差分的折线图

（8）使用 statsmodels 中的 adfuller 类通过 Dickey-Fuller 检验检查数据平稳性：

```
adf_result = adfuller(air_traffic_data['Difference'], autolag='AIC')
adf_result
(   -3.127564931502872,
    0.024579379461460212,
    12,
    118,
    {'1%': -3.4870216863700767,
     '5%': -2.8863625166643136,
     '10%': -2.580009026141913},
    3013.039106024442)
```

（9）设置 Dickey-Fuller 检验输出结果的格式：

```
print('ADF Test Statistic: %f' % adf_result[0])
print('p-value: %f' % adf_result[1])
print('Critical Values:')
print(adf_result[4])

if adf_result[0] < adf_result[4]["5%"]:
    print ("Reject Null Hypothesis - Time Series is Stationary")
else:
    print ("Failed to Reject Null Hypothesis - Time Series is
Non-Stationary")

ADF Test Statistic: -3.127565
p-value: 0.024579
Critical Values:
{'1%': -3.4870216863700767, '5%': -2.8863625166643136, '10%':
-2.580009026141913}
Reject Null Hypothesis - Time Series is Stationary
```

可以看到，在对时间序列数据进行差分之后，已经使其平稳。

7.8.3 原理解释

在步骤（1）中，导入了所需的库。

在步骤（2）中，使用了 read_csv 函数将.csv 文件加载到 DataFrame 中。

在步骤（3）中，使用了 head 方法检查前 5 行，使用 shape 属性检查形状（行数和列数），并使用 dtypes 属性检查了数据类型。

在步骤（4）中，使用了 pandas 中的 to_ datetime 函数将 Date 列从整数数据类型转换为 datetime 数据类型。我们使用了 format 参数来指定日期的当前格式。

在步骤（5）中，使用 pandas 中的 set_index 方法将 Date 列设置为 DataFrame 的索引。

在步骤（6）中，对时间序列数据进行了差分以使其平稳。我们使用了 pandas 中的 diff 方法来实现这一点。在该方法中，我们将 periods 参数的值指定为 1，表示当前值与先前值之间仅差一个周期，然后删除了非数字（NaN）值，因为这是 ADF 检验的要求。

在步骤（7）中，使用 pandas 中的 plot 函数绘制了原始时间序列和差分之后的版本。

在步骤（8）中，使用了 adfuller 类来执行 ADF 测试。我们将数据指示为第一个参数，并使用 autolag 参数指示最佳滞后数。当设置为 'AIC' 时，表示选择最小化 Akaike 信息准则的滞后阶数。

在步骤（9）中，格式化了 adfuller 类的输出以使其更易于理解。由于检验统计量小于 5%的临界值，因此可以拒绝零假设并得出时间序列平稳的结论。

7.9　使用相关图可视化时间序列数据

自相关（autocorrelation）是指时间序列中的当前值与同一时间序列数据的历史值之间的相似程度。当前值和历史值通常由称为滞后（lag）的时间间隔分开。当前值与前一个值之间的滞后就是 lag 1。

通过检查自相关性，分析人员可以了解由时间间隔分隔的值是否具有很强的正相关性或负相关性。这种相关性通常表明历史值影响当前值。它有助于识别时间序列数据中是否存在趋势和其他模式。

偏自相关（partial autocorrelation）与自相关非常相似，因为在偏自相关中也将检查时间序列中的当前值与同一时间序列数据的历史值之间的相似性。但是，在偏自相关中，消除了其他变量的影响。简单来说，就是排除了中间效应，只关注历史值的直接影响。

例如，我们可能想知道当前时期的乘客数量与 4 个月前的乘客数量之间的直接关系。我们可能只想关注当期的值和四个月前的值，而不考虑它们之间的月份。但是，这两个时期之间的值形成了一条链，有时是相关的。这是因为，4 个月前的旅客数量可能与 3 个月前的旅客数量相关，而 3 个月前的旅客数量又可能与 2 个月前的旅客数量相关，如此顺延，一直到当期。偏自相关排除了中间时期（即第 2 个月和第 3 个月）的影响。它侧重于当前时期的值与 4 个月前的值的比较。

本秘笈将使用 statsmodels 中的 acf 和 pacf 模块分别执行自相关和偏自相关分析。我们还将使用 statsmodels 中的 plot_acf 和 plot_pacf 模块来创建自相关和偏自相关图。

7.9.1　准备工作

本秘笈将使用 Kaggle 网站的 San Francisco Air Traffic Passenger Statistics（旧金山空中交通乘客统计）数据。你也可以从本书配套 GitHub 存储库中找到所有文件。

7.9.2　实战操作

要使用 statsmodels 库计算自相关和偏自相关，请按以下步骤操作。

（1）导入 numpy、pandas、matplotlib、seaborn 和 statsmodels 库：

```
import numpy as np
import pandas as pd
import matplotlib.pyplot as plt
import seaborn as sns
from statsmodels.tsa.stattools import acf, pacf
from statsmodels.graphics.tsaplots import plot_acf, plot_pacf
```

（2）使用 read_csv 将.csv 文件加载到 DataFrame 中：

```
air_traffic_data = pd.read_csv("data/SF_Air_Traffic_Passenger_
Statistics_Transformed.csv")
```

（3）使用 head 方法检查前 5 行，还可以检查行数和列数以及数据类型：

```
air_traffic_data.head()
   Date     Total Passenger Count
0  200601   2448889
1  200602   2223024
2  200603   2708778
3  200604   2773293
4  200605   2829000

air_traffic_data.shape
(132, 2)

air_traffic_data.dtypes
Date                   int64
Total Passenger Count  int64
```

（4）将 Date 列从 int 数据类型转换为 datetime 数据类型：

```
air_traffic_data['Date']= pd.to_datetime(air_traffic_ data['Date'],
```

```
format = "%Y%m")

air_traffic_data.dtypes
Date                          datetime64[ns]
Total Passenger Count         int64
```

（5）将 Date 列设置为 DataFrame 的索引：

```
air_traffic_data.set_index('Date',inplace = True)
air_traffic_data.shape
(132,1)
```

（6）使用 statsmodels 中的 acf 类计算自相关：

```
acf_values = acf(air_traffic_data[['Total Passenger Count']],nlags = 24)
for i in range(0,25):
    print("Lag " ,i, " " , np.round(acf_values[i],2))

Lag  0   1.0
Lag  1   0.86
Lag  2   0.76
Lag  3   0.61
...      ...
Lag  11  0.67
Lag  12  0.75
Lag  13  0.63
Lag  14  0.55
...      ...
Lag  22  0.41
Lag  23  0.48
Lag  24  0.56
```

（7）使用 statsmodels 中的 plot_acf 类绘制自相关图：

```
fig= plot_acf(air_traffic_data['Total Passenger Count'],lags = 24)
fig.set_size_inches((10, 9))
plt.show()
```

这会产生如图 7.19 所示的结果。

（8）使用 statsmodels 中的 pacf 类计算偏自相关：

```
pacf_values = pacf(air_traffic_data['Total Passenger Count'],
nlags=24,method="ols")
for i in range(0,25):
    print("Lag " ,i, " " , np.round(pacf_values[i],2))
```

```
Lag  0   1.0
Lag  1   0.88
Lag  2   0.05
Lag  3   -0.24
...      ...
Lag  11  0.44
Lag  12  0.74
Lag  13  -0.63
Lag  14  -0.19
...      ...
Lag  22  0.24
Lag  23  0.09
Lag  24  0.12
```

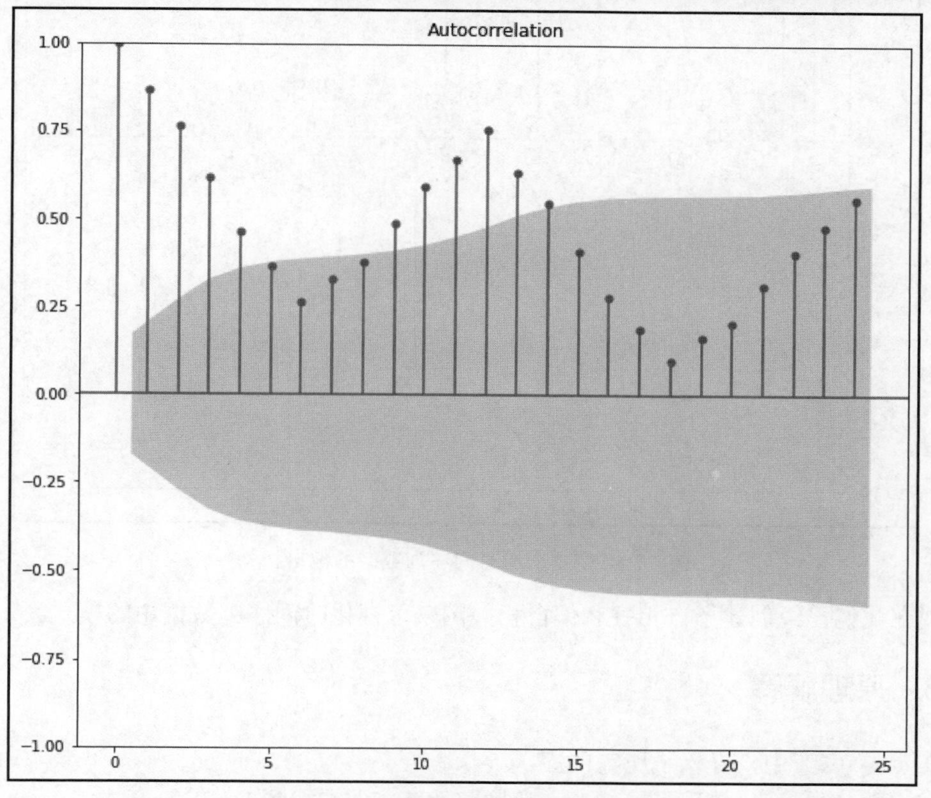

图 7.19　空中交通时间序列数据的自相关

（9）使用 statsmodels 中的 plot_pacf 类绘制偏自相关图：

```
fig = plot_pacf(air_traffic_data['Total Passenger Count'],
method = 'ols', lags=24)
fig.set_size_inches((10, 9))
plt.show()
```

这会产生如图 7.20 所示的结果。

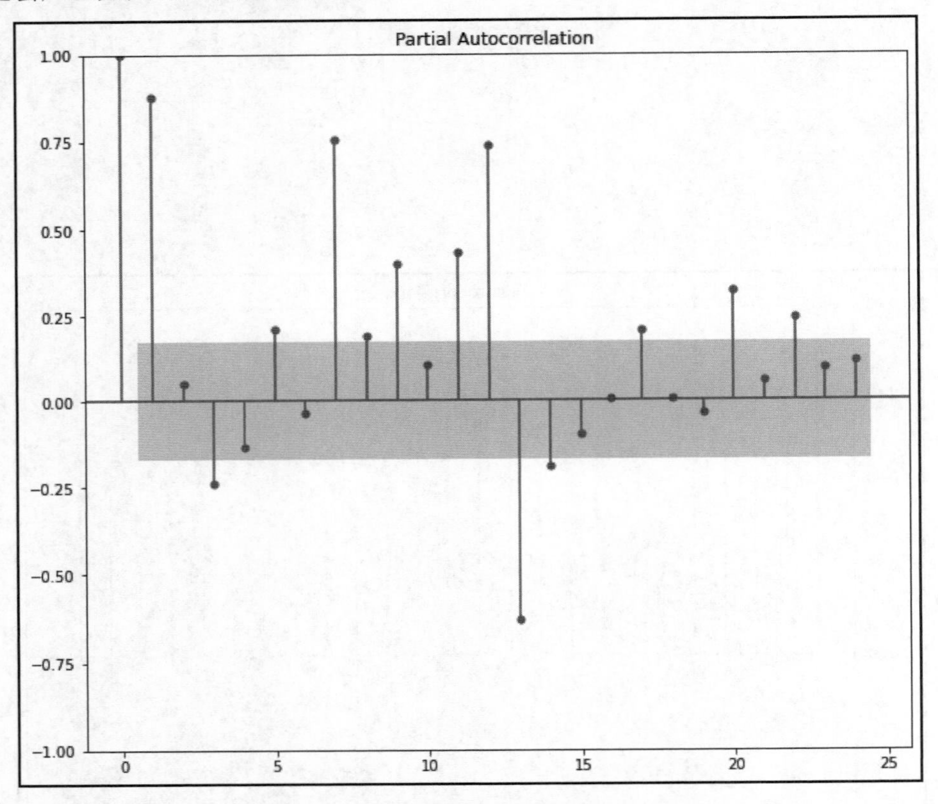

图 7.20　空中交通时间序列数据的偏自相关

现在我们已经创建了自相关和偏自相关图来可视化时间序列数据中的模式。

7.9.3　原理解释

在步骤（1）中，导入了所需的库。

在步骤（2）中，使用了 read_csv 函数将.csv 文件加载到 DataFrame 中。

在步骤（3）中，使用了 head 方法检查前 5 行，使用 shape 属性检查形状（行数和列数），并使用 dtypes 属性检查了数据类型。

在步骤（4）中，使用了 pandas 中的 to_ datetime 函数将 Date 列从整数数据类型转换为 datetime 数据类型。我们使用了 format 参数来指定日期的当前格式。

在步骤（5）中，使用 pandas 中的 set_index 方法将 Date 列设置为 DataFrame 的索引。

在步骤（6）中，使用了 acf 类来计算自相关。我们将数据指定为第一个参数，并使用 nlags 参数指定周期数。本示例将该参数值设置为 24，表示计算 24 个周期（即 24 个月）的自相关。

在步骤（7）中，使用了 plot_acf 类来绘制自相关图。图 7.19 中的蓝色阴影部分表示置信区间。区间内的值在 5%水平上不被视为具有统计显著性，而区间外的值则具有统计显著性。在图 7.19 中可以看到，更短/更近的滞后具有很高的正相关性。这是因为，在我们的时间序列数据中，时间较近的值具有相似的值。这意味着短暂滞后内的先前值对当前值有很大影响。此外，我们还注意到时间序列季节频率点的滞后彼此之间具有很高的正相关性。例如，滞后 12 周围的滞后与滞后 0 具有很高的正相关性。这意味着 12 个月前的值（滞后 12）对滞后 0 处的值有很强的影响。这表明时间序列中存在季节性。

在步骤（8）中，使用了 pacf 类来计算偏自相关。我们将数据指定为第一个参数，并使用 nlags 参数指定周期数（同样是 24），使用 method 参数指定了方法，在本例中为普通最小二乘法（ordinary least squares，ols）。

在步骤（9）中，使用了 plot_pacf 类来绘制偏自相关图。从图 7.20 所示的输出结果可以看出，滞后 12 的相关值很高。这意味着 12 个周期之前的值（滞后 12）对当前值（滞后 0）有很大影响。当然，我们也可以看到滞后 24 的值显著下降，这意味着 24 个月前的值（滞后 24）对当前值（滞后 0）没有很大影响。

7.9.4　参考资料

- 有关自相关和偏相关的更多讨论，可访问：

  https://towardsdatascience.com/a-step-by-step-guide-to-calculated-autocorrelation-and-partial-autocorrelation-8c4342b784e8

- *Forecasting: Principles and Practice*（《预测：原理与实践》），作者：George Athanasopoulos 和 Rob J. Hyndman。

第 8 章　在 Python 中分析文本数据

在许多情况下，我们需要对文本数据进行探索性数据分析。当今世界创建的数字数据量正在显著增加，其中文本数据占据了相当大的比例。一些常见的文本示例包括电子邮件、社交媒体帖子和短信等。文本数据被归类为非结构化数据，因为它们通常不会出现在行和列中。

在前面的章节中，我们重点关注的是结构化数据（即出现在行和列中的数据）的探索性数据分析技术。本章将重点关注一种常见的非结构化数据类型——文本数据的探索性数据分析技术。

本章将讨论准备和分析文本数据的常用技术。

本章包括以下主题：

- 准备文本数据
- 删除停用词
- 分析词性
- 执行词干提取和词形还原操作
- 分析 n-gram
- 创建词云
- 检查词频
- 执行文本中的情感分析
- 执行主题建模
- 选择最佳主题数量

8.1　技术要求

本章将会使用 Python 中的 pandas、matplotlib、seaborn、nltk、scikit-learn、gensim 和 pyLDAvis 库。

本章代码和 Notebook 可在本书配套 GitHub 存储库中获取，其网址如下：

https://github.com/PacktPublishing/Exploratory-Data-Analysis-with-Python-Cookbook

在许多秘笈中，我们将使用 nltk，它是一个广泛使用的库，用于多种文本分析任务，例如文本清洗、词干提取、词形还原和情感分析等。它有一套执行这些任务的文本处理模块，并且非常易于使用。要安装 nltk，可使用以下命令：

```
pip install nltk
```

为了执行各种任务，nltk 还需要下载一些资源。以下代码有助于实现此目的：

```
nltk.download('punkt')
nltk.download('stopwords')
nltk.download('wordnet')
nltk.download('averaged_perceptron_tagger')
nltk.download('vader_lexicon')
nltk.download('omw-1.4')
```

8.2　准备文本数据

文本数据必须经过一些处理才能被有效地分析。这是因为文本数据通常很混乱。它们可能包含不相关的信息，有时不处于易于分析的结构中。准备文本数据的一些常见步骤包括：

- 扩展缩写：缩写（contraction）是指单词的缩写形式。它是通过删除一些字母并用撇号替换它们而形成的。例如将 do not 替换为 don’t，以及将 would have 替换为 would’ve。一般来说，在准备文本数据时，所有缩写都应扩展为其原始形式。
- 删除标点符号：标点符号对于分隔句子、从句或短语很有用。但是，文本分析基本上不需要它们，因为它们不传达任何重要的含义。
- 转换为小写形式：文本数据通常是大写字母和小写字母的组合，需要对其进行标准化以便于分析。因此，在分析之前，需要将所有字母转换为小写形式。
- 执行标记化：标记化（tokenization）指的是将文本分解成更小的块，例如单词或短语。将文本分解为更小的单元有助于更有效地分析它们。
- 删除停用词：停用词（stop word）是指不会给文本添加重要含义的单词，例如 the、and 和 a 等。下一个秘笈将对此进行更详细的介绍。

本秘笈将探索如何使用 nltk 中的 word_tokenize 函数、Python 中的 lower 方法、string 中的 punctuation 常量以及 contractions 中的 fix 方法来准备文本数据以供进一步分析。

注意：

这里所说的常量（constant）是指由库提供的预定义字符串值。

8.2.1　准备工作

本秘笈将使用一个数据集：来自 Kaggle 网站的 Sentiment Analysis of Restaurant Review（餐厅评论的情绪分析）数据集。在一些初始秘笈中，我们将执行某些预处理步骤并将结果导出到.csv 文件。我们将在后面的大多数秘笈中使用这些经过预处理的文件，以避免重复某些预处理步骤。

你可以为本章创建一个文件夹，并在该文件夹中创建一个新的 Python 脚本或 Jupyter Notebook 文件。你还可以创建一个 data 子文件夹并将下载的 a1_RestaurantReviews_HistoricDump.tsv、cleaned_reviews_data.csv、cleaned_reviews_lemmatized_data.csv 和 cleaned_reviews_no_stopwords_data.csv 文件放入该子文件夹中。或者，你也可以从本书配套 GitHub 存储库中找到所有文件。

除了 nltk 库，我们还需要 contractions 库，其安装命令如下。

```
pip install contractions
```

提示：

Kaggle 网站提供的 Sentiment Analysis of Restaurant Review（餐厅评论的情绪分析）公共数据的网址如下：

https://www.kaggle.com/datasets/abhijeetkumar128/sentiment-analysis-ofrestaurant-review

该数据集是以制表符分隔值（tab-separated values，TSV）的数据集。

本秘笈将使用 TSV 格式的原始数据。其他秘笈则将使用原始数据的预处理版本，这些版本以.csv 文件形式提供。

8.2.2　实战操作

要使用 nltk、string、contractions 和 pandas 等库准备文本数据以进行分析，请按以下步骤操作。

（1）导入相关库：

```
import pandas as pd
import string
import nltk
from nltk.corpus import stopwords
from nltk.tokenize import word_tokenize
import contractions
```

（2）使用 read_csv 将.tsv 文件加载到 DataFrame 中，并在 sep 参数中指定使用制表符作为分隔符：

```
reviews_data = pd.read_csv("data/a1_RestaurantReviews_
HistoricDump.tsv", sep='\t')
```

（3）使用 head 方法检查前 5 行：

```
reviews_data.head()
```

这会产生如图 8.1 所示的结果。

	Review	Liked
0	Wow... Loved this place.	1
1	Crust is not good.	0
2	Not tasty and the texture was just nasty.	0
3	Stopped by during the late May bank holiday of...	1
4	The selection on the menu was great and so wer...	1

图 8.1　评论数据的前 5 行

还可以检查一下行数和列数：

```
reviews_data.shape
(900, 2)
```

（4）使用 lambda 函数和 contractions 库中的 fix 方法扩展缩写：

```
reviews_data['no_contractions'] = reviews_data['Review'].
apply(lambda x: [contractions.fix(word) for word in x.split()])
reviews_data.head(7)
```

这会产生如图 8.2 所示的结果。

	Review	Liked	no_contractions
0	Wow... Loved this place.	1	[Wow..., Loved, this, place.]
1	Crust is not good.	0	[Crust, is, not, good.]
2	Not tasty and the texture was just nasty.	0	[Not, tasty, and, the, texture, was, just, nas...
3	Stopped by during the late May bank holiday of...	1	[Stopped, by, during, the, late, May, bank, ho...
4	The selection on the menu was great and so wer...	1	[The, selection, on, the, menu, was, great, an...
5	Now I am getting angry and I want my damn pho.	0	[Now, I, am, getting, angry, and, I, want, my,...
6	Honesity it didn't taste THAT fresh.)	0	[Honesity, it, did not, taste, THAT, fresh.)]

图 8.2　没有缩写的前 7 行评论数据

（5）将已经展开缩写的列中的值从列表转换为字符串：

```
reviews_data['reviews_no_contractions'] = [' '.join(l) for l in
reviews_data['no_contractions']]
reviews_data.head(7)
```

这会产生如图 8.3 所示的结果。

	Review	Liked	no_contractions	reviews_no_contractions
0	Wow... Loved this place.	1	[Wow..., Loved, this, place.]	Wow... Loved this place.
1	Crust is not good.	0	[Crust, is, not, good.]	Crust is not good.
2	Not tasty and the texture was just nasty.	0	[Not, tasty, and, the, texture, was, just, nas...	Not tasty and the texture was just nasty.
3	Stopped by during the late May bank holiday of...	1	[Stopped, by, during, the, late, May, bank, ho...	Stopped by during the late May bank holiday of...
4	The selection on the menu was great and so wer...	1	[The, selection, on, the, menu, was, great, an...	The selection on the menu was great and so wer...
5	Now I am getting angry and I want my damn pho.	0	[Now, I, am, getting, angry, and, I, want, my,...	Now I am getting angry and I want my damn pho.
6	Honeslty it didn't taste THAT fresh.)	0	[Honeslty, it, did not, taste, THAT, fresh.)]	Honeslty it did not taste THAT fresh.)

图 8.3　没有缩写（转换为字符串）的前 7 行评论数据

（6）使用 nltk 库中的 word_tokenize 函数对评论数据进行标记：

```
reviews_data['reviews_tokenized'] = reviews_data['reviews_no_
contractions'].apply(word_tokenize)
reviews_data.head()
```

这会产生如图 8.4 所示的结果。

	Review	Liked	no_contractions	reviews_no_contractions	reviews_tokenized
0	Wow... Loved this place.	1	[Wow..., Loved, this, place.]	Wow... Loved this place.	[Wow, ..., Loved, this, place, .]
1	Crust is not good.	0	[Crust, is, not, good.]	Crust is not good.	[Crust, is, not, good, .]
2	Not tasty and the texture was just nasty.	0	[Not, tasty, and, the, texture, was, just, nas...	Not tasty and the texture was just nasty.	[Not, tasty, and, the, texture, was, just, nas...
3	Stopped by during the late May bank holiday of...	1	[Stopped, by, during, the, late, May, bank, ho...	Stopped by during the late May bank holiday of...	[Stopped, by, during, the, late, May, bank, ho...
4	The selection on the menu was great and so wer...	1	[The, selection, on, the, menu, was, great, an...	The selection on the menu was great and so wer...	[The, selection, on, the, menu, was, great, an...

图 8.4　标记化之后的前 5 行评论数据

（7）使用 Python 中的 lower 方法将评论数据转换为小写：

```
reviews_data['reviews_lower'] = reviews_data['reviews_
tokenized'].apply(lambda x: [word.lower() for word in x])
reviews_data.head()
```

这会产生如图 8.5 所示的结果。

	Review	Liked	no_contractions	reviews_no_contractions	reviews_tokenized	reviews_lower
0	Wow... Loved this place.	1	[Wow..., Loved, this, place.]	Wow... Loved this place.	[Wow, ..., Loved, this, place, .]	[wow, ..., loved, this, place, .]
1	Crust is not good.	0	[Crust, is, not, good.]	Crust is not good.	[Crust, is, not, good, .]	[crust, is, not, good, .]
2	Not tasty and the texture was just nasty.	0	[Not, tasty, and, the, texture, was, just, nas...	Not tasty and the texture was just nasty.	[Not, tasty, and, the, texture, was, just, nas...	[not, tasty, and, the, texture, was, just, nas...
3	Stopped by during the late May bank holiday of...	1	[Stopped, by, during, the, late, May, bank, ho...	Stopped by during the late May bank holiday of...	[Stopped, by, during, the, late, May, bank, ho...	[stopped, by, during, the, late, may, bank, ho...
4	The selection on the menu was great and so wer...	1	[The, selection, on, the, menu, was, great, an...	The selection on the menu was great and so wer...	[The, selection, on, the, menu, was, great, an...	[the, selection, on, the, menu, was, great, an...

图 8.5　小写的前 5 行评论数据

（8）使用 string 库中的 punctuations 常数从评论数据中删除标点符号：

```
punctuations = string.punctuation
reviews_data['reviews_no_punctuation'] = reviews_data['reviews_
lower'].apply(lambda x: [word for word in x if word not in
punctuations])
reviews_data.head()
```

这会产生如图 8.6 所示的结果。

	Review	Liked	no_contractions	reviews_no_contractions	reviews_tokenized	reviews_lower	reviews_no_punctuation
0	Wow... Loved this place.	1	[Wow..., Loved, this, place.]	Wow... Loved this place.	[Wow, ..., Loved, this, place, .]	[wow, ..., loved, this, place, .]	[wow, ..., loved, this, place]
1	Crust is not good.	0	[Crust, is, not, good.]	Crust is not good.	[Crust, is, not, good, .]	[crust, is, not, good, .]	[crust, is, not, good]
2	Not tasty and the texture was just nasty.	0	[Not, tasty, and, the, texture, was, just, nas...	Not tasty and the texture was just nasty.	[Not, tasty, and, the, texture, was, just, nas...	[not, tasty, and, the, texture, was, just, nas...	[not, tasty, and, the, texture, was, just, nasty]
3	Stopped by during the late May bank holiday of...	1	[Stopped, by, during, the, late, May, bank, ho...	Stopped by during the late May bank holiday of...	[Stopped, by, during, the, late, May, bank, ho...	[stopped, by, during, the, late, may, bank, ho...	[stopped, by, during, the, late, may, bank, ho...
4	The selection on the menu was great and so wer...	1	[The, selection, on, the, menu, was, great, an...	The selection on the menu was great and so wer...	[The, selection, on, the, menu, was, great, an...	[the, selection, on, the, menu, was, great, an...	[the, selection, on, the, menu, was, great, an...

图 8.6　没有标点符号的前 5 行评论数据

（9）将扩展的 no_punctuation 列中的值从列表转换为字符串：

```
reviews_data['reviews_cleaned'] = [' '.join(l) for l in reviews_
data['reviews_no_punctuation']]
reviews_data.head()
```

这会产生如图 8.7 所示的结果。

现在我们已经准备好了要进行分析的文本数据。

	Review	Liked	no_contractions	reviews_no_contractions	reviews_tokenized	reviews_lower	reviews_no_punctuation	reviews_cleaned
0	Wow... Loved this place.	1	[Wow..., Loved, this, place.]	Wow... Loved this place.	[Wow, ..., Loved, this, place, .]	[wow, ..., loved, this, place, .]	[wow, ..., loved, this, place]	wow ... loved this place
1	Crust is not good.	0	[Crust, is, not, good.]	Crust is not good.	[Crust, is, not, good, .]	[crust, is, not, good, .]	[crust, is, not, good]	crust is not good
2	Not tasty and the texture was just nasty.	0	[Not, tasty, and, the, texture, was, just, nas...	Not tasty and the texture was just nasty.	[Not, tasty, and, the, texture, was, just, nas...	[not, tasty, and, the, texture, was, just, nas...	[not, tasty, and, the, texture, was, just, nasty]	not tasty and the texture was just nasty
3	Stopped by during the late May bank holiday of...	1	[Stopped, by, during, the, late, May, bank, ho...	Stopped by during the late May bank holiday of...	[Stopped, by, during, the, late, May, bank, ho...	[stopped, by, during, the, late, may, bank, ho...	[stopped, by, during, the, late, may, bank, ho...	stopped by during the late may bank holiday of...
4	The selection on the menu was great and so wer...	1	[The, selection, on, the, menu, was, great, an...	The selection on the menu was great and so wer...	[The, selection, on, the, menu, was, great, an...	[the, selection, on, the, menu, was, great, an...	[the, selection, on, the, menu, was, great, an...	the selection on the menu was great and so wer...

图 8.7　清洗后的前 5 行评论数据

8.2.3　原理解释

本秘笈需要使用 pandas、string、contractions 和 nltk 库。

在步骤（1）中，导入了所需的库。

在步骤（2）中，使用了 read_csv 函数将 a1_RestaurantReviews_HistoricDump.tsv 文件加载到 DataFrame 中，并添加 sep 参数来指示分隔符，因为该文件是制表符分隔的。

在步骤（3）中，使用了 head 方法检查前 5 行，并使用 shape 属性检查了 DataFrame 的形状（行数和列数）。

在步骤（4）中，使用了 lambda 函数以及 contractions 库中的 fix 方法扩展评论数据中的缩写。这里使用 pandas 中的 apply 方法将 contractions 库中的 fix 方法传递到 lambda 函数，这会获取 DataFrame 每个单元格中的每个单词，并在有缩写的情况下扩展它们。其输出的是 DataFrame 每个单元格内的单词列表。

在图 8.2 中可以看到，在第 7 行（编号为 6）的文本中，缩写词 didn't 已扩展为 did not。

在步骤（5）中，将已展开缩写的列的单元格中的值从列表转换为字符串。这一过程很重要，因为当我们对列执行额外的预处理任务时，列表有时会导致意外结果，特别是在涉及 for 循环时。这里通过在列表推导式（list comprehension）中使用 Python 中的 join 方法来实现此目的。

在步骤（6）中，使用了 nltk 库中的 word_tokenize 函数对新的已展开缩写的列进行标记。这会将句子拆分成单独的单词。

在步骤（7）中，使用了 Python 中的 lower 方法将评论数据转换为小写形式。

在步骤（8）中，使用了 string 库中的 punctuations 常量从评论数据中删除标点符号。

在步骤（9）中，将已经删除标点符号的列的单元格中的值从列表转换为字符串。

8.2.4　扩展知识

除了 nltk，另一个用于文本处理和其他文本分析任务的强大库是 spaCy 库。spaCy 是一个更现代的库，可用于各种文本分析任务，例如数据预处理、词性标记和情感分析等。其设计快速高效，更适合对性能要求较高的文本分析任务。

8.2.5　参考资料

你可能会对以下资源感兴趣：

Natural Language Processing with Python – Analyzing Text with the Natural Language Toolkit（使用 Python 进行自然语言处理——使用自然语言工具包分析文本）：

https://www.nltk.org/book/

8.3　处理停用词

停用词（stop word）是一种语言中出现频率很高的词。它们通常不会给文本添加重要意义。一些常见的停用词包括代词、介词、连词和冠词。在英语中，停用词包括 a、an、the、and、is、was、of、for 和 not 等。这些词可能会根据语言或上下文而有所不同。

在分析文本之前，我们应该删除停用词，以便可以专注于文本中更相关的单词。停用词通常没有重要信息，可能反而会在数据集中产生噪声。因此，删除它们可以帮助我们轻松找到见解并专注于最相关的内容。

当然，停用词的删除在很大程度上取决于我们的分析目标和要执行的任务类型。例如，由于删除了关键停用词，情感分析任务的结果可能会产生误导。

来看一个具体的例子。

- 例句：The food was not great（食物不好吃）。
- 删除停用词之后的例句：food great（食物很棒）。

第一句话是负面评论，而删除停用词之后的第二句话则变成了正面评论。由此可见，在删除停用词时必须格外小心，因为有时删除停用词可能改变句子的含义。

删除停用词是在文本预处理中采取的步骤之一，这是一个文本准备过程，可以帮助我们更有效、更准确地分析文本。

本秘笈将探索使用 nltk 中的 stopwords 模块删除停用词。

8.3.1　准备工作

本秘笈将使用来自 Kaggle 网站的 Sentiment Analysis of Restaurant Review（餐厅评论的情绪分析）数据集。但是，我们将使用 8.2 节“准备文本数据”中导出的预处理之后的版本。该版本已经执行了清除标点符号、扩展缩写、将大写字母全部变成小写等操作。你也可以从本书配套 GitHub 存储库中检索所有文件。

8.3.2　实战操作

要使用 nltk、seaborn、matplotlib 和 pandas 等库处理文本数据中的停用词，请按以下步骤操作。

（1）导入相关库：

```
import pandas as pd
import matplotlib.pyplot as plt
import seaborn as sns
import nltk
from nltk.corpus import stopwords
from nltk.tokenize import word_tokenize
```

（2）使用 read_csv 将.csv 文件加载到 DataFrame 中：

```
Reviews_data = pd.read_csv("data/cleaned_reviews_data.csv")
```

（3）使用 head 方法检查前 5 行：

```
Reviews_data.head()
```

这将产生如图 8.8 所示的结果。

	Review	Liked	reviews_cleaned
0	Wow... Loved this place.	1	wow ... loved this place
1	Crust is not good.	0	crust is not good
2	Not tasty and the texture was just nasty.	0	not tasty and the texture was just nasty
3	Stopped by during the late May bank holiday of...	1	stopped by during the late may bank holiday of...
4	The selection on the menu was great and so wer...	1	the selection on the menu was great and so wer...

图 8.8　清洗之后的评论数据的前 5 行

检查行数和列数：

```
reviews_data.shape
(900, 3)
```

（4）使用 nltk 库中的 word_tokenize 函数对评论数据进行分词：

```
reviews_data['reviews_tokenized'] = reviews_data['reviews_cleaned'].
apply(word_tokenize)
```

（5）创建一个 combine_words 自定义函数，将所有单词组合到一个列表中：

```
def combine_words(word_list):
    all_words = []
    for word in word_list:
        all_words += word
    return all_words
```

（6）创建一个 count_topwords 自定义函数，统计每个单词出现的频率，并根据该频率返回前 20 个单词：

```
def count_topwords(all_words):
    counts = dict()
    for word in all_words:
        if word in counts:
            counts[word] += 1
        else:
            counts[word] = 1

    word_count = pd.DataFrame([counts])
    word_count_transposed = word_count.T.reset_index()
    word_count_transposed.columns = ['words','word_count']
    word_count_sorted = word_count_transposed.sort_values("word_count",
ascending = False)
    word_count_sorted
    return word_count_sorted[:20]
```

（7）将 combine_words 自定义函数应用于经过标记化处理的评论数据以获取所有单词的列表：

```
reviews = reviews_data['reviews_tokenized']
reviews_words = combine_words(reviews)
reviews_words[:10]
['wow', '...', 'loved', 'this', 'place', 'crust', 'is', 'not',
'good', 'not']
```

（8）应用 count_topwords 自定义函数创建包含前 20 个单词的 DataFrame：

```
reviews_topword_count = count_topwords(reviews_words)
reviews_topword_count.head()
```

这会产生如图 8.9 所示的结果。

	words	word_count
11	the	517
10	and	360
36	i	310
13	was	267
66	a	208

图 8.9　最常见单词的前 5 行

（9）使用 seaborn 中的 barplot 函数绘制出现次数排名前 20 的单词（包括停用词）的条形图：

```
plt.figure(figsize= (18,10))

sns.barplot(data = reviews_topword_count ,x= reviews_topword_
count['words'], y= reviews_topword_count['word_count'] )
```

这会产生如图 8.10 所示的结果。

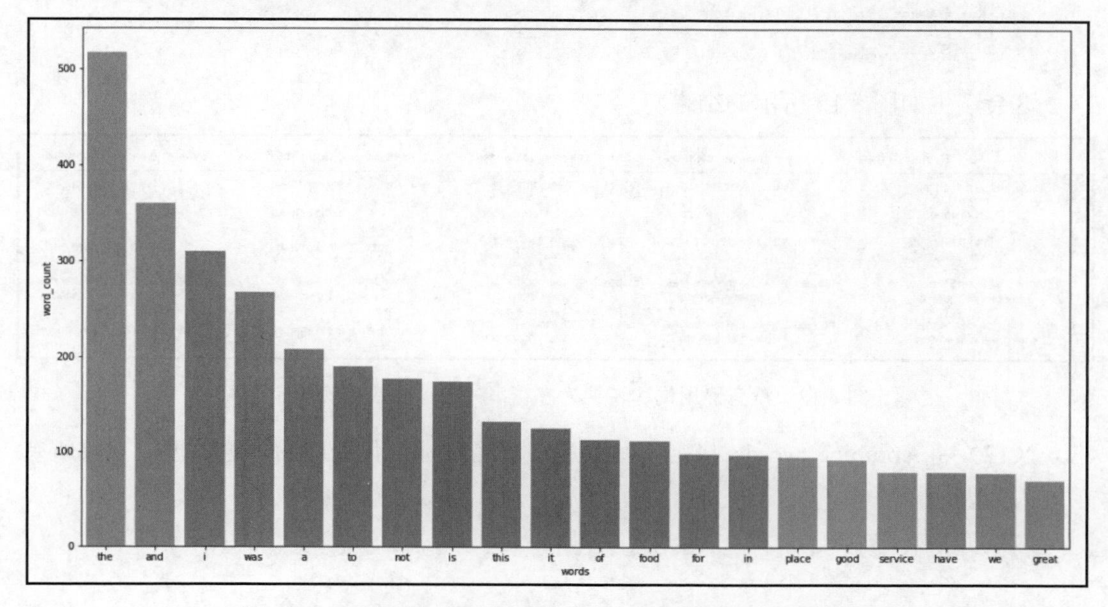

图 8.10　出现次数排名前 20 的单词（包括停用词）的条形图

（10）使用 nltk 中 stopwords 模块的 words 属性从评论数据中删除停用词：

```
stop_words = set(stopwords.words('english'))
reviews_data['reviews_no_stopwords'] = reviews_data['reviews_
tokenized'].apply(lambda x: [word for word in x if word not in
stop_words])
reviews_data.head()
```

这会产生如图 8.11 所示的结果。

	Review	Liked	reviews_cleaned	reviews_tokenized	reviews_no_stopwords
0	Wow... Loved this place.	1	wow ... loved this place	[wow, ..., loved, this, place]	[wow, ..., loved, place]
1	Crust is not good.	0	crust is not good	[crust, is, not, good]	[crust, good]
2	Not tasty and the texture was just nasty.	0	not tasty and the texture was just nasty	[not, tasty, and, the, texture, was, just, nasty]	[tasty, texture, nasty]
3	Stopped by during the late May bank holiday of...	1	stopped by during the late may bank holiday of...	[stopped, by, during, the, late, may, bank, ho...	[stopped, late, may, bank, holiday, rick, stev...
4	The selection on the menu was great and so wer...	1	the selection on the menu was great and so wer...	[the, selection, on, the, menu, was, great, an...	[selection, menu, great, prices]

图 8.11　没有停用词的评论数据的前 5 行

（11）将 reviews_no_stopwords 列中的值从列表转换为字符串：

```
reviews_data['reviews_cleaned_stopwords'] = [' '.join(l) for l
in reviews_data['reviews_no_stopwords']]
reviews_data.head()
```

这会产生如图 8.12 所示的结果。

	Review	Liked	reviews_cleaned	reviews_tokenized	reviews_no_stopwords	reviews_cleaned_stopwords
0	Wow... Loved this place.	1	wow ... loved this place	[wow, ..., loved, this, place]	[wow, ..., loved, place]	wow ... loved place
1	Crust is not good.	0	crust is not good	[crust, is, not, good]	[crust, good]	crust good
2	Not tasty and the texture was just nasty.	0	not tasty and the texture was just nasty	[not, tasty, and, the, texture, was, just, nasty]	[tasty, texture, nasty]	tasty texture nasty
3	Stopped by during the late May bank holiday of...	1	stopped by during the late may bank holiday of...	[stopped, by, during, the, late, may, bank, ho...	[stopped, late, may, bank, holiday, rick, stev...	stopped late may bank holiday rick steve recom...
4	The selection on the menu was great and so wer...	1	the selection on the menu was great and so wer...	[the, selection, on, the, menu, was, great, an...	[selection, menu, great, prices]	selection menu great prices

图 8.12　没有停用词（转换为字符串）的评论数据的前 5 行

（12）将 combine_words 自定义函数应用于经过标记化处理的评论数据以获取所有单词的列表：

```
reviews_no_stopwords = reviews_data['reviews_no_stopwords']
reviews_words = combine_words(reviews_no_stopwords)
reviews_words[:10]
```

```
[   'wow',
    '...',
    'loved',
    'place',
    'crust',
    'good',
    'tasty',
    'texture',
    'nasty',
    'stopped']
```

（13）应用 count_topwords 自定义函数创建一个包含出现次数排名前 20 的单词的 DataFrame：

```
reviews_topword_count = count_topwords(reviews_words)
reviews_topword_count.head()
```

这将产生如图 8.13 所示的结果。

	words	word_count
81	food	112
3	place	95
5	good	92
41	service	79
19	great	70

图 8.13　最常见单词的前 5 行（不包括停用词）

（14）使用 seaborn 中的 barplot 函数绘制出现次数排名前 20 的单词（排除停用词）的条形图：

```
plt.figure(figsize= (18,10))
sns.barplot(data = reviews_topword_count ,x= reviews_topword_
count['words'], y= reviews_topword_count['word_count'] )
```

这会产生如图 8.14 所示的结果。

现在我们已经删除了停用词并对评论中出现次数排名前 20 的单词（排除停用词）进行了可视化。

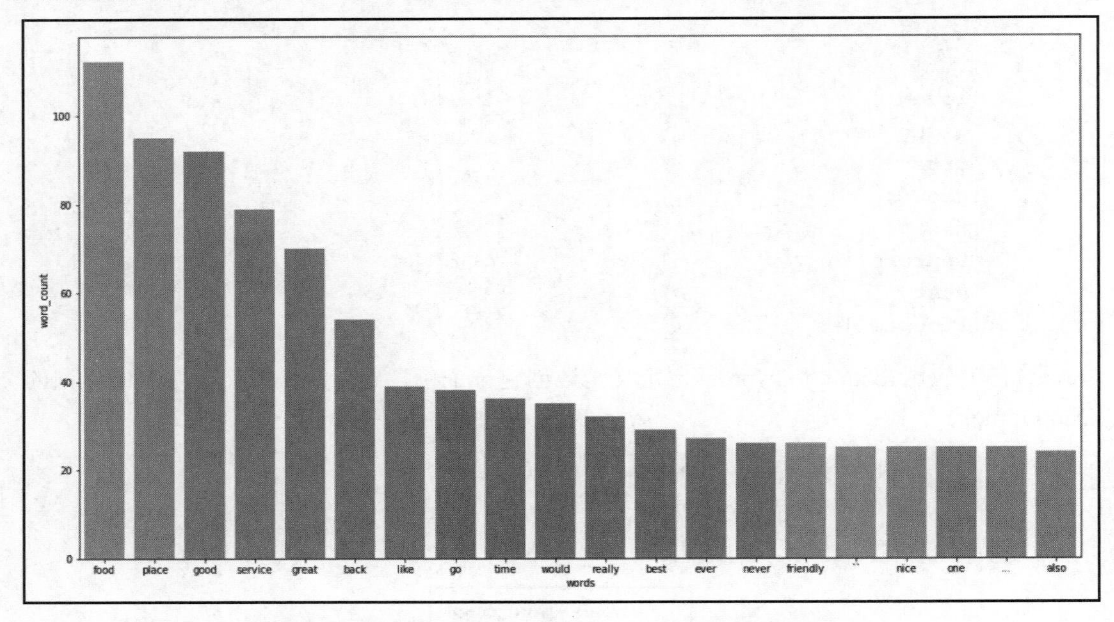

图 8.14　出现次数排名前 20 的单词（排除停用词）的条形图

8.3.3　原理解释

在步骤（1）中，导入了 pandas、matplotlib、seaborn 和 nltk 等相关库。

在步骤（2）中，使用 read_csv 函数将 8.2 节“准备文本数据”中输出的.csv 文件加载到 pandas DataFrame 中。

在步骤（3）中，使用了 head 和 shape 属性检查数据集。

在步骤（4）中，使用了 nltk 库中的 word_tokenize 函数对数据进行标记化处理。

在步骤（5）中，创建了自定义的 combine_words 函数，该函数可以创建 DataFrame 中所有单词的列表。

在步骤(6)中，创建了另一个自定义函数 count_topwords，该函数可以计算 DataFrame 中每个单词出现的频率，并根据该频率识别排名前 20 的单词。它使用 combine_words 函数的输出作为输入。

在步骤（7）中，将 combine_words 自定义函数应用于经过标记化处理的评论数据，以获取 DataFrame 中所有单词/标记的列表。

在步骤（8）中，应用了 count_topwords 自定义函数来创建包含出现频率排名前 20 的单词的 DataFrame。

在步骤（9）中，使用了 seaborn 中的 barplot 函数创建出现频率排名前 20 的单词的条形图。你可能已经注意到，许多出现频率排名靠前的单词都是停用词，但是它们在文本中并没有传达重要的含义。

在步骤（10）中，从评论数据中删除了停用词。我们使用 words 属性从 nltk stopwords 模块中获取唯一的停用词列表，然后将其传递给 lambda 函数，并使用 pandas 中的 apply 方法将该函数应用于 DataFrame 中的所有行。

在步骤（11）中，使用了 lambda 函数中的 join 方法将输出的列表转换为字符串。

在步骤（12）中，将 combine_words 自定义函数应用于没有停用词的评论数据，以统计单词出现的频率。

在步骤（13）中，应用了 count_topwords 自定义函数来创建一个包含出现频率排名前 20 的单词的 DataFrame，该排名中已经排除了停用词。

在步骤（14）中，创建了出现频率排名前 20 的单词（排除停用词）的条形图。由于停用词已被删除，因此结果中是更有意义的单词。

8.3.4 扩展知识

有时文本中可能包含特殊字符、标点符号或停用词，但是这些特殊字符、标点符号或停用词并未包含在文本预处理的标准库中。在这种情况下，可以在列表变量中定义这些字符或字母，并应用自定义函数来消除它们。

在如图 8.14 所示的最终图表中即可看到一个很好的示例。尽管停用词和标点符号已被删除，但在出现频率排名前 20 的单词中仍然有…和..这样的字符。为了消除这些字符，可以使用与本秘笈中删除停用词相同的函数。但是，需要将 stopwords 变量替换为包含要删除的字符列表的变量。

8.4 分析词性

词性（part of speech，POS）分析涉及识别和标记给定文本中的词性，这有助于理解文本中单词的语法结构，对于提取相关见解也非常有用。例如，使用词性分析，我们可以轻松找到文本中的关键词条，例如名词、动词或形容词。这些关键词条可以是指向关键事件、名称、产品、服务、地点和描述性词语等的指针。

英语中的词性可以根据词义、语法功能和形式特征分为十大类，即名词（Nouns，n.）、代词（Pronouns，pron.）、形容词（Adjectives，adj.）、数词（Numerals，num.）、动词

（Verb，v.）、副词（Adverbs，adv.）、冠词（Articles，art.）、介词（Prepositions，prep.）、连词（Conjunctions，conj.）和感叹词（Interjections，int.），我们将重点关注其中最关键的 4 个。

- 名词：用于命名和识别动物、人员、地点或事物等，例如 cat（猫）、ball（球）或 London（伦敦）。
- 动词：用于表示动作或事件。它们通常与名词联合使用，例如 run（跑）、jump（跳）或 sleep（睡觉）。
- 形容词：提供有关名词或代词的附加信息，例如 quick fox（敏捷的狐狸）、brown shoes（棕色的鞋子）或 lovely city（可爱的城市）。
- 副词：提供有关动词的附加信息，例如 run quickly（跑得很快）或 speak clearly（说得很清晰）。

让我们来看一些例子：

- The boy ran quickly（男孩跑得很快）。
- Lagos is a beautiful city（拉各斯是一座美丽的城市）。

现在可以做一些词性标记：

- boy - 名词，run - 动词，quickly - 副词。
- Lagos - 名词，is - 动词，beautiful - 形容词，city - 名词。

本秘笈将使用 nltk 中的 pos_tag 函数探索词性标记。

8.4.1　准备工作

本秘笈将使用来自 Kaggle 网站的 Sentiment Analysis of Restaurant Review（餐厅评论的情绪分析）数据集。但是，我们将使用 8.3 节“处理停用词”中导出的预处理之后的版本。该版本已经执行了清除标点符号、扩展缩写、将大写字母全部变成小写和删除停用词等操作。你也可以从本书配套 GitHub 存储库中检索所有文件。

8.4.2　实战操作

要使用 nltk、seaborn、matplotlib 和 pandas 库准备和识别文本数据中的词性，请按以下步骤操作。

（1）导入相关库：

```
import pandas as pd
import matplotlib.pyplot as plt
```

```
import seaborn as sns
import nltk
from nltk.tokenize import word_tokenize
from nltk import pos_tag
```

（2）使用 read_csv 将.csv 加载到 DataFrame 中：

```
reviews_data = pd.read_csv("data/cleaned_reviews_no_stopwords_data.csv")
```

（3）使用 head 方法检查前 5 行：

```
reviews_data.head()
```

这将产生如图 8.15 所示的结果。

	Review	Liked	reviews_cleaned	reviews_cleaned_stopwords
0	Wow... Loved this place.	1	wow ... loved this place	wow ... loved place
1	Crust is not good.	0	crust is not good	crust good
2	Not tasty and the texture was just nasty.	0	not tasty and the texture was just nasty	tasty texture nasty
3	Stopped by during the late May bank holiday of...	1	stopped by during the late may bank holiday of...	stopped late may bank holiday rick steve recom...
4	The selection on the menu was great and so wer...	1	the selection on the menu was great and so wer...	selection menu great prices

图 8.15　清洗后的评论数据的前 5 行

检查行数和列数：

```
reviews_data.shape
(900, 4)
```

（4）使用 pandas 中的 dropna 方法删除包含缺失值的行：

```
reviews_data = reviews_data.dropna()
```

（5）使用 nltk 中的 word_tokenize 函数对评论数据进行分词：

```
reviews_data['reviews_tokenized'] = reviews_data['reviews_
cleaned_stopwords'].apply(word_tokenize)
```

（6）使用 nltk 的 tag 模块中的 pos_tags 函数为评论数据创建词性标签：

```
reviews_data['reviews_pos_tags'] = reviews_data['reviews_tokenized'].
apply(nltk.tag.pos_tag)
reviews_data.head()
```

这会产生如图 8.16 所示的结果。

	Review	Liked	reviews_cleaned	reviews_cleaned_stopwords	reviews_tokenized	reviews_pos_tags
0	Wow... Loved this place.	1	wow ... loved this place	wow ... loved place	[wow, ..., loved, place]	[(wow, NN), (..., :), (loved, VBD), (place, NN)]
1	Crust is not good.	0	crust is not good	crust good	[crust, good]	[(crust, NN), (good, NN)]
2	Not tasty and the texture was just nasty.	0	not tasty and the texture was just nasty	tasty texture nasty	[tasty, texture, nasty]	[(tasty, JJ), (texture, NN), (nasty, NN)]
3	Stopped by during the late May bank holiday of...	1	stopped by during the late may bank holiday of...	stopped late may bank holiday rick steve recom...	[stopped, late, may, bank, holiday, rick, stev...	[(stopped, VBN), (late, JJ), (may, MD), (bank,...
4	The selection on the menu was great and so wer...	1	the selection on the menu was great and so wer...	selection menu great prices	[selection, menu, great, prices]	[(selection, NN), (menu, VBZ), (great, JJ), (p...

图 8.16　包含 pos 标签的评价数据的前 5 行

（7）使用列表推导式提取评论数据中的形容词：

```
reviews_data['reviews_adjectives'] = reviews_data['reviews_pos_tags'].
apply(lambda x: [word for (word, pos_tag) in x if 'JJ' in
(word, pos_tag)])
```

（8）创建 combine_words 自定义函数，将所有单词组合到一个列表中：

```
def combine_words(word_list):
    all_words = []
    for word in word_list:
        all_words += word
    return all_words
```

（9）创建 count_topwords 自定义函数，统计每个单词出现的频率，并根据频率返回排名前 20 的单词：

```
def count_topwords(all_words):
    counts = dict()
    for word in all_words:
        if word in counts:
            counts[word] += 1
        else:
            counts[word] = 1

    word_count = pd.DataFrame([counts])
    word_count_transposed = word_count.T.reset_index()
    word_count_transposed.columns = ['words','word_count']
    word_count_sorted = word_count_transposed.sort_values("word_count",
ascending = False)
    word_count_sorted
    return word_count_sorted[:20]
```

（10）将 combine_words 自定义函数应用于评论数据中的形容词以获取该数据中所

有形容词的列表：

```
reviews = reviews_data['reviews_adjectives']
reviews_words = combine_words(reviews)
reviews_words[:10]
[   'tasty',
    'late',
    'rick',
    'great',
    'angry',
    'fresh',
    'great',
    'great',
    'tried',
    'pretty']
```

（11）将 count_topwords 函数应用于形容词列表以获取出现频率排名前 20 的形容词：

```
reviews_topword_count = count_topwords(reviews_words)
reviews_topword_count.head()
```

这会产生如图 8.17 所示的结果。

	words	word_count
17	good	87
3	great	70
54	delicious	23
44	nice	21
38	bad	15

图 8.17　最常见形容词的前 5 行

（12）使用 seaborn 中的 barplot 函数绘制出现频率排名前 20 的形容词的条形图：

```
plt.figure(figsize= (18,10))

sns.barplot(data = reviews_topword_count ,x= reviews_topword_
count['words'], y= reviews_topword_count['word_count'] )
```

这会产生如图 8.18 所示的结果。

现在我们已经用相关词性标记了评论数据，并将所有形容词可视化。

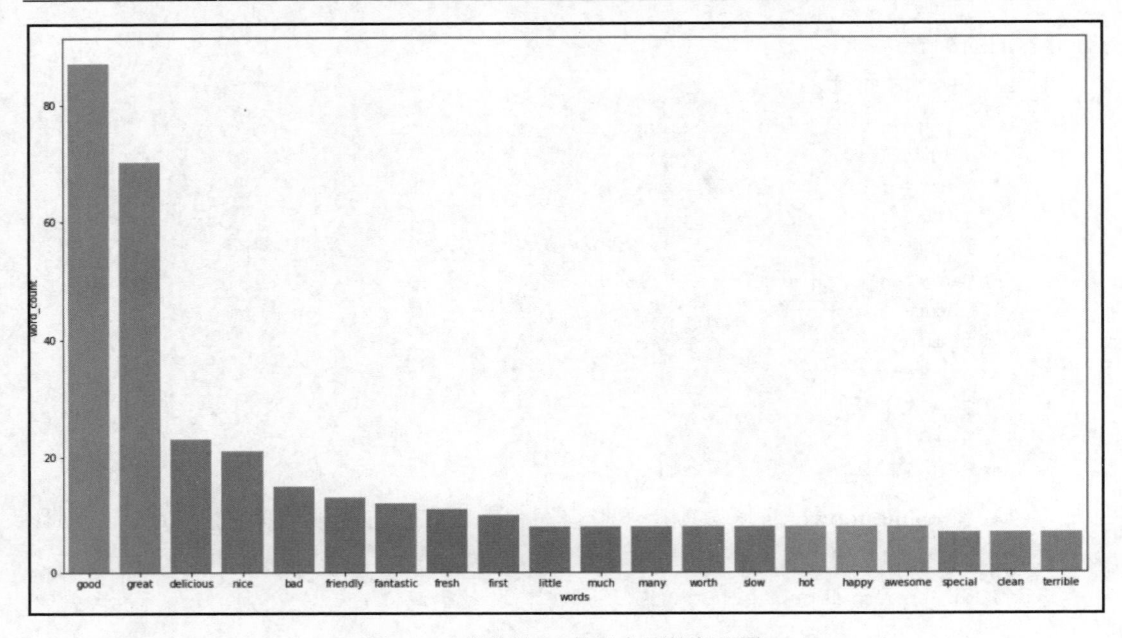

图 8.18　排名前 20 的形容词的条形图

8.4.3　原理解释

在步骤（1）中，导入了 pandas、matplotlib、seaborn 和 nltk 等相关库。

在步骤（2）中，使用 read_csv 函数将 8.3 节“处理停用词”中输出的.csv 文件加载到 pandas DataFrame 中。它包含排除停用词的评论数据。

在步骤（3）中，使用了 head 和 shape 属性检查数据集。

在步骤（4）中，使用了 pandas 中的 dropna 方法删除缺失值。这是标记化和其他预处理步骤的要求。尽管原始评论数据中没有缺失值，但删除停用词后的处理数据中存在一些缺失值，这是因为某些评论可能仅由停用词组成，经过 8.3 节“处理停用词”中的删除停用词操作之后，这些评论就可能变成缺失值。

在步骤（5）中，使用了 nltk 库中的 word_tokenize 函数对数据进行标记化处理，以将句子分解为单词。

在步骤（6）中，使用了 nltk 的标签模块中的 pos_tags 函数进行词性标注。其输出将生成元组中的每个单词及其相应的词性标记。一些常见的标签包括：以 J 开头的形容词标签、以 V 开头的动词标签、以 N 开头的名词标签和以 R 开头的副词标签。

在步骤（7）中，在 lambda 函数中使用了 if 语句仅提取形容词，并将该函数应用于

DataFrame 中的所有行。

在步骤（8）中，创建了自定义的 combine_words 函数来将所有单词组合到一个列表中。

在步骤（9）中，创建了另一个自定义 count_topwords 函数来获取每个单词在评论数据中出现的频率，并根据该频率识别排名前 20 的单词。

在步骤（10）中，应用了 combine_words 自定义函数来获取所有形容词的列表。

在步骤（11）中，应用了 count_topwords 自定义函数，以获取评论数据中出现频率排名前 20 的形容词的列表。

在步骤（12）中，使用了 seaborn 中的 barplot 函数创建评论数据中出现频率排名前 20 的形容词的条形图。

8.5　执行词干提取和词形还原操作

在分析文本数据时，通常需要将单词还原为其词根或基本形式。这个过程称为词干提取（stemming）。词干提取是必需的，因为根据上下文，单词可能会出现多种变体。词干提取可确保将单词简化为通用形式，这有助于提高分析的准确性，因为同一单词的多种变体可能会在数据集中产生噪声。

词形还原（lemmatization）也可将单词还原为其基本形式或词根形式。与词干提取不同的是，它会考虑上下文和词性来实现这一点。词干提取只是去掉单词的最后一个字符或后缀以获得词根形式，而词形还原则还要考虑单词的结构和部分（例如词根、前缀和后缀），以及词性或上下文变化（它们可能改变单词的意思）。

词形还原通常比词干提取产生更准确的结果。下面的例子说明了这一点。

- 原文：The food is tasty（该食品很美味）。
- 词干提取文本：The food is tasti。
- 词形还原文本：The food is tasty。

从上述示例中可以看到，词干提取对于除 tasty 之外的所有单词都表现良好，而词形还原在所有单词中都表现良好。

因此，当需要为文本中的每个单词标记词性时，词形还原效果会更好。甚至在某些情况下，它可能会在无须指定词性的情况下即产生合理的结果。当然，指定词性以获得更好的结果是一个良好的习惯。

本秘笈将探索使用 nltk 中的 PorterStemmer 和 WordNetLemmatizer 类执行词干提取和词形还原操作。

8.5.1　准备工作

本秘笈将使用来自 Kaggle 网站的 Sentiment Analysis of Restaurant Review（餐厅评论的情绪分析）数据集。但是，我们将使用 8.3 节“处理停用词”中导出的预处理之后的版本。该版本已经执行了清除标点符号、扩展缩写、将大写字母全部变成小写和删除停用词等操作。你也可以从本书配套 GitHub 存储库中检索所有文件。

8.5.2　实战操作

要使用 nltk、seaborn、matplotlib 和 pandas 等库对文本数据进行词干提取和词形还原，请按以下步骤操作。

（1）导入相关库：

```
import pandas as pd
import matplotlib.pyplot as plt
import seaborn as sns
import nltk
from nltk.tokenize import word_tokenize
from nltk.corpus import wordnet
from nltk import pos_tag
from nltk.stem import PorterStemmer
from nltk.stem import WordNetLemmatizer
from nltk.corpus import stopwords
```

（2）使用 read_csv 将.csv 加载到 DataFrame 中：

```
reviews_data = pd.read_csv("data/cleaned_reviews_no_stopwords_data.csv")
```

（3）使用 head 方法检查前 5 行：

```
reviews_data.head()
```

这将产生如图 8.19 所示的结果。

	Review	Liked	reviews_cleaned	reviews_cleaned_stopwords
0	Wow... Loved this place.	1	wow ... loved this place	wow ... loved place
1	Crust is not good.	0	crust is not good	crust good
2	Not tasty and the texture was just nasty.	0	not tasty and the texture was just nasty	tasty texture nasty
3	Stopped by during the late May bank holiday of...	1	stopped by during the late may bank holiday of...	stopped late may bank holiday rick steve recom...
4	The selection on the menu was great and so wer...	1	the selection on the menu was great and so wer...	selection menu great prices

图 8.19　清洗后的评论数据的前 5 行

检查行数和列数：

```
reviews_data.shape
(900, 4)
```

（4）使用 pandas 中的 dropna 方法删除包含缺失值的行：

```
reviews_data = reviews_data.dropna()
```

（5）使用 nltk 中的 word_tokenize 函数对评论数据进行分词：

```
reviews_data['reviews_tokenized'] = reviews_data['reviews_
cleaned_stopwords'].apply(word_tokenize)
```

（6）使用 nltk 中的 PorterStemmer 类对评论数据执行词干提取：

```
stemmer = nltk.PorterStemmer()
reviews_data['reviews_stemmed_data'] = reviews_data['reviews_
tokenized'].apply(lambda x: [stemmer.stem(word) for word in x])
reviews_data.head()
```

这会产生如图 8.20 所示的结果。

	Review	Liked	reviews_cleaned	reviews_cleaned_stopwords	reviews_tokenized	reviews_stemmed_data
0	Wow... Loved this place.	1	wow ... loved this place	wow ... loved place	[wow, ..., loved, place]	[wow, ..., love, place]
1	Crust is not good.	0	crust is not good	crust good	[crust, good]	[crust, good]
2	Not tasty and the texture was just nasty.	0	not tasty and the texture was just nasty	tasty texture nasty	[tasty, texture, nasty]	[tasti, textur, nasti]
3	Stopped by during the late May bank holiday of...	1	stopped by during the late may bank holiday of...	stopped late may bank holiday rick steve recom...	[stopped, late, may, bank, holiday, rick, stev...	[stop, late, may, bank, holiday, rick, steve, ...
4	The selection on the menu was great and so wer...	1	the selection on the menu was great and so wer...	selection menu great prices	[selection, menu, great, prices]	[select, menu, great, price]

图 8.20　执行提取词干之后的评论数据的前 5 行

（7）对评论数据进行词性标记，为词形还原做准备。这可以使用 nltk 中 tag 模块内的 pos_tag 函数实现：

```
reviews_data['reviews_pos_tags'] = reviews_data['reviews_
tokenized'].apply(nltk.tag.pos_tag)
reviews_data.head()
```

这会产生如图 8.21 所示的结果。

（8）创建一个自定义函数，将 pos_tag 标签转换为 wordnet 格式以帮助执行词形还原。将该函数应用于评论数据：

```
def get_wordnet_pos(tag):
    if tag.startswith('J'):
```

```
        return wordnet.ADJ
    elif tag.startswith('V'):
        return wordnet.VERB
    elif tag.startswith('N'):
        return wordnet.NOUN
    elif tag.startswith('R'):
        return wordnet.ADV
    else:
        return wordnet.NOUN

reviews_data['reviews_wordnet_pos_tags'] = reviews_
data['reviews_pos_tags'].apply(lambda x: [(word, get_wordnet_
pos(pos_tag)) for (word, pos_tag) in x])
reviews_data.head()
```

	Review	Liked	reviews_cleaned	reviews_cleaned_stopwords	reviews_tokenized	reviews_pos_tags
0	Wow... Loved this place.	1	wow ... loved this place	wow ... loved place	[wow, ..., loved, place]	[(wow, NN), (..., :), (loved, VBD), (place, NN)]
1	Crust is not good.	0	crust is not good	crust good	[crust, good]	[(crust, NN), (good, NN)]
2	Not tasty and the texture was just nasty.	0	not tasty and the texture was just nasty	tasty texture nasty	[tasty, texture, nasty]	[(tasty, JJ), (texture, NN), (nasty, NN)]
3	Stopped by during the late May bank holiday of...	1	stopped by during the late may bank holiday of...	stopped late may bank holiday rick steve recom...	[stopped, late, may, bank, holiday, rick, stev...	[(stopped, VBN), (late, JJ), (may, MD), (bank,...
4	The selection on the menu was great and so wer...	1	the selection on the menu was great and so wer...	selection menu great prices	[selection, menu, great, prices]	[(selection, NN), (menu, VBZ), (great, JJ), (p...

图 8.21　包含 pos 标签的评论数据的前 5 行

这会产生如图 8.22 所示的结果。

	Review	Liked	reviews_cleaned	reviews_cleaned_stopwords	reviews_tokenized	reviews_stemmed_data	reviews_pos_tags	reviews_wordnet_pos_tags
0	Wow... Loved this place.	1	wow ... loved this place	wow ... loved place	[wow, ..., loved, place]	[wow, ..., love, place]	[(wow, NN), (..., :), (loved, VBD), (place, NN)]	[(wow, n), (..., n), (loved, v), (place, n)]
1	Crust is not good.	0	crust is not good	crust good	[crust, good]	[crust, good]	[(crust, NN), (good, NN)]	[(crust, n), (good, n)]
2	Not tasty and the texture was just nasty.	0	not tasty and the texture was just nasty	tasty texture nasty	[tasty, texture, nasty]	[tasti, textur, nasti]	[(tasty, JJ), (texture, NN), (nasty, NN)]	[(tasty, a), (texture, n), (nasty, n)]
3	Stopped by during the late May bank holiday of...	1	stopped by during the late may bank holiday of...	stopped late may bank holiday rick steve recom...	[stopped, late, may, bank, holiday, rick, stev...	[stop, late, may, bank, holiday, rick, steve, ...	[(stopped, VBN), (late, JJ), (may, MD), (bank,...	[(stopped, v), (late, a), (may, n), (bank, n),...
4	The selection on the menu was great and so wer...	1	the selection on the menu was great and so wer...	selection menu great prices	[selection, menu, great, prices]	[select, menu, great, price]	[(selection, NN), (menu, VBZ), (great, JJ), (p...	[(selection, n), (menu, v), (great, a), (price...

图 8.22　包含 wordnet pos 标签的评论数据的前 5 行

（9）使用 nltk 中 WordNetLemmatizer 类的 lemmatize 方法执行词形还原：

```
lemmatizer = WordNetLemmatizer()
reviews_data['reviews_lemmatized'] = reviews_data['reviews_
wordnet_pos_tags'].apply(lambda x: [lemmatizer.lemmatize(word,
tag) for word, tag in x])
reviews_data.head()
```

这将产生如图 8.23 所示的结果。

Liked	reviews_cleaned	reviews_cleaned_stopwords	reviews_tokenized	reviews_stemmed_data	reviews_pos_tags	reviews_wordnet_pos_tags	reviews_lemmatized
1	wow ... loved this place	wow ... loved place	[wow, ..., loved, place]	[wow, ..., love, place]	[(wow, NN), (..., :), (loved, VBD), (place, NN)]	[(wow, n), (..., n), (loved, v), (place, n)]	[wow, ..., love, place]
0	crust is not good	crust good	[crust, good]	[crust, good]	[(crust, NN), (good, NN)]	[(crust, n), (good, n)]	[crust, good]
0	not tasty and the texture was just nasty	tasty texture nasty	[tasty, texture, nasty]	[tasti, textur, nasti]	[(tasty, JJ), (texture, NN), (nasty, NN)]	[(tasty, a), (texture, n), (nasty, n)]	[tasty, texture, nasty]
1	stopped by during the late may bank holiday of...	stopped late may bank holiday rick steve recom...	[stopped, late, may, bank, holiday, rick, stev...	[stop, late, may, bank, holiday, rick, steve, ...	[(stopped, VBN), (late, JJ), (may, MD), (bank,...	[(stopped, v), (late, a), (may, n), (bank, n),...	[stop, late, may, bank, holiday, rick, steve, ...
1	the selection on the menu was great and so wer...	selection menu great prices	[selection, menu, great, prices]	[select, menu, great, price]	[(selection, NN), (menu, VBZ), (great, JJ), (p...	[(selection, n), (menu, v), (great, a), (price...	[selection, menu, great, price]

图 8.23　词形还原后的评论数据的前 5 行

（10）将 reviews_lemmatized 列中的值从列表转换为字符串：

```
reviews_data['reviews_cleaned_lemmatized'] = [' '.join(l) for l
in reviews_data['reviews_lemmatized']]
reviews_data.head()
```

这会产生如图 8.24 所示的结果。

（11）创建 combine_words 自定义函数，将所有单词组合到一个列表中：

```
def combine_words(word_list):
    all_words = []
    for word in word_list:
        all_words += word
    return all_words
```

ws_cleaned_stopwords	reviews_tokenized	reviews_stemmed_data	reviews_pos_tags	reviews_wordnet_pos_tags	reviews_lemmatized	reviews_cleaned_lemmatized
wow ... loved place	[wow, ..., loved, place]	[wow, ..., love, place]	[(wow, NN), (..., :), (loved, VBD), (place, NN)]	[(wow, n), (..., n), (loved, v), (place, n)]	[wow, ..., love, place]	wow ... love place
crust good	[crust, good]	[crust, good]	[(crust, NN), (good, NN)]	[(crust, n), (good, n)]	[crust, good]	crust good
tasty texture nasty	[tasty, texture, nasty]	[tasti, textur, nasti]	[(tasty, JJ), (texture, NN), (nasty, NN)]	[(tasty, a), (texture, n), (nasty, n)]	[tasty, texture, nasty]	tasty texture nasty
ed late may bank holiday rick steve recom...	[stopped, late, may, bank, holiday, rick, stev...	[stop, late, may, bank, holiday, rick, steve, ...	[(stopped, VBN), (late, JJ), (may, MD), (bank,...	[(stopped, v), (late, a), (may, n), (bank, n),...	[stop, late, may, bank, holiday, rick, steve, ...	stop late may bank holiday rick steve recommen...
lection menu great prices	[selection, menu, great, prices]	[select, menu, great, price]	[(selection, NN), (menu, VBZ), (great, JJ), (p...	[(selection, n), (menu, v), (great, a), (price...	[selection, menu, great, price]	selection menu great price

图 8.24　词形还原后（转换为字符串）的评论数据的前 5 行

（12）创建 count_topwords 自定义函数，统计每个单词出现的频率，并根据该频率返回排名前 20 的单词：

```
def count_topwords(all_words):
    counts = dict()
    for word in all_words:
        if word in counts:
            counts[word] += 1
        else:
            counts[word] = 1

    word_count = pd.DataFrame([counts])
    word_count_transposed = word_count.T.reset_index()
    word_count_transposed.columns = ['words','word_count']
    word_count_sorted = word_count_transposed.sort_values("word_count",
ascending = False)
    word_count_sorted
    return word_count_sorted[:20]
```

（13）将 combine_words 自定义函数应用于词形还原之后的评论数据，以获取词形还原后所有单词的列表：

```
reviews = reviews_data['reviews_lemmatized']
reviews_words = combine_words(reviews)
reviews_words[:10]
[   'wow',
    '...',
    'love',
    'place',
    'crust',
    'good',
    'tasty',
    'texture',
    'nasty',
    'stop']
```

（14）将 count_topwords 应用于所有词形还原后获得的单词的列表：

```
reviews_topword_count = count_topwords(reviews_words)
reviews_topword_count.head()
```

这会产生如图 8.25 所示的结果。

	words	word_count
81	food	113
3	place	99
5	good	97
41	service	79
19	great	71

图 8.25　最常见的词形还原单词的前 5 行

（15）使用 seaborn 中的 barplot 函数绘制词形还原后获得的出现频率排名前 20 的单词的条形图：

```
plt.figure(figsize= (18,10))

sns.barplot(data = reviews_topword_count ,x= reviews_topword_
count['words'], y= reviews_topword_count['word_count'] )
```

这会产生如图 8.26 所示的结果。

现在我们已经对数据执行了词干提取和词形还原操作。

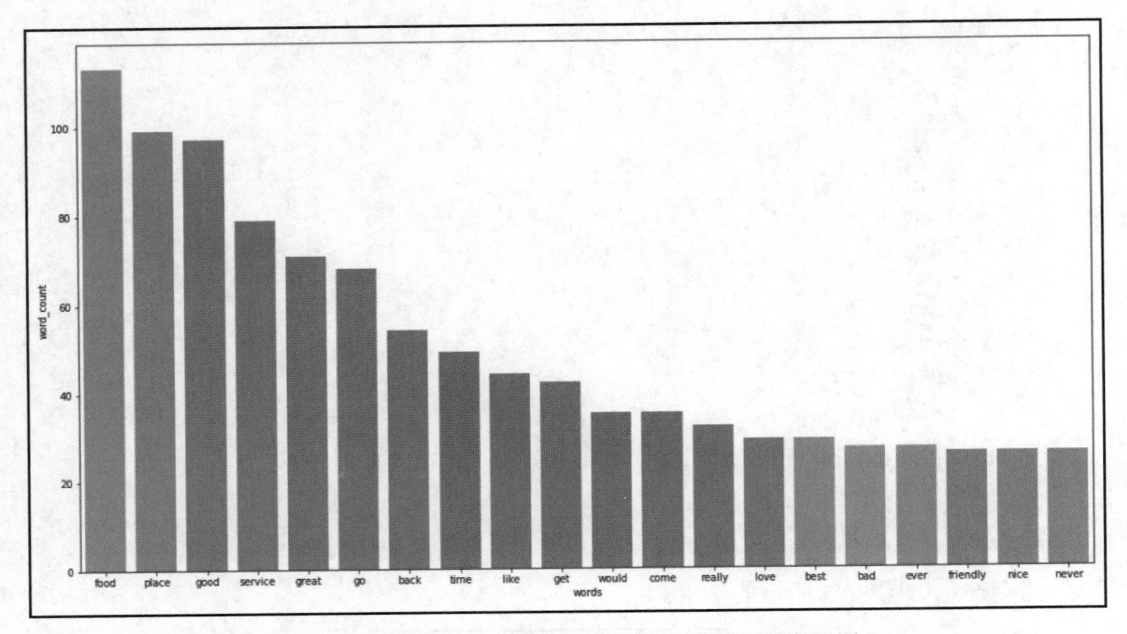

图 8.26　词形还原后出现频率排名前 20 的单词的条形图

8.5.3　原理解释

在步骤（1）中，导入了 pandas、matplotlib、seaborn 和 nltk 等相关库。

在步骤（2）中，使用 read_csv 函数将 8.3 节“处理停用词”中输出的.csv 文件加载到 pandas DataFrame 中。它包含排除停用词的评论数据。

在步骤（3）中，使用了 head 和 shape 属性检查数据集。

在步骤（4）中，使用了 pandas 中的 dropna 方法删除缺失值。这是标记化和其他预处理步骤的要求。尽管原始评论数据中没有缺失值，但删除停用词后的处理数据中存在一些缺失值，这是因为某些评论可能仅由停用词组成，经过 8.3 节“处理停用词”中的删除停用词操作之后，这些评论就可能变成缺失值。

在步骤（5）中，使用了 nltk 库中的 word_tokenize 函数对数据进行标记化处理，以将句子分解为单词。

在步骤（6）中，使用了 nltk 中的 PorterStemmer 类对评论数据执行词干提取。我们在 nltk 的 PorterStemmer 类中使用 Stem 方法，并将其传递给 lambda 函数，然后使用 pandas 中的 apply 方法将该函数应用于 DataFrame 中的所有行。

在步骤（7）中，对标记化数据执行了词性标记，为词形还原做准备。这提高了词形还原的准确性，因为它可以提供更好的上下文。

在步骤（8）中，创建了一个自定义函数，将 pos_tag 标签转换为等效的 wordnet，这就是词形还原器所使用的。

在步骤（9）中，使用了 WordNetLemmatizer 类中的 lemmatize 方法对评论数据进行词形还原。我们使用了 lambda 函数和 pandas 中的 apply 方法将 lemmatize 方法应用于 DataFrame 中的所有行。

在步骤（10）中，使用了列表推导式将 DataFrame 单元格中的词形还原值从列表转换为字符串。

在步骤（11）中，创建了 combine_words 自定义函数来将所有词形还原的单词组合到一个列表中。

在步骤（12）中，创建了另一个自定义函数 count_topwords，以获取每个词形还原单词出现的频率，并根据该频率识别前 20 个词形还原单词。

在步骤（13）中，对词形还原后的评论数据应用了 combine_words 自定义函数，以生成词形还原后所有单词的列表。

在步骤（14）中，使用了 count_topwords 自定义函数来获取出现频率排名前 20 的词形还原单词的列表。

在步骤（15）中，使用了 seaborn 中的 barplot 函数创建出现频率排名前 20 的词形还原单词的条形图。

8.6　分析 n-gram

n-gram 是给定文本的 *n* 个项目的连续序列。这些项目可以是单词、字母或音节。

n-gram 能够帮助分析人员提取有关给定文本中单词、音节或字母分布的有用信息。*n* 代表正数值，从 1 到 *n*。最常见的 n-gram 包括一元 unigram、二元 bigram 和三元 trigram，其中 *n* 分别为 1、2 和 3。

分析 n-gram 指的是检查文本中 n-gram 的频率或分布。分析人员通常会将文本分割成相应的 n-gram，并计算文本数据中每个 gram 的出现频率，这将帮助分析人员识别数据中最常见的单词、音节或短语。

例如，在句子 The boy threw the ball 中，n-gram 如下：

- 1-gram（或 unigram）：

```
["The", "boy", "threw", "the", "ball"]
```

- 2-gram（或 bigram）：

```
["The boy", "boy threw", "threw the", "the ball"]
```

- 3-gram（或 trigram）：

```
["The boy threw", "boy threw the", "threw the ball"]
```

本秘笈将使用 nltk 中的 ngrams 函数探索 n-gram 分析。

8.6.1 准备工作

本秘笈将使用来自 Kaggle 网站的 Sentiment Analysis of Restaurant Review（餐厅评论的情绪分析）数据集。但是，我们将使用 8.3 节“处理停用词”中导出的预处理之后的版本。该版本已经执行了清除标点符号、扩展缩写、将大写字母全部变成小写和删除停用词等操作。你也可以从本书配套 GitHub 存储库中检索所有文件。

8.6.2 实战操作

要使用 nltk、seaborn、matplotlib 和 pandas 等库为文本数据创建和可视化 n-gram，请按以下步骤操作。

（1）导入相关库：

```
import pandas as pd
import matplotlib.pyplot as plt
import seaborn as sns
import nltk
from nltk.tokenize import word_tokenize
from nltk import ngrams
```

（2）使用 read_csv 将.csv 加载到 DataFrame 中：

```
reviews_data = pd.read_csv("data/cleaned_reviews_no_stopwords_data.csv")
```

（3）使用 head 方法检查前 5 行：

```
reviews_data.head()
```

这将产生如图 8.27 所示的结果。

	Review	Liked	reviews_cleaned	reviews_cleaned_stopwords
0	Wow... Loved this place.	1	wow ... loved this place	wow ... loved place
1	Crust is not good.	0	crust is not good	crust good
2	Not tasty and the texture was just nasty.	0	not tasty and the texture was just nasty	tasty texture nasty
3	Stopped by during the late May bank holiday of...	1	stopped by during the late may bank holiday of...	stopped late may bank holiday rick steve recom...
4	The selection on the menu was great and so wer...	1	the selection on the menu was great and so wer...	selection menu great prices

图 8.27　清洗后的评论数据的前 5 行

检查行数和列数：

```
reviews_data.shape
(900, 4)
```

（4）使用 pandas 中的 dropna 方法删除包含缺失值的行：

```
reviews_data = reviews_data.dropna()
```

（5）使用 nltk 中的 word_tokenize 函数对评论数据进行分词：

```
reviews_data['reviews_tokenized'] = reviews_data['reviews_
cleaned_stopwords'].apply(word_tokenize)
```

（6）创建一个自定义函数，使用 nltk 中的 ngrams 函数从文本数据中提取 n-gram：

```
def extract_ngrams(tokenized_data,n):
    ngrams_list = list(nltk.ngrams(tokenized_data, n))
    ngrams_str = [' '.join(grams) for grams in ngrams_list]
    return ngrams_str
```

（7）应用该自定义函数以提取文本中的 bigram：

```
reviews_data['reviews_ngrams'] = reviews_data['reviews_
tokenized'].apply(lambda x: extract_ngrams(x, 2))
reviews_data.head()
```

这会产生如图 8.28 所示的结果。

	Review	Liked	reviews_cleaned	reviews_cleaned_stopwords	reviews_tokenized	reviews_ngrams
0	Wow... Loved this place.	1	wow ... loved this place	wow ... loved place	[wow, ..., loved, place]	[wow ..., ... loved, loved place]
1	Crust is not good.	0	crust is not good	crust good	[crust, good]	[crust good]
2	Not tasty and the texture was just nasty.	0	not tasty and the texture was just nasty	tasty texture nasty	[tasty, texture, nasty]	[tasty texture, texture nasty]
3	Stopped by during the late May bank holiday of...	1	stopped by during the late may bank holiday of...	stopped late may bank holiday rick steve recom...	[stopped, late, may, bank, holiday, rick, stev...	[stopped late, late may, may bank, bank holida...
4	The selection on the menu was great and so wer...	1	the selection on the menu was great and so wer...	selection menu great prices	[selection, menu, great, prices]	[selection menu, menu great, great prices]

图 8.28　文本中的 bigram

（8）创建 combine_words 自定义函数，将所有单词组合到一个列表中：

```
def combine_words(word_list):
    all_words = []
    for word in word_list:
        all_words += word
    return all_words
```

（9）创建 count_topwords 自定义函数，用于计算每个单词的出现频率并根据该频率返回排名前 10 的单词（在本例中实为 ngram）：

```
def count_topwords(all_words):
    counts = dict()
    for word in all_words:
        if word in counts:
            counts[word] += 1
        else:
            counts[word] = 1

    word_count = pd.DataFrame([counts])
    word_count_transposed = word_count.T.reset_index()
    word_count_transposed.columns = ['words','word_count']
    word_count_sorted = word_count_transposed.sort_values("word_count",
ascending = False)
    word_count_sorted
    return word_count_sorted[:10]
```

（10）现在可以将 combine_words 自定义函数应用于评论数据中的 ngram 以获取所有 ngram 的列表：

```
reviews = reviews_data['reviews_ngrams']
reviews_words = combine_words(reviews)
reviews_words[:10]
[   'wow ...',
    '... loved',
    'loved place',
    'crust good',
    'tasty texture',
    'texture nasty',
    'stopped late',
    'late may',
    'may bank',
    'bank holiday']
```

（11）将 count_topwords 应用到所有 ngram 的列表：

```
reviews_topword_count = count_topwords(reviews_words)
reviews_topword_count.head()
```

这会产生如图 8.29 所示的结果。

	words	word_count
36	go back	15
366	good food	8
244	great food	8
1475	food good	7
326	really good	6

图 8.29　最常见 bigram 的前 5 行

（12）使用 seaborn 中的 barplot 函数绘制出现频率排名前 10 的 bigram 的条形图：

```
plt.figure(figsize= (18,10))

sns.barplot(data = reviews_topword_count ,x= reviews_topword_
count['words'], y= reviews_topword_count['word_count'] )
```

这会产生如图 8.30 所示的结果。

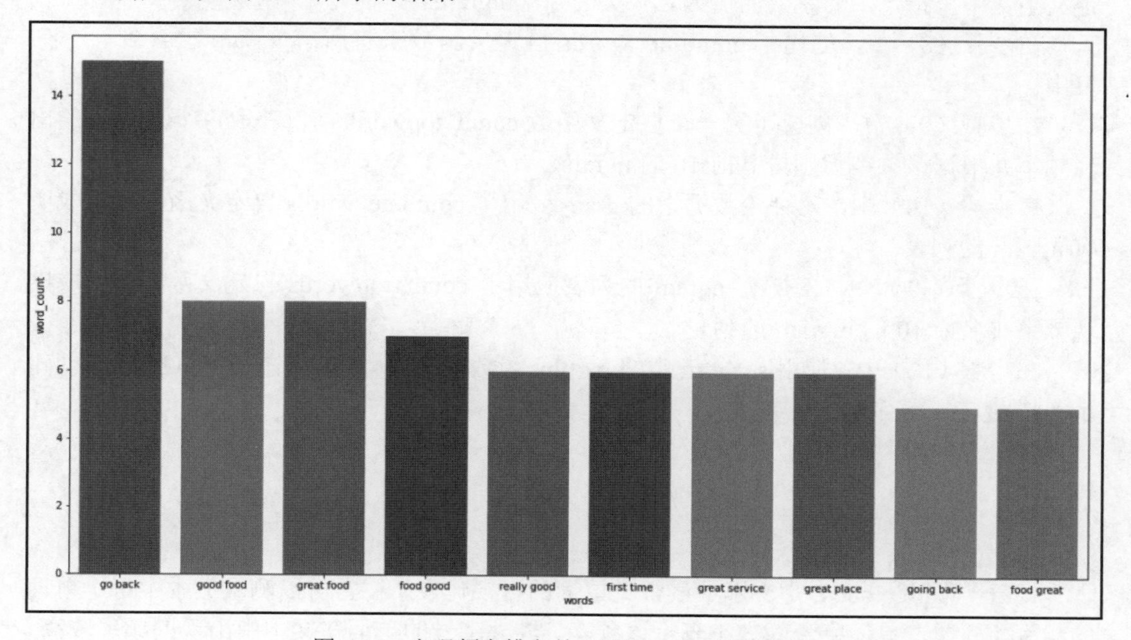

图 8.30　出现频率排名前 10 的 bigram 的条形图

现在我们已经从评论数据中提取了 bigram 并将其可视化。

8.6.3 原理解释

在步骤（1）中，导入了 pandas、matplotlib、seaborn 和 nltk 等相关库。

在步骤（2）中，使用 read_csv 函数将 8.3 节“处理停用词”中输出的.csv 文件加载到 pandas DataFrame 中。它包含排除停用词的评论数据。

在步骤（3）中，使用了 head 和 shape 属性检查数据集。

在步骤（4）中，使用了 pandas 中的 dropna 方法删除缺失值。这是标记化和其他预处理步骤的要求。

在步骤（5）中，使用了 nltk 库中的 word_tokenize 函数对数据进行标记化处理，以将句子分解为单词。

在步骤（6）中，创建了一个自定义函数来从数据中提取 ngram。我们使用了 nltk 中的 ngrams 函数创建自定义函数。ngrams 函数返回包含 ngrams 的 ZIP 对象。在该自定义函数中，我们将此 ZIP 对象转换为一个元组列表，并将其转换为 ngram 字符串列表。

在步骤（7）中，使用了 apply 将该自定义函数应用于评论数据以提取 bigram。在自定义函数中，指定了 n 参数的值为 2，以此实现 bigram。

在步骤（8）中，创建了 combine_words 自定义函数来将所有 ngram 组合到一个列表中。

在步骤（9）中，创建了另一个自定义函数 count_topwords，以获取每个 ngram 的出现频率并根据该频率识别排名前 10 的 ngram。

在步骤（10）中，对评论数据中的 gram 应用了 combine_words 自定义函数以生成所有 ngram 的列表。

在步骤（11）中，对所有 ngram 的列表应用了 count_topwords 自定义函数以生成出现频率排名前 10 的 bigram 的列表。

在步骤（12）中，使用 seaborn 中的 barplot 函数为出现频率排名前 10 的 bigram 创建了条形图。

8.7 创建词云

词云（word cloud）是文本中最常见单词的可视化表示。它可以测量文本中每个单词的频率，并通过单词字号的大小表示该频率。较大字号的单词在文本中出现的频率较高，而较小字号的单词则出现的频率较低。

词云提供了文本中单词分布的非常有用的汇总信息，这也是快速了解文本数据中突出单词的好方法。

本秘笈将探索如何使用 wordcloud 库和 nltk 中的 FreqDist 类在 Python 中创建词云。

8.7.1　准备工作

本秘笈将使用来自 Kaggle 网站的 Sentiment Analysis of Restaurant Review（餐厅评论的情绪分析）数据集。但是，我们将使用 8.5 节“执行词干提取和词形还原操作”中导出的词形还原之后的版本。该版本已经执行了清除标点符号、扩展缩写、将大写字母全部变成小写和删除停用词等操作，并对数据进行了词形还原。你也可以从本书配套 GitHub 存储库中检索所有文件。

除了 nltk 库，本秘笈还需要 wordcloud 库，其安装命令如下：

```
pip install wordcloud
```

8.7.2　实战操作

要使用 nltk、wordcloud、matplotlib、numpy 和 pandas 等库为文本数据创建词云，请按以下步骤操作。

（1）导入相关库：

```
import numpy as np
import matplotlib.pyplot as plt
import pandas as pd
import nltk
from nltk.tokenize import word_tokenize
from nltk.probability import FreqDist
from wordcloud import WordCloud
```

（2）使用 read_csv 将.csv 加载到 DataFrame 中：

```
reviews_data = pd.read_csv("data/cleaned_reviews_lemmatized_data.csv")
```

（3）使用 head 方法检查前 5 行：

```
reviews_data.head()
```

这将产生如图 8.31 所示的结果。

	Review	Liked	reviews_cleaned_lemmatized	reviews_cleaned
0	Wow... Loved this place.	1	wow ... love place	wow ... loved this place
1	Crust is not good.	0	crust good	crust is not good
2	Not tasty and the texture was just nasty.	0	tasty texture nasty	not tasty and the texture was just nasty
3	Stopped by during the late May bank holiday of...	1	stop late may bank holiday rick steve recommen...	stopped by during the late may bank holiday of...
4	The selection on the menu was great and so wer...	1	selection menu great price	the selection on the menu was great and so wer...

图 8.31　清洗后的评论数据的前 5 行

检查行数和列数：

```
reviews_data.shape
(899, 4)
```

（4）使用 pandas 中的 dropna 方法删除包含缺失值的行：

```
reviews_data = reviews_data.dropna()
```

（5）使用 nltk 中的 word_tokenize 函数对评论数据进行分词：

```
reviews_data['reviews_tokenized'] = reviews_data['reviews_
cleaned_stopwords'].apply(word_tokenize)
```

（6）创建 combine_words 自定义函数，将所有单词组合到一个列表中：

```
def combine_words(word_list):
    all_words = []
    for word in word_list:
        all_words += word
    return all_words
```

（7）现在可以将 combine_words 自定义函数应用于标记化之后的评论数据以获取所有单词的列表：

```
reviews = reviews_data['reviews_tokenized']
reviews_words = combine_words(reviews)
reviews_words[:10]
[   'wow',
    '...',
    'love',
    'place',
    'crust',
    'good',
    'tasty',
    'texture',
```

```
    'nasty',
    'stop']
```

（8）创建词云来显示最常见的单词。这可以使用 nltk 库中的 FreqDist 类和 wordcloud 库中的 WordCloud 类来完成：

```
mostcommon = FreqDist(reviews_words).most_common(50)
wordcloud = WordCloud(width=1600, height=800, background_
color='white').generate(str(mostcommon))
fig = plt.figure(figsize=(30,10), facecolor='white')
plt.imshow(wordcloud, interpolation="bilinear")
plt.axis('off')
plt.title('Top 50 Most Common Words', fontsize=50)
plt.show()
```

这会产生如图 8.32 所示的结果。

图 8.32　根据字数统计显示前 50 个最常用单词的词云

现在我们已经创建了一个词云。

8.7.3　原理解释

在步骤（1）中，导入了所需的库。

在步骤（2）中，使用 read_csv 函数将 8.5 节“执行词干提取和词形还原操作”中输出的.csv 文件加载到 pandas DataFrame 中。它包含已执行词形还原的评论数据。

在步骤（3）中，使用了 head 和 shape 属性检查数据集。

在步骤（4）中，使用了 pandas 中的 dropna 方法删除缺失值。这是标记化和其他预处理步骤的要求。

在步骤（5）中，使用了 nltk 库中的 word_tokenize 函数对数据进行标记化处理，以将句子分解为单词。

在步骤（6）中，创建了 combine_words 自定义函数以将所有单词组合到一个列表中。

在步骤（7）中，将 combine_words 自定义函数应用于标记化之后的评论数据，获得了所有单词的列表。

在步骤（8）中，使用了 nltk 中的 FreqDist 类来识别最常见的单词，然后使用 wordcloud 库中的 WordCloud 类来创建词云。

我们向 WordCloud 类提供了 width、height 和 background_color 参数，然后使用 matplotlib 中的 figure 函数来定义图形大小，并使用 imshow 函数来显示 wordcloud 库生成的图形。最后，使用 axis 函数删除轴，并使用 matplotlib 中的 title 函数定义了词云的标题。

8.8 检查词频

词频（term frequency，TF），也称为“数据项频率”，衡量的是特定词条（单词或短语）在文本中出现的频率。它显示该词条在文本中出现的次数与文本中词条总数的比率。

分析文本中词条的重要性非常有用。词频的计算方法是将词条在文本中出现的次数除以该文本中的词条总数：

TF = 词条在文本中出现的次数 / 文本中词条的总数

上述公式的结果是一个介于 0 和 1 之间的值，表示该词条在文本中的相对频率。

词频通常与逆文档频率（inverse document frequency，IDF）结合使用，以更好地衡量词条的相关性或重要性。

在讨论 IDF 之前，首先介绍在分析文本时会遇到的两个常用概念——文档（document）和语料库（corpus）。简单来说，语料库就是文档的集合。而文档通常是小于语料库的文本单元，可以指单个文本、句子、文章或段落。

让我们来看一个例子：

- This is a document（这是一个文档）。
- This is another document（这是另一个文档）。
- This is yet another document（这还是另一个文档）。

- All these document form a corpus（所有这些文档形成一个语料库）。

在上面的列表中，每个项目符号点都是一个文档，而所有项目符号点（文档）的集合就是一个语料库。

IDF 衡量的是一个词条在“语料库”中的罕见程度，而词频则衡量一个词条在“文档”中出现的频率。将它们结合起来，即可得到关于词条重要性的高级度量，称为词条频率-逆文档频率（term frequency-inverse document frequency，TF-IDF）。

TF-IDF 对在文档中频繁出现但在整个语料库中很少出现的词条赋予较大的权重，而对在文档和语料库中都频繁出现的词条赋予较低的权重。后者可能是在文档或语料库中不具有重要意义的冠词、连词和介词。

IDF 的计算方法是将语料库中的文档数除以语料库中包含该词条的文档数，然后求结果的对数：

$$\text{IDF} = \log(\text{语料库中的文档数}/\text{语料库中包含该词条的文档数})$$

TF-IDF 的计算方法是将词频乘以逆文档频率：

$$\text{TF-IDF} = \text{TF} \times \text{IDF}$$

本秘笈将使用 scikit-learn 库中的 TfidfVectorizer 类探索在 Python 中执行 TF-IDF 检查。

8.8.1　准备工作

本秘笈将使用来自 Kaggle 网站的 Sentiment Analysis of Restaurant Review（餐厅评论的情绪分析）数据集。但是，我们将使用 8.5 节“执行词干提取和词形还原操作”中导出的词形还原之后的版本。该版本已经执行了清除标点符号、扩展缩写、将大写字母全部变成小写和删除停用词等操作，并对数据进行了词形还原。你也可以从本书配套 GitHub 存储库中检索所有文件。

除了 nltk 库，本秘笈还需要 scikit-learn 库和 wordcloud 库，其安装命令如下：

```
pip install scikit-learn
pip install wordcloud
```

8.8.2　实战操作

要使用 sklearn、wordcloud、matplotlib、nltk 和 pandas 等库创建和可视化词频，请按以下步骤操作。

（1）导入相关库：

```
import pandas as pd
import matplotlib.pyplot as plt
import nltk
from sklearn.feature_extraction.text import TfidfVectorizer
from nltk.probability import FreqDist
from wordcloud import WordCloud
```

（2）使用 read_csv 将.csv 加载到 DataFrame 中：

```
reviews_data = pd.read_csv("data/cleaned_reviews_lemmatized_data.csv")
```

（3）使用 head 方法检查前 5 行：

```
reviews_data.head()
```

这将产生如图 8.33 所示的结果。

	Review	Liked	reviews_cleaned_lemmatized	reviews_cleaned
0	Wow... Loved this place.	1	wow ... love place	wow ... loved this place
1	Crust is not good.	0	crust good	crust is not good
2	Not tasty and the texture was just nasty.	0	tasty texture nasty	not tasty and the texture was just nasty
3	Stopped by during the late May bank holiday of...	1	stop late may bank holiday rick steve recommen...	stopped by during the late may bank holiday of...
4	The selection on the menu was great and so wer...	1	selection menu great price	the selection on the menu was great and so wer...

图 8.33　清洗后的评论数据的前 5 行

检查行数和列数：

```
reviews_data.shape
(899, 4)
```

（4）使用 pandas 中的 dropna 方法删除包含缺失值的行：

```
reviews_data = reviews_data.dropna()
```

（5）使用 sklearn 中的 TfidfVectorizer 类创建词条矩阵：

```
tfIdfVectorizer=TfidfVectorizer(use_idf = True)
tfIdf = tfIdfVectorizer.fit_transform(reviews_data['reviews_
cleaned_lemmatized'])
tfIdf_output = pd.DataFrame(tfIdf.
toarray(),columns=tfIdfVectorizer.get_feature_names())
tfIdf_output.head(10)
```

这会产生如图 8.34 所示的结果。

	00	10	100	12	15	17	1979	20	2007	23	...	year	yellow	yellowtail	yelpers	yet	yucky	yukon	yum	yummy	zero
0	0.0	0.0	0.0	0.0	0.0	0.0	0.0	0.0	0.0	0.0	...	0.0	0.0	0.0	0.0	0.0	0.0	0.0	0.0	0.0	0.0
1	0.0	0.0	0.0	0.0	0.0	0.0	0.0	0.0	0.0	0.0	...	0.0	0.0	0.0	0.0	0.0	0.0	0.0	0.0	0.0	0.0
2	0.0	0.0	0.0	0.0	0.0	0.0	0.0	0.0	0.0	0.0	...	0.0	0.0	0.0	0.0	0.0	0.0	0.0	0.0	0.0	0.0
3	0.0	0.0	0.0	0.0	0.0	0.0	0.0	0.0	0.0	0.0	...	0.0	0.0	0.0	0.0	0.0	0.0	0.0	0.0	0.0	0.0
4	0.0	0.0	0.0	0.0	0.0	0.0	0.0	0.0	0.0	0.0	...	0.0	0.0	0.0	0.0	0.0	0.0	0.0	0.0	0.0	0.0
5	0.0	0.0	0.0	0.0	0.0	0.0	0.0	0.0	0.0	0.0	...	0.0	0.0	0.0	0.0	0.0	0.0	0.0	0.0	0.0	0.0
6	0.0	0.0	0.0	0.0	0.0	0.0	0.0	0.0	0.0	0.0	...	0.0	0.0	0.0	0.0	0.0	0.0	0.0	0.0	0.0	0.0
7	0.0	0.0	0.0	0.0	0.0	0.0	0.0	0.0	0.0	0.0	...	0.0	0.0	0.0	0.0	0.0	0.0	0.0	0.0	0.0	0.0
8	0.0	0.0	0.0	0.0	0.0	0.0	0.0	0.0	0.0	0.0	...	0.0	0.0	0.0	0.0	0.0	0.0	0.0	0.0	0.0	0.0
9	0.0	0.0	0.0	0.0	0.0	0.0	0.0	0.0	0.0	0.0	...	0.0	0.0	0.0	0.0	0.0	0.0	0.0	0.0	0.0	0.0

图 8.34　词条矩阵的前 10 行

（6）将 TF-IDF 分数聚合为每个特征的单个分数并排序：

```
tfIdf_total = tfIdf_output.T.sum(axis=1)
tfIdf_total.sort_values(ascending = False)
food           30.857469
good           29.941739
place          27.339000
service        27.164228
great          23.934017
...            ...
deep           0.252433
gloves         0.252433
temp           0.252433
eel            0.210356
description    0.210356
```

（7）创建词云以根据 TF-IDF 分数显示最常见的单词：

```
wordcloud = WordCloud(width = 3000, height = 2000,background_
color='white',max_words=70)
wordcloud.generate_from_frequencies(tfIdf_total)
plt.figure(figsize=(40, 30))
plt.imshow(wordcloud, interpolation='bilinear')
plt.axis("off")
plt.show()
```

这会产生如图 8.35 所示的结果。

现在我们已经使用 TF-IDF 分数创建了常见单词的词云。

图 8.35　根据 TF-IDF 分数显示前 70 个最常见单词的词云

8.8.3　原理解释

在步骤（1）中，导入了所需的库。

在步骤（2）中，使用 read_csv 函数将 8.5 节“执行词干提取和词形还原操作”中输出的.csv 文件加载到 pandas DataFrame 中。它包含已执行词形还原的评论数据。

在步骤（3）中，使用了 head 和 shape 属性检查数据集。

在步骤（4）中，使用了 pandas 中的 dropna 方法删除缺失值。这是标记化和其他预处理步骤的要求。

在步骤（5）中，使用了 sklearn 中的 TfidfVectorizer 类创建一个词条矩阵。我们首先初始化 TfidfVectorizer 类，然后使用 fit 方法将其拟合到词形还原数据上。本示例使用了 pandas 中的 DataFrame 函数将 TF-IDF 分数保存在 DataFrame 中。在该函数中，使用了 toarray 方法将 TF-IDF 分数转换为数组，并使用 TfidfVectorizer 类的 get_ feature_names 属性将列定义为特征名称。

在步骤（6）中，转置了 DataFrame 并对所有 TF-IDF 分数求和，以获得每个特征名称的单个分数。这是一个关键要求，因为我们需要按每个特征名称一个分数来生成词云。

在步骤（7）中，使用了 wordcloud 库中的 WordCloud 类来创建词云。我们向该类提供了 width、height 和 background_color 参数。

本示例使用了 wordcloud 库中的 generate_from_frequencies 函数根据 TF-IDF 分数创建词云，然后使用 matplotlib 中的 figure 函数来定义图形大小，并使用 imshow 函数来显示 wordcloud 库生成的图形。最后，我们使用了 axis 函数删除轴。

8.8.4 扩展知识

与 TF-IDF 相关的另一个概念是词袋（bag of words，BoW）。

BoW 方法通过计算词条在文本中出现的次数来将文本转换为固定长度的向量。创建 BoW 时，通常会识别文档或语料库中的唯一词条列表，然后计算每个词条出现的次数。这形成了固定长度的向量。

在 BoW 方法中，并没有真正考虑单词的顺序，我们所关注的重点其实是单词在文档中出现的次数。

下面的例子进一步解释了这一点：

- The boy is tall（男孩个子很高）。
- The boy went home（男孩回家了）。
- The boy kicked the ball（男孩踢球了）。

上述语料库中的唯一词条列表是：

```
{"the", "boy", "is", "tall", "went", "home", "kicked", "ball"}
```

这是一个包含 8 个词条的列表。为了创建 BoW 模型，我们可以计算每个词条出现的次数，具体如表 8.1 所示。

表 8.1　词袋示例

Document	the	boy	is	tall	went	home	kicked	ball
1	1	1	1	1	0	0	0	0
2	1	1	0	0	1	1	0	0
3	1	1	0	0	0	0	1	1

在表 8.1 中可以看到，上述文档已经被转换为固定长度的向量，固定长度为 8。一般来说，应在创建 Bow 之前执行词形还原或词干提取（例如 went 应该还原为 go，kicked 应去掉 ed），这样做可以降低 BoW 模型的维度。

BoW 是一种更简单的技术，仅计算文档中单词的频率，而 TF-IDF 则是一种更复杂的技术，它同时考虑了文档和整个语料库中单词的频率。TF-IDF 可以更好地表示文档中单词的相关性或重要性。

8.8.5 参考资料

如果你对 BoW 和 TF-IDF 比较感兴趣，可访问：

https://www.analyticsvidhya.com/blog/2021/07/bag-of-words-vs-tfidfvectorization-a-hands-on-tutorial/

8.9 执行文本中的情感分析

在分析文本数据时，我们可能有兴趣理解和分析文本中传达的情感。情感分析（sentiment analysis，SA）可以帮助我们实现这一目标。

顾名思义，情感分析将尝试识别文本中表达的情绪基调。这种情绪基调或表达的情绪通常被分类为正面（positive，或称为“积极的”）、负面（negative，或称为“消极的”）或中性（neutral）情绪。情感分析非常有用，因为它通常会产生有关我们要分析的文本所涵盖的特定主题的可行见解。

让我们来看一些例子：

- I really like the dress（我真的很喜欢这件衣服）。
- I didn’t get value for my money（我这钱花得真不值）。
- I paid for the dress（我花钱买了这件衣服）。

分析上述每个文本，我们可以轻松识别出第一个文本表达的是积极情绪，第二个文本表达的是消极情绪，最后一个文本则表达的是中性情绪。仅就收集到的见解而言，第一个客户显然是满意的，而第二个客户显然是不满意的。

在对语料库进行情感分析时，我们可以将情感分为正面、负面和中性类别，并进一步可视化每个情感类别的单词分布。

本秘笈将使用 nltk 库中的 SentimentIntensityAnalyzer 类来探索情感分析。该类使用了 Valence Aware Dictionary and sEtiment Reasoner（VADER）词典以及基于规则的系统进行情感分析。

8.9.1 准备工作

本秘笈将使用来自 Kaggle 网站的 Sentiment Analysis of Restaurant Review（餐厅评论的情绪分析）数据集。但是，我们将使用 8.5 节“执行词干提取和词形还原操作”中导出的词形还原之后的版本。该版本已经执行了清除标点符号、扩展缩写、将大写字母全部变成小写和删除停用词等操作，并对数据进行了词形还原。你也可以从本书配套 GitHub 存储库中检索所有文件。

8.9.2　实战操作

要使用 nltk、wordcloud、matplotlib、seaborn 和 pandas 等库执行情感分析，请按以下步骤操作。

（1）导入相关库：

```
import pandas as pd
import matplotlib.pyplot as plt
import seaborn as sns
import nltk
from nltk.tokenize import word_tokenize
from wordcloud import WordCloud
from nltk.probability import FreqDist
from nltk.sentiment.vader import SentimentIntensityAnalyzer
```

（2）使用 read_csv 将.csv 加载到 DataFrame 中：

```
reviews_data = pd.read_csv("data/cleaned_reviews_lemmatized_data.csv")
```

（3）使用 head 方法检查前 5 行：

```
reviews_data.head()
```

这将产生如图 8.36 所示的结果。

	Review	Liked	reviews_cleaned_lemmatized	reviews_cleaned
0	Wow... Loved this place.	1	wow ... love place	wow ... loved this place
1	Crust is not good.	0	crust good	crust is not good
2	Not tasty and the texture was just nasty.	0	tasty texture nasty	not tasty and the texture was just nasty
3	Stopped by during the late May bank holiday of...	1	stop late may bank holiday rick steve recommen...	stopped by during the late may bank holiday of...
4	The selection on the menu was great and so wer...	1	selection menu great price	the selection on the menu was great and so wer...

图 8.36　清洗后的评论数据的前 5 行

（4）检查行数和列数：

```
reviews_data.shape
(899, 4)
```

（5）使用 nltk 中的 SentimentIntensityAnalyzer 类检查评论数据中的情绪：

```
sentimentanalyzer = SentimentIntensityAnalyzer()
reviews_data['sentiment_scores'] = reviews_data['reviews_
cleaned'].apply(lambda x: sentimentanalyzer.polarity_scores(x))
reviews_data.head()
```

这会产生如图 8.37 所示的结果。

	Review	Liked	reviews_cleaned_lemmatized	reviews_cleaned	sentiment_scores
0	Wow... Loved this place.	1	wow ... love place	wow ... loved this place	{'neg': 0.0, 'neu': 0.28, 'pos': 0.72, 'compou...
1	Crust is not good.	0	crust good	crust is not good	{'neg': 0.445, 'neu': 0.555, 'pos': 0.0, 'comp...
2	Not tasty and the texture was just nasty.	0	tasty texture nasty	not tasty and the texture was just nasty	{'neg': 0.34, 'neu': 0.66, 'pos': 0.0, 'compou...
3	Stopped by during the late May bank holiday of...	1	stop late may bank holiday rick steve recommen...	stopped by during the late may bank holiday of...	{'neg': 0.093, 'neu': 0.585, 'pos': 0.322, 'co...
4	The selection on the menu was great and so wer...	1	selection menu great price	the selection on the menu was great and so wer...	{'neg': 0.0, 'neu': 0.728, 'pos': 0.272, 'comp...

图 8.37　评论数据的前 5 行（增加了情绪分数）

（6）存储总体情绪分数：

```
reviews_data['overall_scores'] = reviews_data['sentiment_scores'].
apply(lambda x: x['compound'])
reviews_data.head()
```

这将显示如图 8.38 所示的结果。

	Review	Liked	reviews_cleaned_lemmatized	reviews_cleaned	sentiment_scores	overall_scores
0	Wow... Loved this place.	1	wow ... love place	wow ... loved this place	{'neg': 0.0, 'neu': 0.28, 'pos': 0.72, 'compou...	0.8271
1	Crust is not good.	0	crust good	crust is not good	{'neg': 0.445, 'neu': 0.555, 'pos': 0.0, 'comp...	-0.3412
2	Not tasty and the texture was just nasty.	0	tasty texture nasty	not tasty and the texture was just nasty	{'neg': 0.34, 'neu': 0.66, 'pos': 0.0, 'compou...	-0.5574
3	Stopped by during the late May bank holiday of...	1	stop late may bank holiday rick steve recommen...	stopped by during the late may bank holiday of...	{'neg': 0.093, 'neu': 0.585, 'pos': 0.322, 'co...	0.6908
4	The selection on the menu was great and so wer...	1	selection menu great price	the selection on the menu was great and so wer...	{'neg': 0.0, 'neu': 0.728, 'pos': 0.272, 'comp...	0.6249

图 8.38　评论数据的前 5 行（增加了总体情绪分数）

（7）将情绪分数分类为积极（1）和消极（0）：

```
reviews_data['sentiment_category'] = 0
reviews_data.loc[reviews_data['overall_scores'] > 0,'sentiment_
category'] = 1
reviews_data.head()
```

这会产生如图 8.39 所示的结果。

	Review	Liked	reviews_cleaned_lemmatized	reviews_cleaned	sentiment_scores	overall_scores	sentiment_category
0	Wow... Loved this place.	1	wow ... love place	wow ... loved this place	{'neg': 0.0, 'neu': 0.28, 'pos': 0.72, 'compou...	0.8271	1
1	Crust is not good.	0	crust good	crust is not good	{'neg': 0.445, 'neu': 0.555, 'pos': 0.0, 'comp...	-0.3412	0
2	Not tasty and the texture was just nasty.	0	tasty texture nasty	not tasty and the texture was just nasty	{'neg': 0.34, 'neu': 0.66, 'pos': 0.0, 'compou...	-0.5574	0
3	Stopped by during the late May bank holiday of...	1	stop late may bank holiday rick steve recommen...	stopped by during the late may bank holiday of...	{'neg': 0.093, 'neu': 0.585, 'pos': 0.322, 'co...	0.6908	1
4	The selection on the menu was great and so wer...	1	selection menu great price	the selection on the menu was great and so wer...	{'neg': 0.0, 'neu': 0.728, 'pos': 0.272, 'comp...	0.6249	1

图 8.39　评论数据的前 5 行（增加了情绪分类）

（8）使用 pandas 中的 crosstab 函数创建交叉表，以对预测情绪与实际情绪进行比较。此输出通常称为混淆矩阵（confusion matrix），用于检查模型的准确率：

```
pd.crosstab(reviews_data['Liked'], reviews_data['sentiment_category'],
rownames=['Actual'], colnames=['Predicted'])
```

这会产生如图 8.40 所示的结果。

Predicted	0	1
Actual		
0	324	79
1	91	405

图 8.40　实际情绪分数和预测情绪分数的混淆矩阵

（9）创建 combine_words 自定义函数，将所有单词组合到一个列表中：

```
def combine_words(word_list):
    all_words = []
    for word in word_list:
        all_words += word
    return all_words
```

（10）识别负面评论并提取所有单词：

```
reviews_data['reviews_tokenized'] = reviews_data['reviews_
cleaned_lemmatized'].apply(word_tokenize)
reviews = reviews_data.loc[reviews_data['sentiment_
category']==0,'reviews_tokenized']
reviews_words = combine_words(reviews)
```

```
reviews_words[:10]
[   'crust',
    'good',
    'tasty',
    'texture',
    'nasty',
    'get',
    'angry',
    'want',
    'damn',
    'pho']
```

（11）绘制仅包含负面评论的词云：

```
mostcommon = FreqDist(reviews_words).most_common(50)
wordcloud = WordCloud(width=1600, height=800, background_
color='white').generate(str(mostcommon))
fig = plt.figure(figsize=(30,10), facecolor='white')
plt.imshow(wordcloud, interpolation="bilinear")
plt.axis('off')
plt.title('Top 50 Most Common Words for negative feedback',
fontsize=50)
plt.show()
```

这会产生如图 8.41 所示的结果。

图 8.41　显示负面情绪中最常见的 50 个单词的词云

现在我们已经对评论数据执行了情感分析。

8.9.3　原理解释

在步骤（1）中，导入了所需的库。

在步骤（2）中，使用 read_csv 函数将 8.5 节“执行词干提取和词形还原操作”中输出的.csv 文件加载到 pandas DataFrame 中。它包含已执行词形还原的评论数据。

在步骤（3）中，使用了 head 查看数据集。

在步骤（4）中，使用了 shape 属性检查 DataFrame 的行数和列数。

在步骤（5）中，使用了 nltk 中的 SentimentIntensityAnalyzer 类检查评论数据中的情绪。我们使用了 polarity_scores 方法获得情绪分数。其输出是一个字典，其中包含代表评论数据中负面单词的比例的负极性得分（negative polarity score），代表评论数据中正面单词的比例的正极性得分（positive polarity score），代表评论数据中中性单词的比例的中性极性得分（neutral polarity score），以及表示情绪总体得分的复合得分，范围从−1（极其负面）到+1（极其正面）。

在步骤（6）中，将复合分数保存在一列中。

在步骤（7）中，为了简单起见，将情绪分为积极情绪（1）和消极情绪（0）两类。当然，为了获得更高的准确率，也可以将情绪分为积极、消极和中性情绪 3 类。

在步骤（8）中，创建了一个混淆矩阵来了解情绪输出的准确率。

在步骤（9）中，创建了 combine_words 自定义函数来将所有单词组合到一个列表中。

在步骤（10）中，提取了所有负面情绪单词，并将 combine_words 自定义函数应用于负面情绪单词。

在步骤（11）中，使用了 nltk 中的 FreqDist 类来识别负面情绪中最常见的单词，然后使用 wordcloud 库中的 WordCloud 类来创建词云。

我们向 WordCloud 类提供了 width、height 和 background_color 参数，然后使用 matplotlib 中的 figure 函数来定义图形大小，并使用 imshow 函数来显示词云生成的图形。最后，使用 axis 函数删除轴，并使用 matplotlib 中的 title 函数定义词云的标题。

8.9.4　扩展知识

除了 nltk 库，还可以探索其他情感分析选项。

- TextBlob：TextBlob 是一个流行的情感分析库。它提供了一个预训练的模型，可用于分析一段文本的情绪并将其分类为积极、消极或中性。它使用基于规则的方法进行情感分析，通过使用具有预定极性的单词的词典来确定文本的情感。

- spaCy：spaCy 库包含各种用于情感分析的工具。它可以在处理需要速度和效率的大规模情感分析任务时使用。
- 分类模型：还可以使用机器学习分类模型进行情感分析。为了实现这一目标，我们需要一个包含标签的数据集。这意味着数据集必须用其相应的情感标签（例如，积极、消极或中性）进行注释。该模型从文本中获取 BoW 作为输入。朴素贝叶斯（Naïve Bayes）模型就是一种常见的分类模型。
- 深度学习模型：深度学习模型，例如卷积神经网络（convolutional neural networks，CNN）、循环神经网络（recurrent neural networks，RNN），特别是长短期记忆（long short-term memory，LSTM）网络，也可以用于情感分析。

  此外，还可以使用具有最先进性能的 Transformer（一种深度学习模型）。我们可以利用预训练的 Transformer 模型，因为从头开始构建和训练一个模型很困难。用于情感分析的深度学习模型的优点之一是它们可以从文本数据中自动提取相关特征。这非常有用，特别是在处理复杂且非结构化的文本数据时。唯一的缺点是这些模型需要大量的训练数据并且计算成本相对较高。就像分类模型方法一样，这种方法也需要标记数据。

8.9.5 参考资料

你可以查看以下有用的资源：

https://www.analyticsvidhya.com/blog/2022/07/sentiment-analysis-using-python/

8.10 执行主题建模

主题建模（topic modeling）可以帮助分析人员识别文本中的潜在主题。当应用于语料库时，我们可以轻松识别它涵盖的一些最常见的主题。

想象一下，我们有大量文档，例如新闻文章、客户评论或博客文章。主题建模算法可以分析文档中的单词和模式，以识别重复出现的主题。它通过假设每个主题都由一组经常一起出现的单词来表征。通过检查一起出现的单词的频率，该算法可以识别语料库中最有可能涵盖的主题。

让我们来看一个包含以下文档的示例。

- 文档 1：

```
The government needs to consider implementing policies which will stimulate economic growth. The country needs policies aimed at creating jobs and improving overall infrastructure（政府需要考虑实施一些刺激经济增长的政策。国家需要旨在创造就业机会和改善整体基础设施的政策）
```

- 文档 2：

```
I enjoyed watching the football match over the weekend. The two teams were contending for the trophy and displayed great skill and teamwork. The winning goal was scored during the last play of the game（我很喜欢看周末的足球比赛。两支球队都在努力为奖杯而战，展现了出色的技术和团队合作。制胜一球是在比赛的最后时刻踢进的）
```

- 文档 3：

```
Technology has changed the way we live and do business. The advancements in technology have significantly transformed many industries. Companies are leveraging innovative technologies to drive productivity and profitability. This is now a requirement to stay competitive（技术已经改变了我们的生活和做生意的方式。技术的进步极大地改变了许多行业。很多公司都在利用创新技术来提高生产力和盈利能力。这也是如今保持竞争力的必然要求）
```

基于这些文档，主题建模算法可以识别以下关键字组合。

- 文档 1：
  - 关键词：government（政府）、policies（政策）、infrastructure（基础设施）、economy（经济）、jobs（就业）、growth（增长）。
  - 可能的主题：politics（政治）/economy（经济）。
- 文档 2：
  - 关键词：football（足球）、match（比赛）、teams（球队）、score（得分）、win（胜利）、goal（进球）、game（比赛）。
  - 可能的主题：sports（体育）。
- 文档 3：
  - 关键词：technology（技术）、advancements（进步）、innovative（创新）、productivity（生产力）、profitability（盈利能力）、industries（行业）。
  - 可能的主题：technology（技术）。

从上述示例可以看到，主题建模算法能够识别关键词的组合。这些关键词可以帮助我们恰当地命名主题。

注意：

gensim 中的 Latent Dirichlet Allocation（LDA）主题模型涉及一些模型参数的随机初始化，例如单词的主题分配和文档的主题比例。这意味着模型每次运行时都会产生不同的结果，这也意味着你可能无法在本秘笈中得到确切一致的结果。为了确保每次运行代码时都能获得相同的主题结果（即确保可再现性），我们需要在模型中使用 random_state 参数。

本秘笈将使用 gensim 和 pyLDAvis 库来执行主题建模并将主题可视化。

8.10.1　准备工作

本秘笈将使用来自 Kaggle 网站的 Sentiment Analysis of Restaurant Review（餐厅评论的情绪分析）数据集。但是，我们将使用 8.5 节“执行词干提取和词形还原操作”中导出的词形还原之后的版本。该版本已经执行了清除标点符号、扩展缩写、将大写字母全部变成小写和删除停用词等操作，并对数据进行了词形还原。你也可以从本书配套 GitHub 存储库中检索所有文件。

除了 nltk 库，本示例还需要 gensim 和 pyLDAvis 库，其安装命令如下：

```
pip install gensim
pip install pyLDAvis
```

8.10.2　实战操作

要使用 nltk、gensim、pyLDAvis 和 pandas 库对文本数据执行主题建模，请按以下步骤操作。

（1）导入相关库：

```
import pandas as pd
import nltk
from nltk.tokenize import word_tokenize
import gensim
from gensim.utils import simple_preprocess
import gensim.corpora as corpora
from pprint import pprint
import pyLDAvis.gensim_models
pyLDAvis.enable_notebook()# Visualise inside a notebook
```

（2）使用 read_csv 将.csv 加载到 DataFrame 中：

```
reviews_data = pd.read_csv("data/cleaned_reviews_lemmatized_data.csv")
```

（3）使用 head 方法检查前 5 行：

```
reviews_data.head()
```

这将产生如图 8.42 所示的结果。

	Review	Liked	reviews_cleaned_lemmatized	reviews_cleaned
0	Wow... Loved this place.	1	wow ... love place	wow ... loved this place
1	Crust is not good.	0	crust good	crust is not good
2	Not tasty and the texture was just nasty.	0	tasty texture nasty	not tasty and the texture was just nasty
3	Stopped by during the late May bank holiday of...	1	stop late may bank holiday rick steve recommen...	stopped by during the late may bank holiday of...
4	The selection on the menu was great and so wer...	1	selection menu great price	the selection on the menu was great and so wer...

图 8.42　清洗后的评论数据的前 5 行

检查行数和列数：

```
reviews_data.shape
(899, 4)
```

（4）使用 nltk 中的 word_tokenize 函数对评论数据进行分词：

```
reviews_data['reviews_tokenized'] = reviews_data['reviews_
cleaned_lemmatized'].apply(word_tokenize)
```

（5）准备要执行主题建模的评论数据。将分词之后的数据转换为列表的列表，进行子集化以检查列表中的第一项，再次进行子集化以检查结果列表中的第一项，最后检查该输出的前 30 个字符：

```
data = reviews_data['reviews_tokenized'].values.tolist()
all_reviews_words = list(data)
all_reviews_words[:1][0][:30]
['wow', '...', 'love', 'place']
```

（6）创建字典和语料库。应用与之前相同的子集来查看前一项的语料库结果：

```
dictionary = corpora.Dictionary(all_reviews_words)
corpus = [dictionary.doc2bow(words) for words in all_reviews_words]
# View
print(corpus[:1][0][:30])
[(0, 1), (1, 1), (2, 1), (3, 1)]
```

（7）使用 gensim 的 models 模块中的 LdaMulticore 类创建 LDA 模型：

```
topics = 2
lda_model = gensim.models.
LdaMulticore(corpus=corpus,id2word=dictionary, num_topics=topics)
model_result = lda_model[corpus]

pprint(lda_model.print_topics()[:4])
[   (0,
    '0.016*"service" + 0.013*"food" + 0.011*"go" + 0.010*"great" +
0.009*"back" '
    '+ 0.009*"like" + 0.009*"good" + 0.009*"get" + 0.007*"place" +
0.007*"time"'),
    (1,
    '0.021*"place" + 0.020*"food" + 0.019*"good" + 0.012*"great" +
0.010*"go" + '
    '0.009*"service" + 0.008*"time" + 0.007*"back" +
0.007*"really" + '
    '0.007*"best"')]
```

（8）查看模型的输出：

```
print(reviews_data['reviews_tokenized'][0])
model_result[0]
['wow', '...', 'love', 'place']
[(0, 0.14129943), (1, 0.8587006)]
```

（9）使用 pyLDAvis 库绘制主题和热门词：

```
lda_visuals = pyLDAvis.gensim_models.prepare(lda_model,corpus,dictionary)
pyLDAvis.display(lda_visuals)
```

这会产生如图 8.43 和图 8.44 所示的结果。

（10）将输出添加到原始 DataFrame 中：

```
reviews_data['reviews_topics'] = [sorted(lda_model[corpus]
[i], key=lambda x: x[1], reverse=True)[0][0] for i in
range(len(reviews_data['reviews_tokenized']))]
```

（11）使用 pandas 中的 value_counts 方法统计每个类别的记录数：

```
reviews_data['reviews_topics'].value_counts()
1 512
0 387
```

现在我们已经执行了主题建模来识别评论数据中的关键主题。

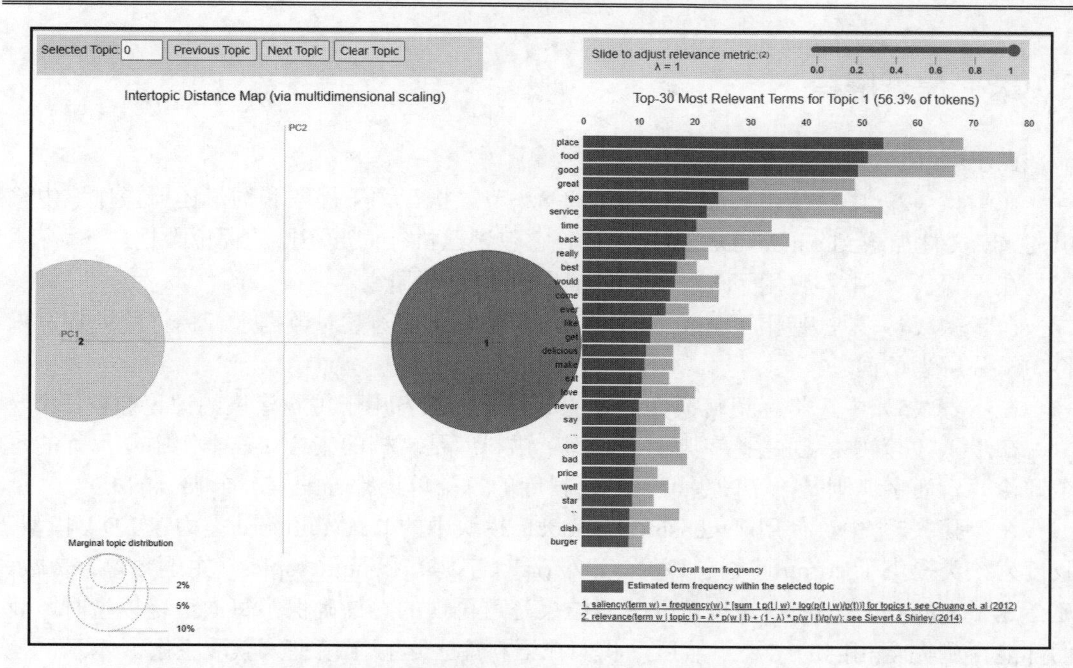

图 8.43　主题可视化——主题 1 的相关单词和频率

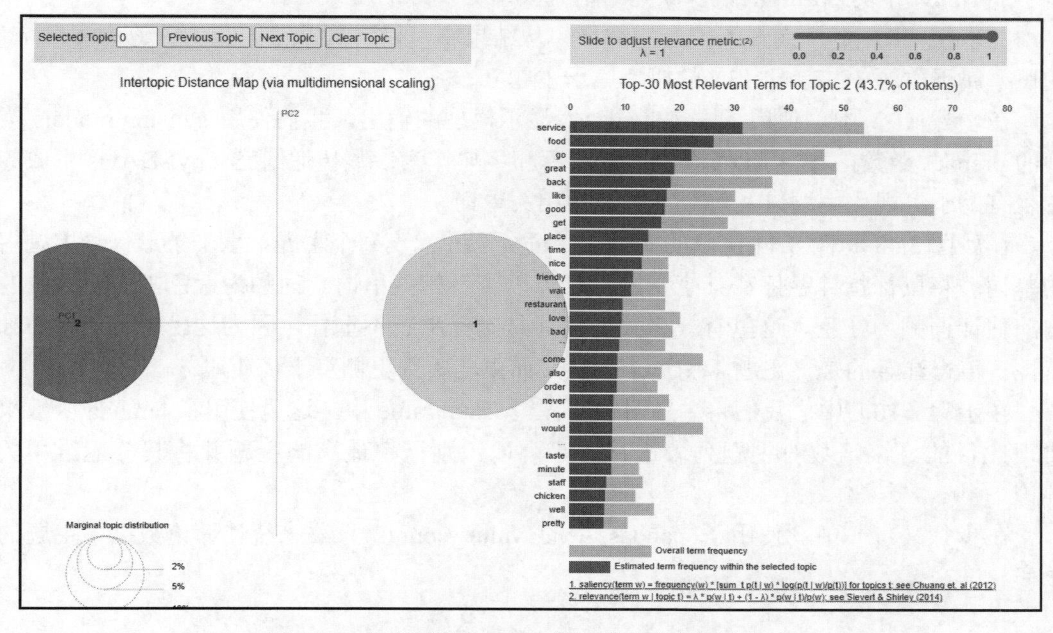

图 8.44　主题可视化——主题 2 的相关单词和频率

8.10.3　原理解释

在步骤（1）中，导入了所需的库。

在步骤（2）中，使用 read_csv 函数将 8.5 节“执行词干提取和词形还原操作”中输出的.csv 文件加载到 pandas DataFrame 中。它包含已执行词形还原的评论数据。

在步骤（3）中，使用了 head 和 shape 属性检查数据集。

在步骤（4）中，使用了 nltk 库中的 word_tokenize 函数对数据进行标记化处理，以将句子分解为单词。

在步骤（5）中，将标记转换为列表的列表，以准备用于主题建模的评论数据。

在步骤（6）中，创建了字典和语料库。语料库是文档的集合（在本例中是每行的每个评论），而字典则是一个映射，其中语料库的每个单词都分配有一个唯一的 ID。

在步骤（7）中，使用了 gensim 的 models 模块中的 LdaMulticore 类构建 LDA 模型。我们为该类提供了 corpus（语料库）、id2word（字典）和 num_topics（主题数量）参数。还指定了 random_state 参数以确保代码结果是可再现的。这确保了每次运行模型时，我们都能得到完全相同的结果。然后，我们在语料库上运行了模型来获取主题。本示例使用了 pprint 库中的 pprint 函数以漂亮的格式（即更友好的格式）打印主题。

在步骤（8）中，检查了模型的结果。从结果中可以看到，第一行的评论有 85.87%的概率属于主题 1，有 14.13%的概率属于主题 0。

在步骤（9）中，使用了 pyLDAvis 库显示模型的输出。我们使用 gensim_models 类中的 prepare 函数，并将 LDA 模型、语料库和字典作为参数传递给它。pyLDAvis 生成的图表有助于可视化主题以及每个主题中的相关单词。

在如图 8.43 和图 8.44 所示的图表中，每个圆圈代表一个主题，水平条形代表主题中的单词。将鼠标指针悬停在某个主题上，可以查看相关单词。词频为蓝色，而所选主题内的估计词频为红色。这里有一个关键目标是确保主题不重叠，因为这表明了主题的独特性。值得注意的是，主题 1 侧重于美食，而主题 2 则更侧重于优质服务。

在步骤（10）中，我们将主题附加回评论 DataFrame 中。这里使用了 lambda 函数来实现此目的。该函数对主题列表进行排序，以识别概率最高的主题并将其分配给相关评论。

在步骤（11）中，使用了 pandas 中的 value_counts 方法来统计评论数据中主题的频率。

8.11　选择最佳主题数量

为了从主题建模中获得最佳价值，我们必须选择最佳的主题数量。这可以通过衡量主题内的一致性来实现。

一致性（coherence）通过测量主题的热门词在语义上的相似程度来评估主题的质量。一致性测量有多种类型，当然，大多数是基于成对单词（pairwise word）共现（co-occurrence）统计的计算。较高的一致性分数通常意味着主题更加连贯且语义更有意义。

在 gensim 中，将使用以下两种一致性度量。

- cumulative 一致性（Cumass）：计算主题中最热门单词之间的成对单词共现统计数据，并返回这些分数的总和。
- C_v 一致性：将主题中的热门单词与背景单词语料库进行比较，以估计一致性。它将比较两个概率，一是主题中排名靠前的单词共现的概率，二是主题中排名靠前的单词与背景语料库中的一组参考单词共现的概率。

Cumass 是一种更简单、更有效、易于解释的衡量标准，而且它的计算成本比 C_v 低。但是，它不能像 C_v 那样很好地处理罕见或模棱两可的单词。

本秘笈将使用 gensim 库来找到最佳主题数量。

8.11.1　准备工作

本秘笈将使用来自 Kaggle 网站的 Sentiment Analysis of Restaurant Review（餐厅评论的情绪分析）数据集。但是，我们将使用 8.5 节“执行词干提取和词形还原操作”中导出的词形还原之后的版本。该版本已经执行了清除标点符号、扩展缩写、将大写字母全部变成小写和删除停用词等操作，并对数据进行了词形还原。你也可以从本书配套 GitHub 存储库中检索所有文件。

8.11.2　实战操作

要使用 nltk、gensim 和 pandas 库找到最佳主题数量，请按以下步骤操作。

（1）导入相关库：

```
import pandas as pd
import nltk
```

```
from nltk.tokenize import word_tokenize
import gensim
from gensim.utils import simple_preprocess
import gensim.corpora as corpora
from gensim.models import CoherenceModel
```

（2）使用 read_csv 将.csv 加载到 DataFrame 中：

```
reviews_data = pd.read_csv("data/cleaned_reviews_lemmatized_data.csv")
```

（3）使用 head 方法检查前 5 行：

```
reviews_data.head()
```

这将产生如图 8.45 所示的结果。

	Review	Liked	reviews_cleaned_lemmatized	reviews_cleaned
0	Wow... Loved this place.	1	wow ... love place	wow ... loved this place
1	Crust is not good.	0	crust good	crust is not good
2	Not tasty and the texture was just nasty.	0	tasty texture nasty	not tasty and the texture was just nasty
3	Stopped by during the late May bank holiday of...	1	stop late may bank holiday rick steve recommen...	stopped by during the late may bank holiday of...
4	The selection on the menu was great and so wer...	1	selection menu great price	the selection on the menu was great and so wer...

图 8.45　清洗后的评论数据的前 5 行

检查行数和列数：

```
reviews_data.shape
(899, 4)
```

（4）使用 nltk 中的 word_tokenize 函数对评论数据进行分词：

```
reviews_data['reviews_tokenized'] = reviews_data['reviews_
cleaned_lemmatized'].apply(word_tokenize)
```

（5）准备要执行主题建模的评论数据。将分词之后的数据转换为列表的列表，进行子集化以检查列表中的第一项，再次进行子集化以检查结果列表中的第一项，最后检查该输出的前 30 个字符：

```
data = reviews_data['reviews_tokenized'].values.tolist()
all_reviews_words = list(data)
all_reviews_words[:1][0][:30]
['wow', '...', 'love', 'place']
```

（6）创建字典和语料库。应用与之前相同的子集来查看前一项的语料库结果：

```
dictionary = corpora.Dictionary(all_reviews_words)
corpus = [dictionary.doc2bow(words) for words in all_reviews_words]
print(corpus[:1][0][:30])
[(0, 1), (1, 1), (2, 1), (3, 1)]
```

（7）使用 CoherenceModel 类执行 Umass 一致性检查：

```
review_topics_um = []
coherence_scores_um = []
for i in range(2,10,1):
    lda_model_um = gensim.models.LdaMulticore(corpus=corpus,
id2word=dictionary,num_topics = i ,random_state=1)
    coherence_um = CoherenceModel(model=lda_model_um,
corpus=corpus, dictionary=dictionary, coherence='u_mass')
    review_topics_um.append(i)
    coherence_scores_um.append(coherence_um.get_coherence())
plt.plot(review_topics_um, coherence_scores_um)
plt.xlabel('Number of Topics')
plt.ylabel('Coherence Score')
plt.show()
```

这会产生如图 8.46 所示的结果。

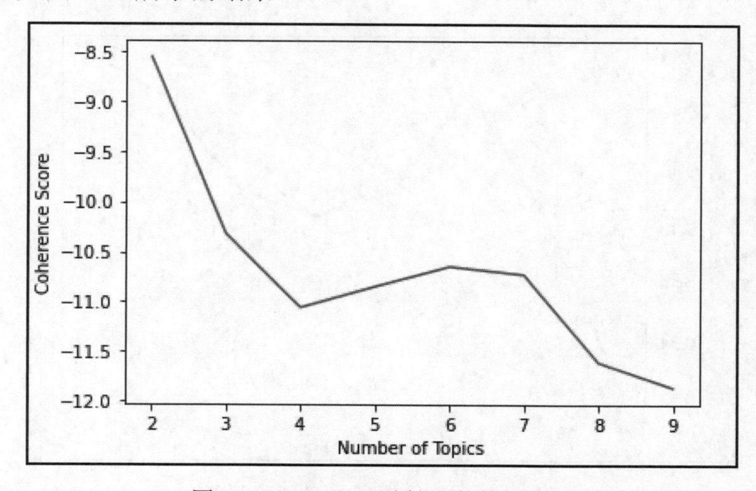

图 8.46　Umass 一致性分数的折线图

（8）从 Umass 一致性分数中确定主题的最佳数量：

```
topics_range = range(2,10,1)
max_index = coherence_scores_um.index(max(coherence_scores_um))
optimal_num_topics = topics_range[max_index]
```

```
print("Optimal topics: ",optimal_num_topics)

Optimal topics: 2
```

（9）使用 CoherenceModel 类执行 C_v 一致性检查：

```
review_topics_cv = []
coherence_scores_cv = []
for i in range(2,10,1):
    lda_model_cv = gensim.models.LdaMulticore(corpus=corpus,
id2word=dictionary, num_topics=i, random_state=1)
    coherence_cv = CoherenceModel(model=lda_model_cv,
texts = reviews_data['reviews_tokenized'], corpus=corpus,
dictionary=dictionary, coherence='c_v')
    review_topics_cv.append(i)
    coherence_scores_cv.append(coherence_cv.get_coherence())
plt.plot(review_topics_cv, coherence_scores_cv)
plt.xlabel('Number of Topics')
plt.ylabel('Coherence Score')
plt.show()
```

这会产生如图 8.47 所示的结果。

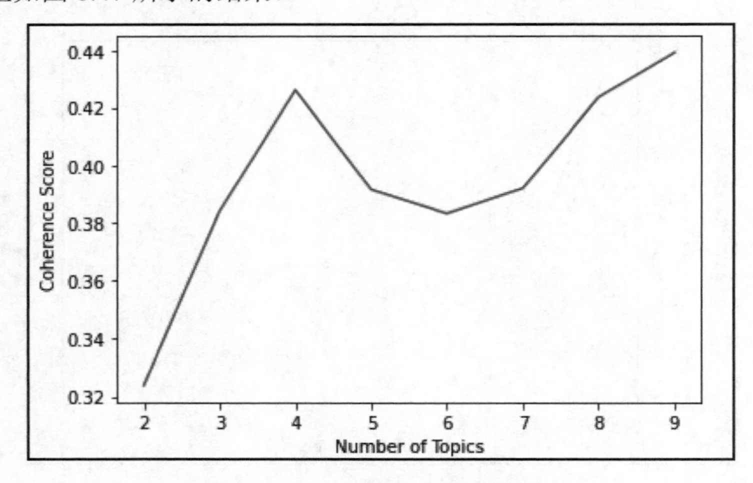

图 8.47　C_v 一致性分数的折线图

（10）从 C_v 一致性分数中确定主题的最佳数量：

```
topics_range = range(2,10,1)
max_index = coherence_scores_cv.index(max(coherence_scores_cv))
optimal_num_topics = topics_range[max_index]
```

```
print("Optimal topics: ",optimal_num_topics)

Optimal topics: 9
```

现在我们已经确定了主题的最佳数量。

8.11.3　原理解释

在步骤（1）中，导入了所需的库。

在步骤（2）中，使用 read_csv 函数将 8.5 节“执行词干提取和词形还原操作”中输出的.csv 文件加载到 pandas DataFrame 中。它包含已执行词形还原的评论数据。

在步骤（3）中，使用了 head 和 shape 属性检查数据集。

在步骤（4）中，使用了 nltk 库中的 word_tokenize 函数对数据进行标记化处理，以将句子分解为单词。

在步骤（5）中，将标记转换为列表的列表，以准备用于主题建模的评论数据。

在步骤（6）中，创建了字典和语料库。

在步骤（7）中，创建了一个 for 循环来构建具有不同主题数量（2～9）的多个模型，我们使用了 gensim 中的 LdaMulticore 类在主题数量范围(2,9)上构建各种 LDA 模型。在同一个 for 循环中，我们还计算了它们的 Umass 一致性分数，将分数保存在列表中，并以折线图显示分数。这里使用了 CoherenceModel 类计算一致性分数。

在步骤（8）中，通过从主题数量范围（2～9）中查找最大一致性分数来提取 Umass 一致性的最佳分数。可以看到，最佳主题数量是 2。

在步骤（9）和步骤（10）中，重复了前面的一致性步骤，只不过度量方法变成了 C_v 一致性，并以折线图显示分数。

你可能已经注意到，不同的一致性度量给出了相互矛盾的结果。这是因为，这些度量使用了不同的方法来计算一致性。在本示例中，可以考虑选择使用 Umass 分数获得的 2 个主题的结果，因为上一秘笈中的可视化结果（参考图 8.43 和图 8.44）显示主题没有重叠，而 C_v 分数提出了 9 个最佳主题，而这 9 个主题则有明显的重叠。你可以尝试使用 pyLDAvis 库可视化 2 个主题和 9 个主题来查看这一点。

第 9 章　处理异常值和缺失值

异常值和缺失值是我们在分析各种形式的数据时经常遇到的。如果在数据集中对异常值和缺失值处理不当，那么可能会导致得出不准确或有偏见的结论。因此，在分析数据之前处理异常值和缺失值非常重要。

异常值（也称为“离群值”）是数据集中异常高或异常低的值，与数据集中其他数据点相比有明显偏离。异常值的出现有多种原因，本章介绍了一些常见原因。

缺失值是指数据集的特定变量或观察记录中缺少数据点。发生这种情况的原因有多种，本章也介绍一些常见原因。

处理异常值和缺失值时需要谨慎，因为使用错误的技术也可能导致得出不准确或有偏见的结论。处理缺失值和异常值的一个重要步骤是确定它们存在于数据集中的原因。这通常会为你指明方向，指示哪种方法最能解决这些问题。其他要考虑的因素还包括数据的性质和要执行的分析类型等。

本章将讨论识别和处理异常值和缺失值的常用技术。

本章包含以下主题：

- 识别异常值
- 发现单变量异常值
- 寻找双变量异常值
- 识别多变量异常值
- 对异常值执行封顶和封底操作
- 删除异常值
- 替换异常值
- 识别缺失值
- 删除缺失值
- 替换缺失值
- 使用机器学习模型插补缺失值

9.1　技术要求

本章将利用 Python 中的 pandas、matplotlib、seaborn、scikit-learn、missingno 和 scipy

等库。

本章代码和 Notebook 可在本书配套 GitHub 存储库中找到，其网址如下：

https://github.com/PacktPublishing/Exploratory-Data-Analysis-with-Python-Cookbook

9.2 识别异常值

如前文所述，异常值是数据集中异常高或异常低的值。与数据集中的其他观测值相比，异常值通常会显得不同，并被视为极值。数据集中出现异常值的原因包括存在真实极值、测量错误、数据输入错误和数据处理错误等。

- 测量错误通常是由故障系统引起的，例如测量秤或传感器故障。
- 当用户提供了不准确的输入时，就会出现数据输入错误。例如，输入错误、提供了错误的数据格式或交换值（换位错误）。
- 在数据聚合或转换以生成最终输出的过程中可能会出现处理错误。

发现和处理异常值非常重要，因为异常值可能导致错误的结论并扭曲任何分析。如表 9.1 所示的数据说明了这一点。

表 9.1 收入异常值分析

PersonID	行　业	年收入值	PersonID	行　业	年收入值
Person1	咨询	170000	Person6	科技	450000
Person2	科技	500000	Person7	银行	350000
Person3	银行	150000	Person8	咨询	150000
Person4	医疗保健	100000	Person9	医疗保健	80000
Person5	教育	30000	Person10	教育	25000

以表 9.1 为例，如果综合考虑所有数据，则平均收入值约为 200000。但是当我们排除超过 300000 的年收入值时，平均收入值会锐减到约 100000；当我们进一步排除低于 50000 的年收入值时，平均收入值又会增加到约 130000。

由此可见，异常值的存在可以显著影响平均收入值。当所有值都用于计算时，不会真实反映平均值，因为它已被数据集中存在的异常值（非常低和非常高的值）扭曲。

为了正确处理异常值，我们需要了解具体情况并考虑分析的目标，然后得出具体的适宜处理方法。

本秘笈将使用 pandas 中的 describe 函数和 seaborn 中的 boxplot 函数来探索如何识别可能的异常值。

9.2.1　准备工作

本秘笈将使用一个数据集：来自 Kaggle 网站的 Amsterdam House Prices（阿姆斯特丹房价）数据。

你可以为本章创建一个文件夹，并在该文件夹中创建一个新的 Python 脚本或 Jupyter Notebook 文件。你还可以创建一个 data 子文件夹并将从 Kaggle 网站下载的 HousingPricesData.csv 文件放入该子文件夹中。

或者，你也可以从本书配套 GitHub 存储库中找到所有文件。

提示：

Kaggle 网站提供的 Amsterdam House Prices（阿姆斯特丹房价）公共数据的网址如下：

https://www.kaggle.com/datasets/thomasnibb/amsterdam-house-price-prediction

本章将使用完整的数据集，在不同秘笈中使用数据集的不同样本。本章配套 GitHub 存储库中也提供了这些数据。

9.2.2　实战操作

要通过箱线图识别异常值，需要使用 pandas、matplotlib 和 seaborn 等库，请按以下步骤操作。

（1）导入相关库：

```
import pandas as pd
import matplotlib.pyplot as plt
import seaborn as sns
```

（2）使用 read_csv 将.csv 文件加载到 DataFrame 中，并对 DataFrame 进行子集化以使其仅包含相关列：

```
houseprice_data = pd.read_csv("data/HousingPricesData.csv")
houseprice_data = houseprice_data[['Price', 'Area', 'Room']]
```

（3）使用 head 方法检查前 5 行，还可以检查行数和列数：

```
houseprice_data.head()
   Price      Area  Room
0  685000.0  64    3
```

```
1   475000.0  60    3
2   850000.0  109   4
3   580000.0  128   6
4   720000.0  138   5

houseprice_data.shape
(924, 3)
```

（4）使用 pandas 库中的 describe 方法获取 DataFrame 变量的汇总统计信息。在 pandas apply 方法中使用 lambda 函数来控制科学格式：

```
houseprice_data.describe().apply(lambda s: s.apply('{0:.1f}'.format))
       Price        Area    Room
count  920.0        924.0   924.0
mean   622065.4     96.0    3.6
std    538994.2     57.4    1.6
min    175000.0     21.0    1.0
25%    350000.0     60.8    3.0
50%    467000.0     83.0    3.0
75%    700000.0     113.0   4.0
max    5950000.0    623.0   14.0
```

（5）使用 seaborn 中的 boxplot 函数创建箱线图以识别 3 个变量中的异常值：

```
fig, ax = plt.subplots(1, 3,figsize=(40,18))

sns.set(font_scale = 3)
ax1 = sns.boxplot(data= houseprice_data, x= 'Price', ax = ax[0])
ax1.set_xlabel('Price in millions', fontsize = 30)
ax1.set_title('Outlier Analysis of House prices', fontsize = 40)

ax2 = sns.boxplot(data= houseprice_data, x= 'Area', ax=ax[1])
ax2.set_xlabel('Area', fontsize = 30)
ax2.set_title('Outlier Analysis of Areas', fontsize = 40)

ax3 = sns.boxplot(data= houseprice_data, x= 'Room', ax=ax[2])
ax3.set_xlabel('Rooms', fontsize = 30)
ax3.set_title('Outlier Analysis of Rooms', fontsize = 40)
plt.show()
```

这会产生如图 9.1 所示的结果。

现在我们已经对数据集进行了异常值分析。

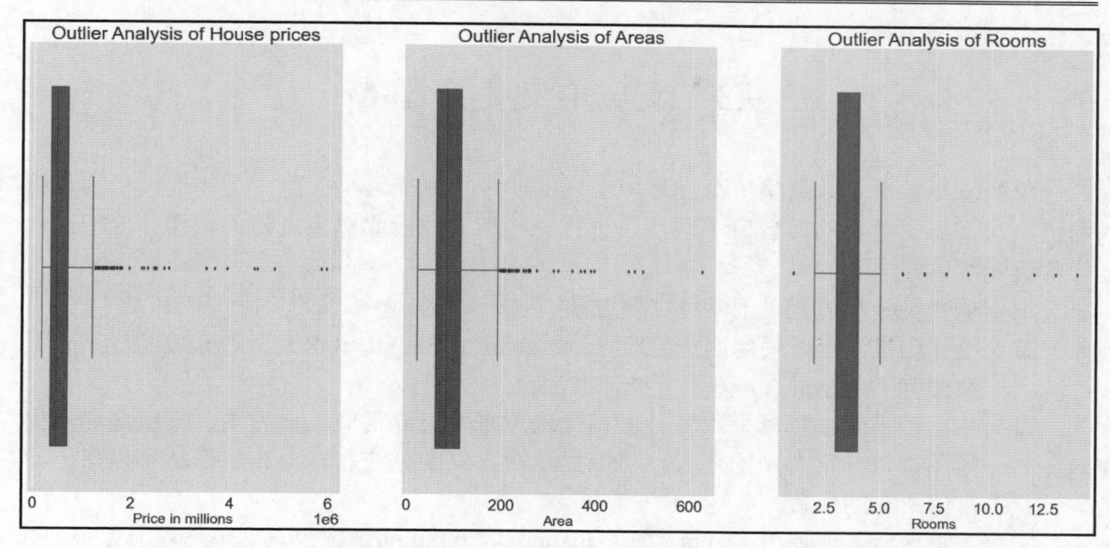

图 9.1　Price（房价）、Area（面积）和 Room（房间）的异常值分析

9.2.3　原理解释

本秘笈使用 pandas、matplotlib 和 seaborn 库。

在步骤（1）中，导入了所需的库。

在步骤（2）中，使用了 read_csv 函数加载房价数据，并对数据进行了子集化以仅选择 3 个相关列。

在步骤（3）中，使用了 head 方法检查前 5 行，并使用 shape 属性检查 DataFrame 的形状（行数和列数）。

在步骤（4）中，使用了 pandas 中的 describe 方法生成汇总统计数据。我们在 lambda 函数中使用了 format 函数来控制科学记数法并将数字显示到小数点后一位。汇总统计数据可让我们了解数据分布，并提供数据集中是否存在异常值的指示。例如，在本示例中可以看到 min（最小值）和 max（最大值）之间存在很大差距，而 mean（平均值）和 max（最大值）之间也存在很大差距。这种巨大的差距表明数据中存在异常值，在本示例中，异常值具有非常大的值。

在步骤（5）中，使用了 seaborn 中的 boxplot 函数来识别异常值。异常值是超出须线上限或低于须线下限的值。它们被表示为须线上下限之外的黑色圆圈。

9.3　发现单变量异常值

单变量异常值是数据集单个变量中出现的非常大或非常小的值。这些值被认为是极端值，通常与变量中的其余值不同。在进行进一步的分析或建模之前，识别并处理这些异常值非常重要。

识别单变量异常值有以下两种主要方法。

- 统计测量：可以采用四分位距（interquartile range，IQR）、Z 分数（Z-score）和偏度（skewness）测量等统计方法。
- 数据可视化：可以采用各种可视化选项来发现异常值。直方图、箱线图和小提琴图都是非常有用的图表，可以显示数据集的分布。其分布的形状可以指出异常值所在的位置。

本秘笈将探索如何使用 seaborn 中的 histplot 和 boxplot 函数来发现单变量异常值。

9.3.1　准备工作

本秘笈将使用来自 Kaggle 网站的 Amsterdam House Prices（阿姆斯特丹房价）数据。你也可以从本书配套 GitHub 存储库中找到所有文件。

9.3.2　实战操作

要使用 pandas、matplotlib 和 seaborn 等库来发现单变量异常值，请按以下步骤操作。

（1）导入相关库：

```
import pandas as pd
import matplotlib.pyplot as plt
import seaborn as sns
```

（2）使用 read_csv 将.csv 文件加载到 DataFrame 中，并对 DataFrame 进行子集化以使其仅包含相关列：

```
houseprice_data = pd.read_csv("data/HousingPricesData.csv")
houseprice_data = houseprice_data[['Price', 'Area', 'Room']]
```

（3）使用 head 方法检查前 5 行，还可以检查行数和列数：

```
houseprice_data.head()
   Price      Area   Room
```

```
0  685000.0  64   3
1  475000.0  60   3
2  850000.0  109  4
3  580000.0  128  6
4  720000.0  138  5

houseprice_data.shape
(924, 3)
```

（4）使用 pandas 库中的 describe 方法获取 DataFrame 变量的汇总统计信息。在 pandas apply 方法中使用 lambda 函数来控制科学格式：

```
houseprice_data.describe().apply(lambda s: s.apply('{0:.1f}'.format))
       Price      Area   Room
count  920.0      924.0  924.0
mean   622065.4   96.0   3.6
std    538994.2   57.4   1.6
min    175000.0   21.0   1.0
25%    350000.0   60.8   3.0
50%    467000.0   83.0   3.0
75%    700000.0   113.0  4.0
max    5950000.0  623.0  14.0
```

（5）使用 pandas 内的 quantile 方法计算 IQR：

```
Q1 = houseprice_data['Price'].quantile(0.25)
Q3 = houseprice_data['Price'].quantile(0.75)
IQR = Q3 - Q1
print(IQR)
350000.0
```

（6）使用 IQR 识别单变量异常值：

```
houseprice_data.loc[(houseprice_data['Price'] < (Q1 - 1.5 *
IQR)) |(houseprice_data['Price'] > (Q3 + 1.5 * IQR)),'Price']
20   1625000.0
28   1650000.0
31   1950000.0
33   3925000.0
57   1295000.0
...  ...
885  1450000.0
902  1300000.0
906  1250000.0
```

```
910   1698000.0
917   1500000.0
```

（7）使用 seaborn 中的 histplot 函数绘制直方图以发现单变量异常值：

```
plt.figure(figsize = (40,18))

ax = sns.histplot(data= houseprice_data, x= 'Price')
ax.set_xlabel('Price in millions', fontsize = 30)
ax.set_ylabel('Count', fontsize = 30)
ax.set_title('Outlier Analysis of House prices', fontsize = 40)

plt.xticks(fontsize = 30)
plt.yticks(fontsize = 30)
```

这会产生如图 9.2 所示的结果。

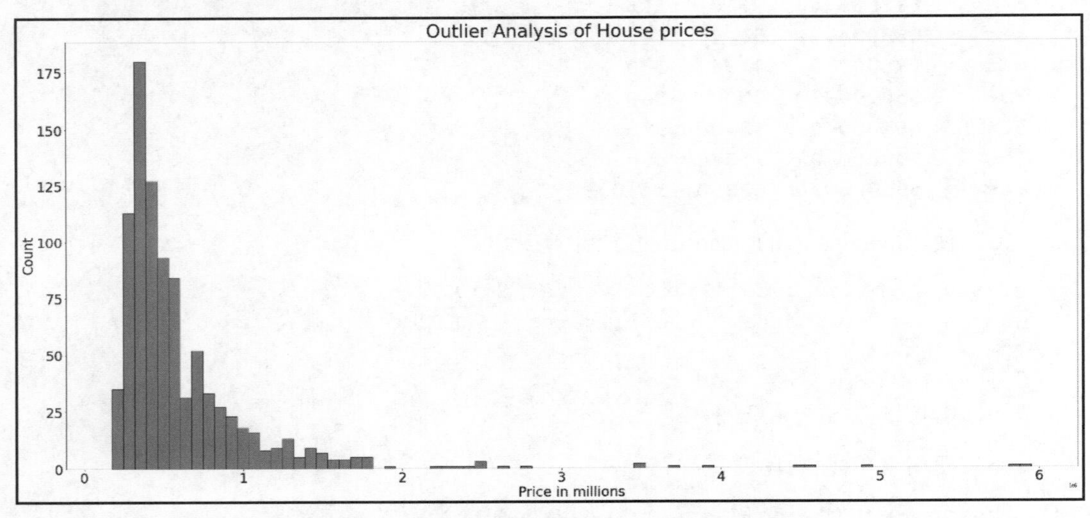

图 9.2　使用直方图进行单变量异常值分析

（8）使用 seaborn 中的 boxplot 函数绘制箱线图以发现单变量异常值：

```
plt.figure(figsize = (40,18))

ax = sns.boxplot(data= houseprice_data, x= 'Price')
ax.set_xlabel('Price in millions', fontsize = 30)
ax.set_title('Outlier Analysis of House prices', fontsize = 40)

plt.xticks(fontsize = 30)
plt.yticks(fontsize = 30)
```

这会产生如图 9.3 所示的结果。

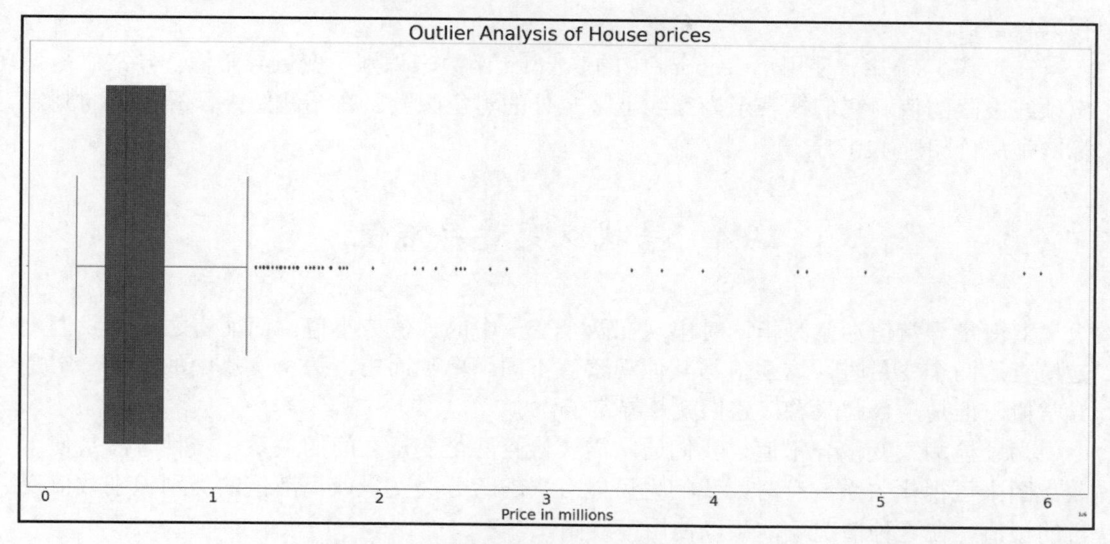

图 9.3　使用箱线图进行单变量异常值分析

现在我们已经在数据集中发现了单变量异常值。

9.3.3　原理解释

在步骤（1）中，导入了所需的库。

在步骤（2）中，使用了 read_csv 函数加载房价数据，并对数据进行了子集化以仅选择 3 个相关列。

在步骤（3）中，使用了 head 方法检查前 5 行，并使用 shape 属性检查 DataFrame 的形状（行数和列数）。

在步骤（4）中，使用了 pandas 中的 describe 方法生成汇总统计数据。我们在 lambda 函数中使用了 format 函数来控制科学记数法并将数字显示到小数点后一位。汇总统计数据可让我们了解数据分布，并提供数据集中是否存在异常值的指示。

在步骤（5）中，使用了 pandas 中的 quantile 方法计算 IQR，然后应用 IQR 公式来识别数据集中的单变量异常值。

在步骤（6）中，计算了两个阈值，一个用于判定极低的值，另一个用于判定极高的值。极低值的判定标准是小于第一个四分位数（Q1）减去 1.5 倍的 IQR，而极高值的判定标准则是大于第三个四分位数（Q3）加上 1.5 倍的 IQR。极低值和极高值都是异常值。

在步骤（7）中，使用了 seaborn 中的 histplot 函数来识别单变量异常值。在这种情况下，异常值将显示为直方图中的孤立条。在本示例的直方图中，房价超过 180 万即可被视为异常值。

在步骤（8）中，使用了 seaborn 中的 boxplot 函数来识别单变量异常值。异常值是超出须线上限的值。它们被表示为须线上限之外的黑色圆圈。在箱线图中，异常值的判定标准是房价超过 120 万。

9.4　寻找双变量异常值

双变量异常值通常是指同时出现在两个变量中的大值或小值。简而言之，当我们一起检查这两个变量时，这些值与其他观察值不同。单独而言，每个变量中的值不一定是异常值，但是，合起来看，它们就是异常值。

为了检测双变量异常值，我们通常需要检查两个变量之间的关系。一种方法是使用散点图来可视化关系。有时，我们也可能有兴趣跨分类变量或离散值的类别识别数值变量的极值，在这种情况下，可以使用箱线图。

使用箱线图时，我们可以轻松识别某些背景下的异常值，这些异常值通常是在给定背景的情况下被视为异常的观察结果。背景异常值明显偏离特定背景中的其余数据点。例如，在分析房价时，我们可以分析位置、卧室数量等属性。当仅对房价进行单变量分析时，背景异常值不太可能显示为异常值，但是当我们在特定背景下考虑房价时，它们通常会被识别出来。房屋的特征或属性（例如位置或房间数量）就是这种特定背景的示例。

同样，在选择处理双变量异常值的适当方法之前，了解分析的背景和目标非常重要。

本秘笈将探索如何使用 seaborn 中的 scatterplot 和 boxplot 方法来识别双变量异常值。

9.4.1　准备工作

本秘笈将使用来自 Kaggle 网站的 Amsterdam House Prices（阿姆斯特丹房价）数据。你也可以从本书配套 GitHub 存储库中找到所有文件。

9.4.2　实战操作

要通过散点图和箱线图来识别双变量异常值，需使用 pandas、matplotlib 和 seaborn 等库，请按以下步骤操作。

（1）导入相关库：

```
import pandas as pd
```

```
import matplotlib.pyplot as plt
import seaborn as sns
```

（2）使用 read_csv 将.csv 文件加载到 DataFrame 中，并对 DataFrame 进行子集化以使其仅包含相关列：

```
houseprice_data = pd.read_csv("data/HousingPricesData.csv")
houseprice_data = houseprice_data[['Price', 'Area', 'Room']]
```

（3）使用 head 方法检查前 5 行，还可以检查行数和列数：

```
houseprice_data.head()
   Price      Area   Room
0  685000.0   64     3
1  475000.0   60     3
2  850000.0   109    4
3  580000.0   128    6
4  720000.0   138    5

houseprice_data.shape
(924, 3)
```

（4）使用 seaborn 中的 scatterplot 函数绘制散点图以识别双变量异常值：

```
plt.figure(figsize = (40,18))

ax = sns.scatterplot(data= houseprice_data, x= 'Price', y = 'Area',
s = 200)
ax.set_xlabel('Price', fontsize = 30)
ax.set_ylabel('Area', fontsize = 30)
plt.xticks(fontsize=30)
plt.yticks(fontsize=30)

ax.set_title('Bivariate Outlier Analysis of House prices and Area',
fontsize = 40)
```

这会产生如图 9.4 所示的结果。

（5）使用 seaborn 中的 boxplot 函数绘制箱线图以发现双变量异常值：

```
plt.figure(figsize = (40,18))

ax = sns.boxplot(data= houseprice_data,x = 'Room', y= 'Price')
ax.set_xlabel('Room', fontsize = 30)
ax.set_ylabel('Price', fontsize = 30)
plt.xticks(fontsize=30)
```

```
plt.yticks(fontsize=30)
ax.set_title('Bivariate Outlier Analysis of House prices and Rooms',
fontsize = 40)
```

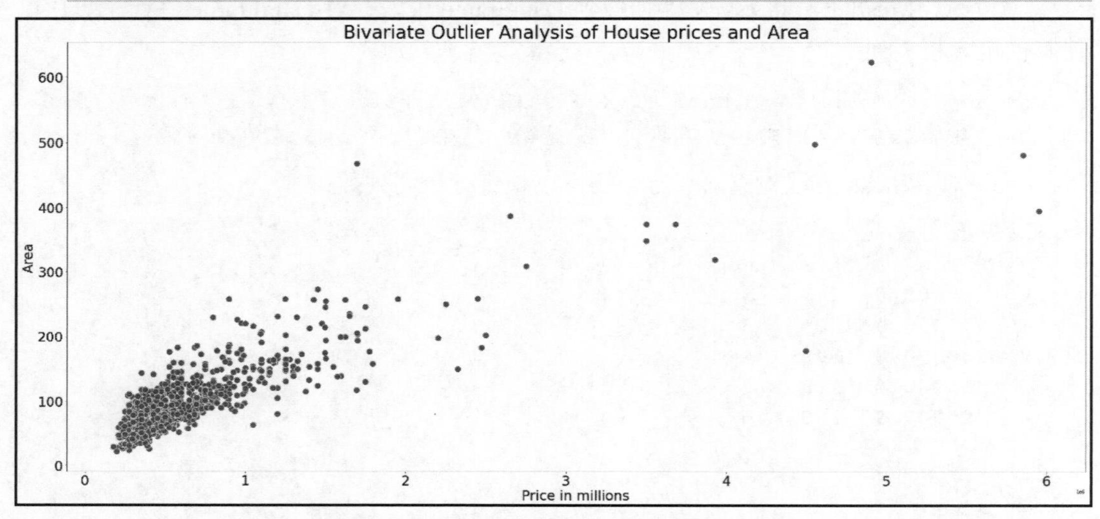

图 9.4　使用散点图进行双变量异常值分析

这会产生如图 9.5 所示的结果。

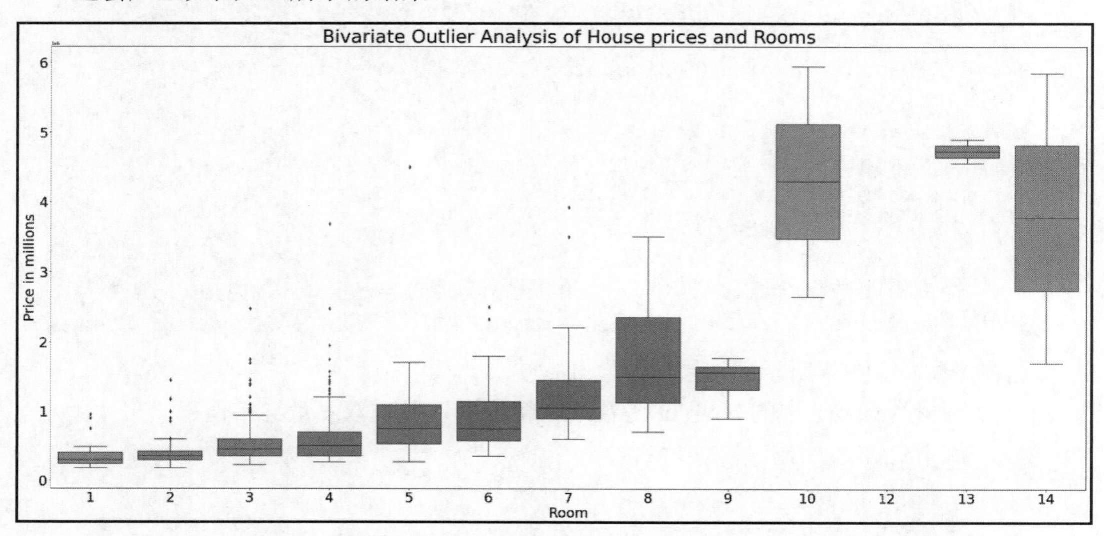

图 9.5　使用箱线图进行双变量异常值分析

现在我们已经在数据集中发现了双变量异常值。

9.4.3　原理解释

在步骤（1）中，导入了所需的库。

在步骤（2）中，使用了 read_csv 函数加载房价数据，并对数据进行了子集化以仅选择 3 个相关列。

在步骤（3）中，使用了 head 方法检查前 5 行，并使用 shape 属性检查 DataFrame 的形状（行数和列数）。

在步骤（4）中，使用了 seaborn 中的 scatterplot 函数来识别双变量异常值。这些异常值就是散点图中看起来与其他点分开的点。在如图 9.4 所示的散点图中，房价超过 180 万且面积超过 300 平方米（square meter，sqm）可被视为异常值，因为这些数据点是孤立的。

在步骤（5）中，使用了 seaborn 中的 boxplot 函数来识别双变量异常值。在这种情况下，异常值可以被识别为特定类别中超出须线上限的值。如图 9.5 所示，出现在 1～4 居室房屋类别中的异常值很可能就是特定背景下的异常值。当我们对房价进行单变量分析时，这些异常值不太可能出现，因为大多数房价都在 200 万以下。但是，当我们根据居室数量考虑房价背景时，它们就被显示为异常值。

9.5　识别多变量异常值

多变量异常值是指同时出现在 3 个或更多变量中的极值。简单来说，就是当变量被综合考虑而不是单独考虑时，其观察结果与其他观察结果不同。

可使用以下技术来识别多变量异常值。

- ❑ 马哈拉诺比斯距离（Mahalanobis distance，也称为马氏距离）：它测量的是每个观测值距数据分布中心（质心）的距离。简而言之，马氏距离有助于量化每个观测值与均值向量（数据集中每个变量的平均值的集合，充当数据集中变量的质心或中心位置）的距离。它提供了根据数据集的特定特征（例如变量之间的相关性和每个变量的变异性）进行调整的距离度量，从而能够更准确地评估观测值之间的相似性。这样可以识别明显偏离总体分布的异常值（具有高距离值的观测值）。
- ❑ 聚类分析：它有助于将相似的观察结果分组在一起并找到多变量异常值。基于密度的噪声应用空间聚类（density-based spatial clustering of applications with noise，DBSCAN）是一种流行的聚类算法，可用于异常值检测。它将识别相互靠近的点并将它们放置在不同的聚类中，然后将不属于任何聚类的点视为异常值。它还会将小聚类中的点视为异常值。

- 可视化：通过可视化上述方法的输出来检查异常值。

本秘笈将探索如何使用 scipy 中的 malahanobis 函数、scikit-learn 中的 DBSCAN 类以及 numpy 函数（例如 mean、cov 和 inv）来识别多变量异常值。

9.5.1　准备工作

本秘笈将使用来自 Kaggle 网站的 Amsterdam House Prices（阿姆斯特丹房价）数据。你也可以从本书配套 GitHub 存储库中找到所有文件。

9.5.2　实战操作

要使用 numpy、pandas、matplotlib、seaborn、scikit-learn 和 scipy 等库来发现多变量异常值，请按以下步骤操作。

（1）导入相关库：

```
import numpy as np
import pandas as pd
import matplotlib.pyplot as plt
import seaborn as sns
from sklearn.preprocessing import StandardScaler
from scipy.spatial.distance import mahalanobis
from sklearn.cluster import DBSCAN
from sklearn.neighbors import NearestNeighbors
```

（2）使用 read_csv 将.csv 文件加载到 DataFrame 中，并对 DataFrame 进行子集化以使其仅包含相关列：

```
houseprice_data = pd.read_csv("data/HousingPricesData.csv")
houseprice_data = houseprice_data[['Price', 'Area', 'Room', 'Lon','Lat']]
```

（3）使用 head 方法检查前 5 行，还可以检查行数和列数：

```
houseprice_data.head()
   Price      Area  Room  Lon       Lat
0  685000.0   64    3     4.907736  52.356157
1  475000.0   60    3     4.850476  52.348586
2  850000.0   109   4     4.944774  52.343782
3  580000.0   128   6     4.789928  52.343712
4  720000.0   138   5     4.902503  52.410538
```

```
houseprice_data.shape
(924, 5)
```

（4）使用 scikit-learn 库中的 StandardScaler 类缩放数据，以确保所有变量都具有相似的尺度：

```
scaler = StandardScaler()

houseprice_data_scaled = scaler.fit_transform(houseprice_data)
houseprice_data_scaled = pd.DataFrame(houseprice_data_scaled,
columns=houseprice_data.columns)
houseprice_data_scaled.head()
   Price     Area      Room      Lon      Lat
0  0.1168    -0.5565   -0.35905  0.3601   -0.2985
1  -0.2730   -0.626    -0.3590   -0.7179  -0.6137
2  0.4231    0.2272    0.2692    1.0575   -0.8138
3  -0.0780   0.5581    1.5259    -1.8579  -0.8167
4  0.1817    0.7323    0.8976    0.2616   1.9659
```

（5）使用 pandas 中的 mean 和 cov、numpy 中的 inv 以及 scipy 中的 mahalanobis 等方法和函数计算变量的马氏距离：

```
mean = houseprice_data_scaled.mean()
cov = houseprice_data_scaled.cov()
inv_cov = np.linalg.inv(cov)

distances = []
for _, x in houseprice_data_scaled.iterrows():
    d = mahalanobis(x, mean, inv_cov)
    distances.append(d)

houseprice_data['mahalanobis_distances'] = distances
houseprice_data
```

这会产生如图 9.6 所示的结果。

（6）在箱线图中绘制马氏距离以识别多变量异常值：

```
plt.figure(figsize = (40,18))

ax = sns.boxplot(data= houseprice_data, x= 'mahalanobis_distances')
ax.set_xlabel('Mahalanobis Distances', fontsize = 30)
plt.xticks(fontsize=30)
ax.set_title('Outlier Analysis of Mahalanobis Distances',fontsize = 40)
```

	Price	Area	Room	Lon	Lat	mahalanobis_distances
0	685000.0	64	3	4.907736	52.356157	1.322730
1	475000.0	60	3	4.850476	52.348586	1.312112
2	850000.0	109	4	4.944774	52.343782	1.380465
3	580000.0	128	6	4.789928	52.343712	2.877517
4	720000.0	138	5	4.902503	52.410538	2.416231
...	...	...	...	...	...	...
919	750000.0	117	1	4.927757	52.354173	3.427566
920	350000.0	72	3	4.890612	52.414587	2.272896
921	350000.0	51	3	4.856935	52.363256	1.115096
922	599000.0	113	4	4.965731	52.375268	1.749725
923	300000.0	79	4	4.810678	52.355493	1.840197

图 9.6　多变量数据集的马氏距离

这会产生如图 9.7 所示的结果。

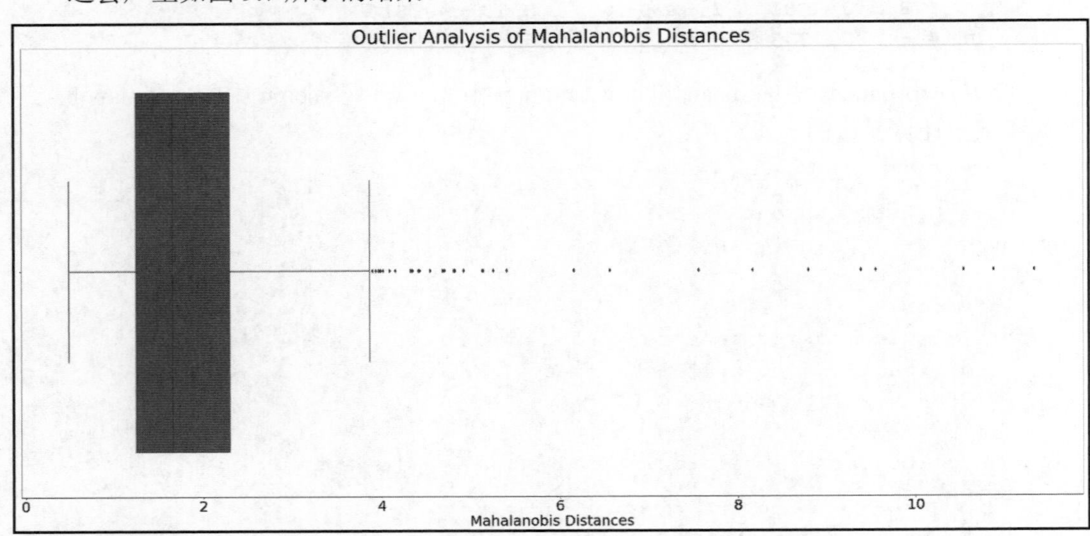

图 9.7　马氏距离的箱线图

（7）根据箱线图中的上下限设置阈值，并以此识别多变量异常值：

```
mahalanobis_outliers = houseprice_data[houseprice_
data['mahalanobis_distances']>=4]
mahalanobis_outliers.head()
```

这会产生如图 9.8 所示的结果。

	Price	Area	Room	Lon	Lat	mahalanobis_distances
31	1950000.0	258	4	4.887444	52.385346	4.547578
33	3925000.0	319	7	4.875471	52.361571	6.566091
103	4550000.0	497	13	4.898620	52.358798	7.558049
156	799000.0	230	8	4.961381	52.389087	4.346119
179	4495000.0	178	5	4.894290	52.373106	10.876237

图 9.8　基于马氏距离的异常值

（8）使用 pandas 中的 dropna 方法删除缺失值，为 DBSCAN 做准备：

```
houseprice_data_no_missing = houseprice_data_scaled.dropna()
```

（9）创建 K 距离图以确定 DBSCAN 的最佳参数：

```
knn = NearestNeighbors(n_neighbors=2)
nbrs = knn.fit(houseprice_data_no_missing)
distances, indices = nbrs.kneighbors(houseprice_data_no_missing)

distances = np.sort(distances, axis=0)
distances = distances[:,1]
plt.figure(figsize=(40,18))
plt.plot(distances)
plt.title('K-distance Graph',fontsize=40)
plt.xlabel('Data Points sorted by distance',fontsize=30)
plt.ylabel('Epsilon',fontsize=30)
plt.xticks(fontsize=30)
plt.yticks(fontsize=30)
plt.show()
```

这会产生如图 9.9 所示的结果。

（10）使用 scikit-learn 中的 DBSCAN 类识别多变量异常值：

```
dbscan = DBSCAN(eps= 1, min_samples=6)
dbscan.fit(houseprice_data_no_missing)
labels = dbscan.labels_
n_clusters = len(set(labels))
outlier_indices = np.where(labels == -1)[0]

print(f"Number of clusters: {n_clusters}")
print(f"Number of outliers: {len(outlier_indices)}")
```

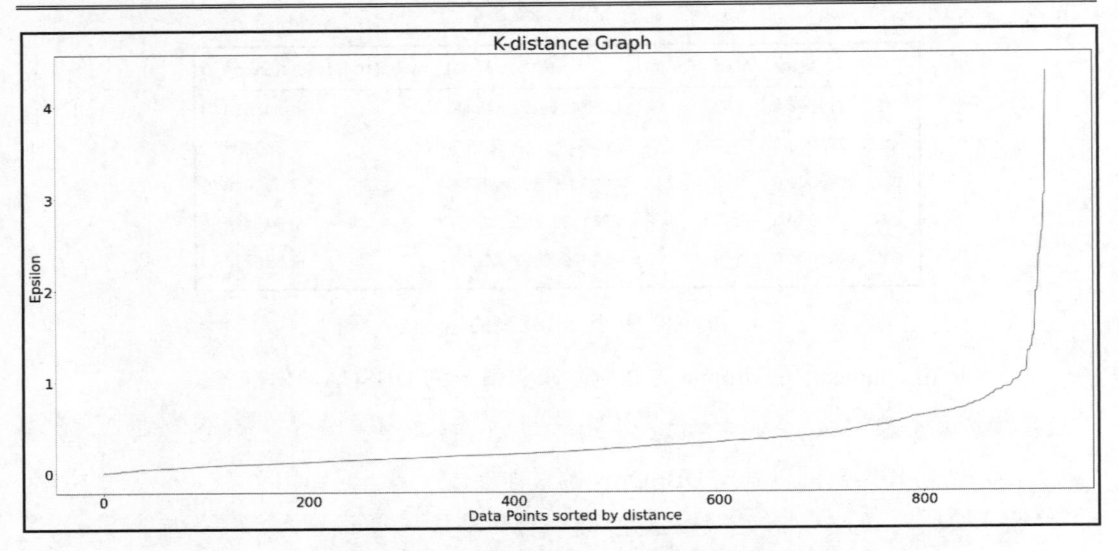

图 9.9　确定最佳 Epsilon 值的 K 距离图

（11）查看多变量异常值：

```
houseprice_data.loc[outlier_indices,:].head()
```

这会产生如图 9.10 所示的结果。

	Price	Area	Room	Lon	Lat	mahalanobis_distances
28	1650000.0	235	7	4.820848	52.358631	2.802948
31	1950000.0	258	4	4.887444	52.385346	4.547578
33	3925000.0	319	7	4.875471	52.361571	6.566091
87	995000.0	97	2	4.884982	52.369202	1.956290
102	725000.0	95	3	4.886006	52.377377	0.842156

图 9.10　DBSCAN 异常值检测中的异常值

现在我们已经在数据集中识别出多变量异常值。

9.5.3　原理解释

在步骤（1）中，导入了所需的库。

在步骤（2）中，使用了 read_csv 函数加载房价数据，并对数据进行了子集化以仅选择 5 个相关列。

在步骤（3）中，使用了 head 方法检查前 5 行，并使用 shape 属性检查 DataFrame 的形状（行数和列数）。

在步骤（4）中，使用了 scikit-learn 中的 StandardScaler 类缩放数据集。这是马氏距离和 DBSCAN 的先决条件，因为它们是基于距离的算法。

在步骤（5）中，计算了数据集的协方差矩阵（covariance matrix）的均值、协方差和逆矩阵，因为这些是马哈拉诺比斯异常值检测的参数。我们使用了 pandas 中的 mean 和 cov 方法，numpy 中的 inv 方法，然后使用 scipy 中的 mahalanobis 函数计算数据集的马氏距离，并将该距离先保存在列表中，然后保存在 DataFrame 列中。协方差和协方差的逆有助于我们根据数据集的具体特征进行调整，例如变量之间的相关性和每个变量的变异性，从而使观察之间的相似性或变异性评估更加准确。

在步骤（6）中，使用了 seaborn 中的 boxplot 方法来识别异常值的马氏距离。从如图 9.7 所示的箱线图中可以看到，标记超过 4 的距离均为异常值。

在步骤（7）中，将阈值 4 应用于数据集以生成多变量异常值。

在步骤（8）中，使用了 dropna 方法删除缺失值，因为这是 DBSCAN 算法的要求。

此外，DBSCAN 算法对两个关键参数很敏感。这两个参数便是 minPoints 和 epsilon。DBSCAN 使用 minPoints 参数来确定形成聚类的相邻点的最小数量，使用 epsilon 参数来确定点之间被视为相邻点的最大距离。

在步骤（9）中，为了确定最佳 epsilon 值，创建了一个 K 距离图。对于该图，我们首先使用了 scikit-learn 中的 NearestNeighbors 类查找数据集中的每个数据点与其最近邻之间的距离。这里使用了 fit 方法将最近邻模型（knn）拟合到数据集，然后应用 kneighbors 方法来提取每个点的最近邻以及每个点及其最近邻的相应索引之间的距离。

我们按升序对距离进行排序，并在距离数组中选择第二列距离中的值。该列包含每个数据点到其最近邻的距离，而第一列则对应于每个数据点到其自身的距离，然后我们使用了 plot 方法来绘制距离。该图在 y 轴上显示距离，而默认情况下它在 x 轴上显示数组的索引（0～920）。最佳 epsilon 值可以在图表的肘部找到。对于最佳 minPoints，则可以选择一个比变量数量至少大 1 的值。

在步骤（10）中，使用了 scikit-learn 中的 DBSCAN 类创建一个 DBSCAN 模型。我们使用的 min_samples（即 minPoints）为 6，eps（即 epsilon）为 1。epsilon 值源自如图 9.9 所示的 K 距离图。我们使用了该图表肘部的值，该值大约为 1。

我们使用了类的 labels_属性提取标签，并通过使用 len 和 set 函数对标签执行不同计数来提取聚类的数量，然后使用 numpy 中的 where 方法保存异常值的索引。DBSCAN 中的异常值通常标记为−1。

在步骤（11）中，查看了多变量异常值。根据图 9.8 和图 9.10 的输出结果，我们可以看到马氏距离和 DBSCAN 算法生成的异常值之间存在差异，这可以归因于算法使用了不同的方法来检测异常值。因此，利用领域知识来确定哪种算法提供了最佳结果非常重要。

9.5.4 参考资料

有关 DBSCAN 算法的更多介绍，可访问：

https://www.analyticsvidhya.com/blog/2020/09/how-dbscan-clustering-works/

9.6 对异常值执行封顶和封底操作

基于分位数的封顶和封底是两种关联在一起的异常值处理技术。它们指的是用固定值（在本秘笈中为分位数）替换极值。

具体而言，封底（flooring）指的是用预定的最小值（例如第 10 个百分位数的值）替换较小的值，封顶（capping）则指的是用预定的最大值（例如第 90 个百分位数的值）替换较大的值。

当极值可能由测量误差或数据输入错误引起时，这些技术很合适。如果异常值是真实的，那么这些技术可能会引入偏差。

本秘笈将探索如何使用封顶和封底方法处理异常值。我们将使用 pandas 中的 quantile 方法实现这一点。

9.6.1 准备工作

本秘笈将使用来自 Kaggle 网站的 Amsterdam House Prices（阿姆斯特丹房价）数据。你也可以从本书配套 GitHub 存储库中找到所有文件。

9.6.2 实战操作

要使用封底和封顶方法处理异常值，需使用 numpy、pandas、matplotlib 和 seaborn 等库，请按以下步骤操作。

（1）导入相关库：

```
import numpy as np
import pandas as pd
```

```
import matplotlib.pyplot as plt
import seaborn as sns
```

（2）使用 read_csv 将.csv 文件加载到 DataFrame 中，并对 DataFrame 进行子集化以使其仅包含相关列：

```
houseprice_data = pd.read_csv("data/HousingPricesData.csv")
houseprice_data = houseprice_data[['Price', 'Area', 'Room']]
```

（3）使用 head 方法检查前 5 行，还可以检查行数和列数：

```
houseprice_data.head()
   Price      Area  Room
0  685000.0   64    3
1  475000.0   60    3
2  850000.0   109   4
3  580000.0   128   6
4  720000.0   138   5

houseprice_data.shape
(924, 3)
```

（4）使用 pandas 中的 quantile 方法识别分位数阈值：

```
floor_thresh = houseprice_data['Price'].quantile(0.10)
cap_thresh = houseprice_data['Price'].quantile(0.90)
print(floor_thresh,cap_thresh)
285000 1099100
```

（5）使用分位数阈值执行封底和封顶操作：

```
houseprice_data['Adjusted_Price'] = houseprice_data.loc[:,'Price']
houseprice_data.loc[houseprice_data['Price'] < floor_thresh,
'Adjusted_Price'] = floor_thresh
houseprice_data.loc[houseprice_data['Price'] > cap_thresh,
'Adjusted_Price'] = cap_thresh
```

（6）使用 seaborn 中的 histplot 在直方图中可视化封底和封顶之后的数据集：

```
plt.figure(figsize = (40,18))

ax = sns.histplot(data= houseprice_data, x= 'Adjusted_Price')
ax.set_xlabel('Adjusted Price in millions',fontsize = 30)
ax.set_title('Outlier Analysis of Adjusted House prices',
fontsize = 40)
ax.set_ylabel('Count', fontsize = 30)
```

```
plt.xticks(fontsize=30)
plt.yticks(fontsize=30)
```

这会产生如图 9.11 所示的结果。

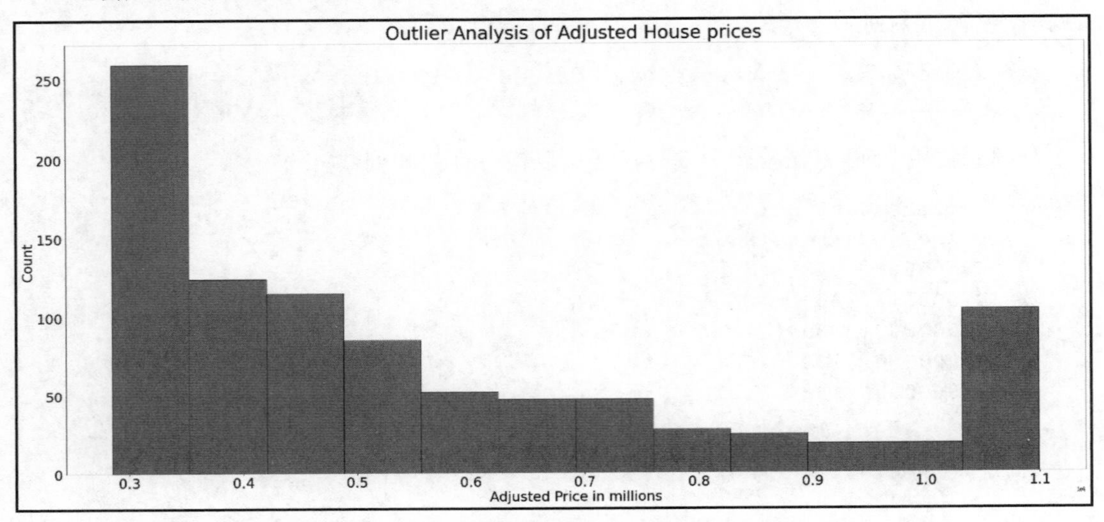

图 9.11　显示封底和封顶之后的数据集的直方图

（7）使用 numpy 中的 nanpercentile 函数和 pandas 中的 transform 方法识别分组的封底和封顶阈值，这将有助于对特定背景下的异常值执行封底和封顶操作：

```
houseprice_data['90_perc'] = houseprice_data.groupby('Room')
['Price'].transform(lambda x: np.nanpercentile(x,90))
houseprice_data['10_perc'] = houseprice_data.groupby('Room')
['Price'].transform(lambda x: np.nanpercentile(x,10))
```

（8）使用分组分位数阈值执行封底和封顶操作：

```
houseprice_data['Group_Adjusted_Price'] = houseprice_data.loc[:,'Price']
houseprice_data.loc[houseprice_data['Price'] < houseprice_
data['10_perc'], 'Group_Adjusted_Price'] = houseprice_data['10_perc']
houseprice_data.loc[houseprice_data['Price'] > houseprice_
data['90_perc'], 'Group_Adjusted_Price'] = houseprice_data['90_perc']
```

（9）使用 seaborn 中的 boxplot 以箱线图可视化封底和封顶之后的数据集：

```
plt.figure(figsize = (40,18))

ax = sns.boxplot(data= houseprice_data,x = 'Room', y= 'Group_
```

```
Adjusted_Price')
ax.set_xlabel('Room', fontsize = 30)
ax.set_ylabel('Adjusted Price in millions', fontsize = 30)
plt.xticks(fontsize=30)
plt.yticks(fontsize=30)
ax.set_title('Bivariate Outlier Analysis of Adjusted House
prices and Rooms', fontsize = 40)
```

这会产生如图 9.12 所示的结果。

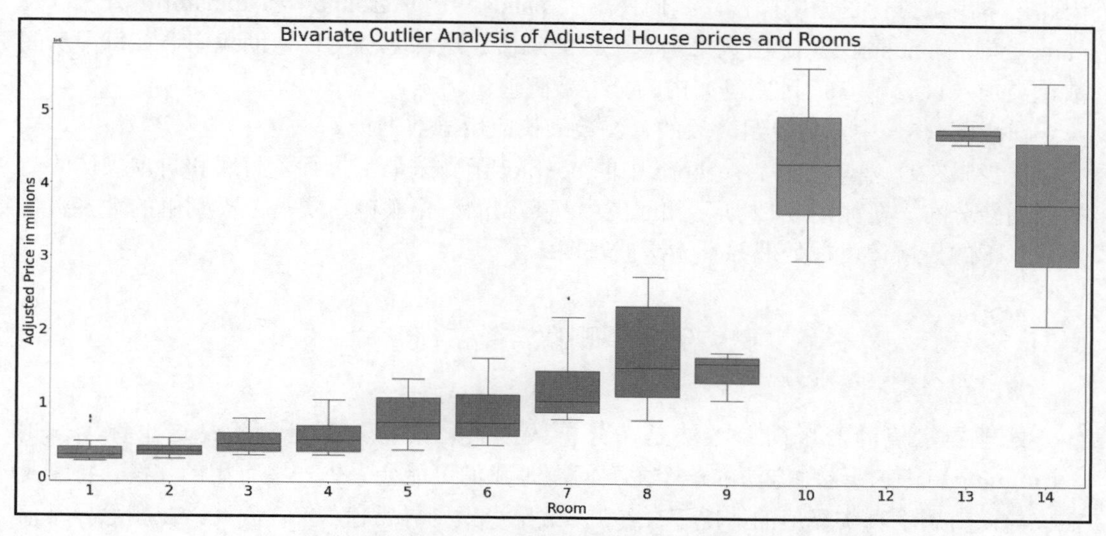

图 9.12　显示封底和封顶之后的数据集的箱线图

现在我们已经使用分位数阈值对数据集执行了封底和封顶操作。

9.6.3　原理解释

在步骤（1）中，导入了所需的库。

在步骤（2）中，使用了 read_csv 函数加载房价数据，并对数据进行了子集化以仅选择 3 个相关列。

在步骤（3）中，使用了 head 方法检查前 5 行，并使用 shape 属性检查 DataFrame 的形状（行数和列数）。

在步骤（4）中，使用了 pandas 中的 quantile 方法创建封底和封顶的分位数阈值。

在步骤（5）中，将封底和封顶的分位数阈值应用于数据集。我们创建了一个新的价格列（Adjusted_Price），并将该列中低于封底阈值的任何值替换为封底阈值，高于封顶阈值的任何值替换为封顶阈值。

在步骤（6）中，使用了 seaborn 中的 histplot 函数来显示经过封底和封顶处理的数据集的新分布。在如图 9.11 所示的直方图中不存在孤立的条形图（孤立的条形图是异常值）。

在步骤（7）中，执行了分组的封底和封顶操作，这对于识别特定背景下的异常值是理想的。尽管一些一居室或两居室房价在进行单独分析时可能不会出现异常值，但当我们将它们与同一类别的房价进行比较时（即当我们进行综合分析时），就会出现异常值。因此，本步骤执行了分组操作，我们使用了 pandas 中的 groupby 和 transform 方法以及 numpy 中的 nanpercentile 函数来确定分组的阈值。这种方法可以帮助我们计算每个房间数量类别（1、2 和 3 间卧室等）内的分位数阈值。

在步骤（8）中，将分组之后的分位数阈值应用于数据集。

在步骤（9）中，使用了 seaborn 中的 boxplot 函数来显示执行了封底和封顶操作的数据集的新分布。在如图 9.12 所示箱线图中观察到的一个关键事实是：类别中的大多数特定背景下的异常值已被处理并且无法被发现。

9.7 删除异常值

处理异常值的一个简单方法是在分析数据集之前将其完全删除，这也称为修剪（trimming）。使用这种方法的一个主要问题是我们可能会失去一些有用的见解，特别是在该异常值属于真实极值的情况下（参见 9.2 节“识别异常值”）。因此，在删除异常值之前了解数据集的背景非常重要。

在某些数据应用场景下，存在一些边缘情况，当其背景未被正确理解时，这些情况很容易被标记为异常值。边缘情况是指通常不太可能发生的场景。但是，它们可以揭示一些重要的见解，如果将其删除，这些见解就会被忽视。

当数据的分布很重要并且我们需要保留它时，修剪会很有用。当异常值数量很少时，它也很有用。

本秘笈将探索如何使用 pandas 中的 drop 方法从数据集中删除异常值。

9.7.1 准备工作

本秘笈将使用来自 Kaggle 网站的 Amsterdam House Prices（阿姆斯特丹房价）数据。你也可以从本书配套 GitHub 存储库中找到所有文件。

9.7.2　实战操作

要使用 pandas、matplotlib 和 seaborn 等库删除异常值并可视化输出，请按以下步骤操作。

（1）导入相关库：

```
import pandas as pd
import matplotlib.pyplot as plt
import seaborn as sns
```

（2）使用 read_csv 将.csv 文件加载到 DataFrame 中，并对 DataFrame 进行子集化以使其仅包含相关列：

```
houseprice_data = pd.read_csv("data/HousingPricesData.csv")
houseprice_data = houseprice_data[['Price', 'Area', 'Room']]
```

（3）使用 head 方法检查前 5 行，还可以检查行数和列数：

```
houseprice_data.head()
   Price      Area   Room
0  685000.0   64     3
1  475000.0   60     3
2  850000.0   109    4
3  580000.0   128    6
4  720000.0   138    5

houseprice_data.shape
(924, 3)
```

（4）使用 pandas 中的 quantile 方法计算四分位距（IQR）：

```
Q1 = houseprice_data['Price'].quantile(0.25)
Q3 = houseprice_data['Price'].quantile(0.75)
IQR = Q3 - Q1
print(IQR)
350000
```

（5）使用 IQR 识别异常值并将其保存在 DataFrame 中：

```
outliers = houseprice_data['Price'][(houseprice_data['Price']
< (Q1 - 1.5 * IQR)) |(houseprice_data['Price'] > (Q3 + 1.5 * IQR))]

outliers.shape
```

```
(71,)
```

（6）使用 pandas 中的 drop 方法从数据集中删除异常值：

```
houseprice_data_no_outliers = houseprice_data.drop(outliers.index,
axis = 0)

houseprice_data_no_outliers.shape
(853,3)
```

（7）使用 seaborn 中的 histplot 方法可视化没有异常值的数据集：

```
plt.figure(figsize = (40,18))

ax = sns.histplot(data= houseprice_data_no_outliers, x= 'Price')
ax.set_xlabel('Price in millions', fontsize = 30)
ax.set_title('House prices with no Outliers', fontsize = 40)
ax.set_ylabel('Count', fontsize = 30)
plt.xticks(fontsize=30)
plt.yticks(fontsize=30)
```

这会产生如图 9.13 所示的结果。

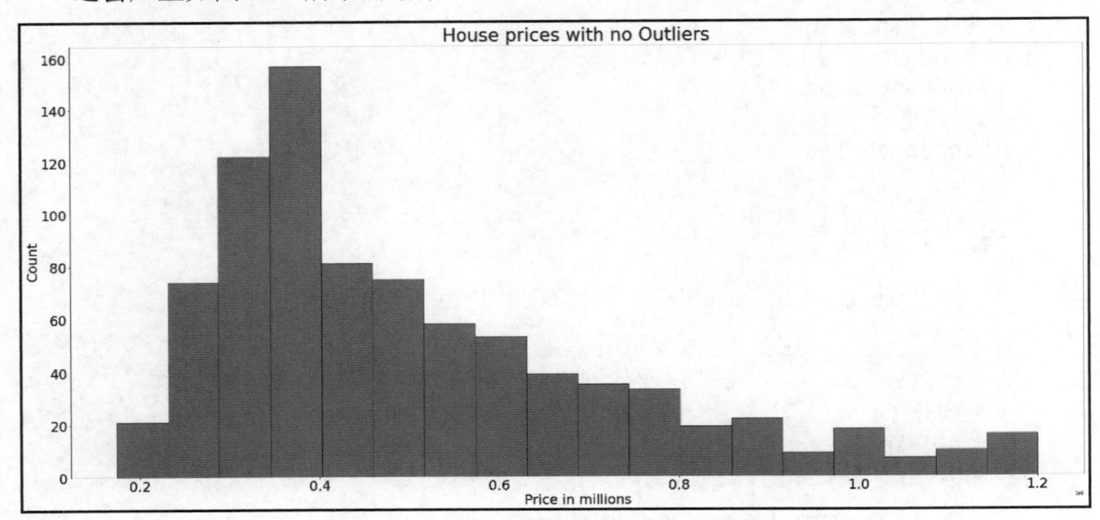

图 9.13　显示已删除异常值的数据集的直方图

现在我们已经从数据集中删除了异常值。

9.7.3　原理解释

在步骤（1）中，导入了所需的库。

在步骤（2）中，使用了 read_csv 函数加载房价数据，并对数据进行了子集化以仅选择 3 个相关列。

在步骤（3）中，使用了 head 方法检查前 5 行，并使用 shape 属性检查 DataFrame 的形状（行数和列数）。

在步骤（4）中，使用了 pandas 中的 quantile 方法计算 IQR。

在步骤（5）中，应用了 IQR 公式来提取数据集中的异常值。该公式计算了两个阈值，一个用于判定极低的值，另一个用于判定极高的值。极低值的判定标准是小于第一个四分位数（Q1）减去 1.5 倍的 IQR，而极高值的判定标准则是大于第三个四分位数（Q3）加上 1.5 倍的 IQR。极低值和极高值都是异常值。

我们将异常值保存在 DataFrame 中。

在步骤（6）中，使用了 pandas 中的 drop 方法并将异常值索引作为第一个参数传递给了它，而 axis 值 0 则作为第二个参数传递，从而删除数据集中的异常值。axis 值为 0 表示删除行，而值为 1 则表示删除列。

在步骤（7）中，使用了 seaborn 中的 histplot 函数为没有异常值的数据集创建了直方图。一个关键的观察结果是不存在代表异常值的孤立条。

9.8　替换异常值

另一种值得考虑的处理异常值的方法是用预定值替换极值。就像删除异常值一样，这需要非常小心，因为它可能会给我们的数据集带来偏差。9.6 节“对异常值执行封顶和封底操作”中介绍的封底和封顶操作其实是替换异常值的形式之一。在本秘笈中，我们将重点关注其他方法。

- 统计测量：用数据集的平均值、中位数或百分位数替换异常值。
- 插值（interpolation）：使用异常值的相邻数据点来估计异常值的值。
- 基于模型的方法：使用机器学习模型来预测异常值的替代值。

需要注意的是，上述方法会影响数据集分布的形状和特征，在数据分布很重要的场景中并不适用。

本秘笈将探索如何使用 pandas 中的 quantile 和 interpolation 方法来替换异常值。

9.8.1　准备工作

本秘笈将使用来自 Kaggle 网站的 Amsterdam House Prices（阿姆斯特丹房价）数据。你也可以从本书配套 GitHub 存储库中找到所有文件。

9.8.2　实战操作

要使用 numpy、pandas、matplotlib 和 seaborn 等库删除异常值并可视化输出，请按以下步骤操作。

（1）导入相关库：

```
import numpy as np
import pandas as pd
import matplotlib.pyplot as plt
import seaborn as sns
```

（2）使用 read_csv 将.csv 文件加载到 DataFrame 中，并对 DataFrame 进行子集化以使其仅包含相关列：

```
houseprice_data = pd.read_csv("data/HousingPricesData.csv")
houseprice_data = houseprice_data[['Price', 'Area', 'Room']]
```

（3）使用 head 方法检查前 5 行，还可以检查行数和列数：

```
houseprice_data.head()
   Price      Area  Room
0  685000.0   64    3
1  475000.0   60    3
2  850000.0   109   4
3  580000.0   128   6
4  720000.0   138   5

houseprice_data.shape
(924, 3)
```

（4）使用 pandas 中的 quantile 方法计算四分位距（IQR）：

```
Q1 = houseprice_data['Price'].quantile(0.25)
Q3 = houseprice_data['Price'].quantile(0.75)
IQR = Q3 - Q1
print(IQR)
350000
```

（5）使用分位数确定替代值：

```
low_replace = houseprice_data['Price'].quantile(0.05)
high_replace = houseprice_data['Price'].quantile(0.95)
median_replace = houseprice_data['Price'].quantile(0.5)
print(low_replace,high_replace,median_replace)
250000 1450000 467000
```

（6）使用 pandas 中的 quantile 方法替换异常值：

```
houseprice_data['Adjusted_Price'] = houseprice_data.loc[:,'Price']
houseprice_data.loc[houseprice_data['Price'] < (Q1 - 1.5 * IQR),
'Adjusted_Price'] = low_replace
houseprice_data.loc[houseprice_data['Price'] > (Q3 + 1.5 * IQR),
'Adjusted_Price'] = high_replace
```

（7）识别异常值并将其替换为 nan，准备使用 numpy 中的 nan 属性进行插值：

```
outliers = houseprice_data['Price'][(houseprice_data['Price']
< (Q1 - 1.5 * IQR)) |(houseprice_data['Price'] > (Q3 + 1.5 * IQR))]

houseprice_replaced_data = houseprice_data.copy()
houseprice_replaced_data.loc[:,'Price_with_nan'] = houseprice_
replaced_data.loc[:,'Price']
houseprice_replaced_data.loc[outliers.index,'Price_with_nan'] = np.nan

houseprice_replaced_data.isnull().sum()
Price                4
Area                 0
Room                 0
Adjusted_Price       4
Price_with_nan       75
```

（8）使用 interpolation 函数替换异常值：

```
houseprice_replaced_data = houseprice_replaced_data.
interpolate(method='linear')
houseprice_replaced_data.loc[outliers.index,:].head()
```

这会产生如图 9.14 所示的结果。

（9）使用 seaborn 中的 histplot 函数可视化插值之后的数据集：

```
plt.figure(figsize = (40,18))

ax = sns.histplot(data= houseprice_replaced_data, x= 'Price_with_nan')
```

```
ax.set_xlabel('Interpolated House Prices in millions', fontsize = 30)
ax.set_title('House prices with replaced Outliers', fontsize = 40)
ax.set_ylabel('Count', fontsize = 30)
plt.xticks(fontsize=30)
plt.yticks(fontsize=30)
```

	Price	Area	Room	Adjusted_Price	Price_with_nan
20	1625000.0	199	6	1450000.0	475000.0
28	1650000.0	235	7	1450000.0	350000.0
31	1950000.0	258	4	1450000.0	767500.0
33	3925000.0	319	7	1450000.0	605000.0
57	1295000.0	145	5	1450000.0	480000.0

图 9.14　将异常值替换为插值

这会产生如图 9.15 所示的结果。

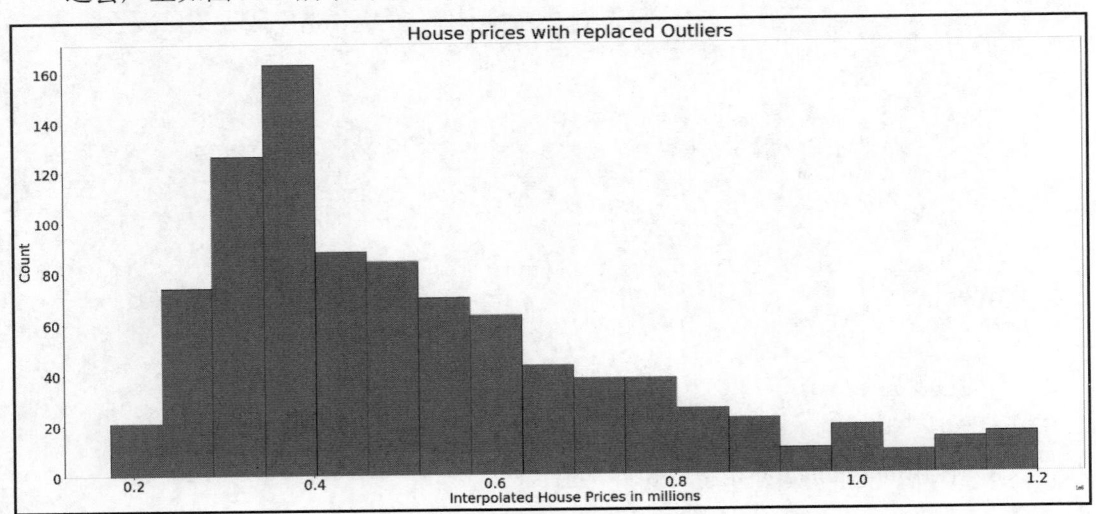

图 9.15　显示经过插值处理的数据集的直方图

现在我们已经使用预定的替换值和插值替换了异常值。

9.8.3　原理解释

在步骤（1）中，导入了所需的库。

在步骤（2）中，使用了 read_csv 函数加载房价数据，并对数据进行了子集化以仅选择 3 个相关列。

在步骤（3）中，使用了 head 方法检查前 5 行，并使用 shape 属性检查 DataFrame 的形状（行数和列数）。

在步骤（4）中，使用了 pandas 中的 quantile 方法计算 IQR。

在步骤（5）中，使用了 quantile 方法创建替换值。通过这种方法，我们可以根据高值分位数、低值分位数或中位数创建替换值。

在步骤（6）中，使用 quantile 方法替换了数据集中的异常值。

在步骤（7）中，使用了 numpy 中的 nan 属性将离群值替换为 NaN 值。这是异常值插值替换方法的要求。

在步骤（8）中，使用了 pandas 中的 interpolate 方法来估计值以替换异常值。在该方法的参数中，指定了使用线性（linear）插值技术，这实际上是使用已知值之间的线性关系来填充值。其他一些插值技术还包括多项式（polynomial）、三次（cubic）插值等。当数据具有曲线趋势时可以使用这些插值技术。

在步骤（9）中，使用了 seaborn 中的 histplot 函数来可视化插值之后的数据集。

9.9　识别缺失值

顾名思义，缺失值就是指变量中缺少值的情况。在结构化数据中，它表示为 DataFrame 中的空单元格，有时也表示为 NA、NaN、NULL 等。

缺失值可能导致不准确的结论和有偏差的分析结果，因此，在数据集中遇到它们时进行正确处理非常重要。

如图 9.16 所示的例子说明了这一点。

Class A	Class B	Class C
70	60	90
80	50	50
60	70	80
75	75	
	90	75

Class A	Class B	Class C
70	60	90
80	50	50
60	70	80
75	75	**15**
95	90	75

图 9.16　有缺失值（左）和无缺失值（右）的班级评估分数

从上述示例中可以得出以下结论。

- 包含缺失值（左表）：B 班（Class B）和 C 班（Class C）都有优等分数（优等分数≥90），而 A 班则没有优等分数。各班平均分分别为 71.25 分、63.75 分和 75 分。C 班的平均分最高。
- 没有缺失值（右表）：所有班级各有一个优等分数。各班的平均分分别为 76 分、63.75 分和 63 分。A 班的平均分最高，而 C 班的平均分最低。

了解数据集中为什么存在缺失值对于选择适当的方法来处理它们至关重要。导致数据丢失的一些常见机制包括：

- 完全随机缺失（missing completely at random，MCAR）：在 MCAR 中，数据丢失的概率是完全随机的，与数据集中的其他变量无关。简单来说，数据因偶然而缺失，并且缺失没有明确的模式。

  在这种情况下，观测值缺失的概率对于所有观测值来说都是相同的。处理 MCAR 时，在分析过程中忽略缺失值是安全的。例如，参与者错误地随机跳过某些字段或出现随机系统故障都可能出现 MCAR。
- 随机缺失（missing at random，MAR）：在 MAR 中，数据缺失的概率与数据集中的其他变量相关。也就是说，缺失可以用数据集中的其他变量来解释，一旦考虑到这些变量，缺失的数据就被认为是随机的。

  例如，一些蓝领工人在询问收入的调查中拒绝提供该信息，因为他们认为自己的收入非常低。同样，一些白领可能会拒绝在调查中提供自己的收入信息，因为他们认为自己的收入非常高。在分析此类调查时，收入变量中的缺失值将与调查中的工作类别变量或行业变量相关。
- 非随机缺失（missing not at random，MNAR）：在 MNAR 中，数据缺失的概率无法用数据集中的其他变量来解释，但与一些未观察到的值有关。它指出了缺失数据中存在系统模式的可能性。

  处理这种类型的缺失可能非常具有挑战性。MNAR 通常发生在民意调查中，例如，由于抽样机制存在偏差，一部分人被完全排除在外。

本秘笈将探索如何使用 pandas 中的 isnull 方法以及 missingno 中的 bar 和 matrix 方法来识别缺失值。

要安装 missingno，请使用以下命令：

```
pip install missingno
```

9.9.1 准备工作

本秘笈将使用来自 Kaggle 网站的 Amsterdam House Prices（阿姆斯特丹房价）数据。

你也可以从本书配套 GitHub 存储库中找到所有文件。

9.9.2　实战操作

要使用 pandas、matplotlib、seaborn 和 missingno 等库识别缺失值并可视化输出，请按以下步骤操作。

（1）导入相关库：

```
import pandas as pd
import matplotlib.pyplot as plt
import seaborn as sns
import missingno as msno
```

（2）使用 read_csv 将.csv 文件加载到 DataFrame 中，并对 DataFrame 进行子集化以使其仅包含相关列：

```
houseprice_data = pd.read_csv("data/HousingPricesData.csv")
houseprice_data = houseprice_data[['Price', 'Area', 'Room']]
```

（3）使用 head 方法检查前 5 行，还可以检查行数和列数：

```
houseprice_data.head()
   Price     Area  Room
0  685000.0  64    3
1  475000.0  60    3
2  850000.0  109   4
3  580000.0  128   6
4  720000.0  138   5

houseprice_data.shape
(924, 3)
```

（4）使用 pandas 中的 isnull 属性识别缺失值：

```
houseprice_data.isnull().sum()
Price   4
Area    0
Room    0
```

（5）使用 pandas 中的 info 方法识别缺失值：

```
houseprice_data.info()
<class 'pandas.core.frame.DataFrame'>
RangeIndex: 924 entries, 0 to 923
```

```
Data columns (total 3 columns):
#    Column   Non-Null Count   Dtype
---  ------   --------------   -----
0    Price    920 non-null     float64
1    Area     924 non-null     int64
2    Room     924 non-null     int64
dtypes: float64(1), int64(2)
memory usage: 21.8 KB
```

（6）使用 missingno 中的 bar 方法识别缺失值：

```
msno.bar(houseprice_data)
```

这会产生如图 9.17 所示的结果。

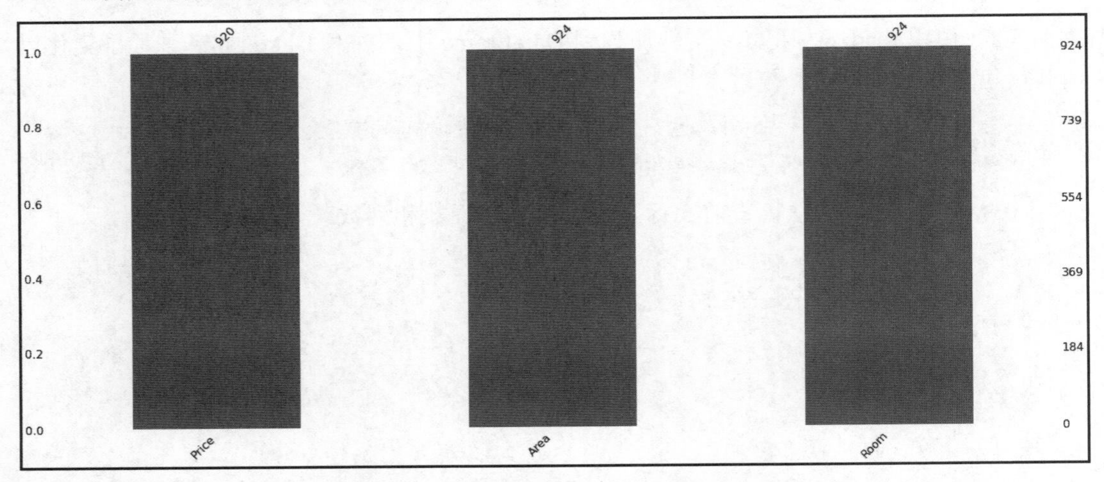

图 9.17　显示每个变量内完整值计数的条形图

（7）使用 missingno 中的 matrix 方法识别缺失值：

```
msno.matrix(houseprice_data)
```

这会产生如图 9.18 所示的结果。

（8）使用 pandas 中的 isnull 方法查看缺失值：

```
houseprice_data[houseprice_data['Price'].isnull()]
     Price  Area  Room
73          147   3
321         366   12
610         107   3
727         81    3
```

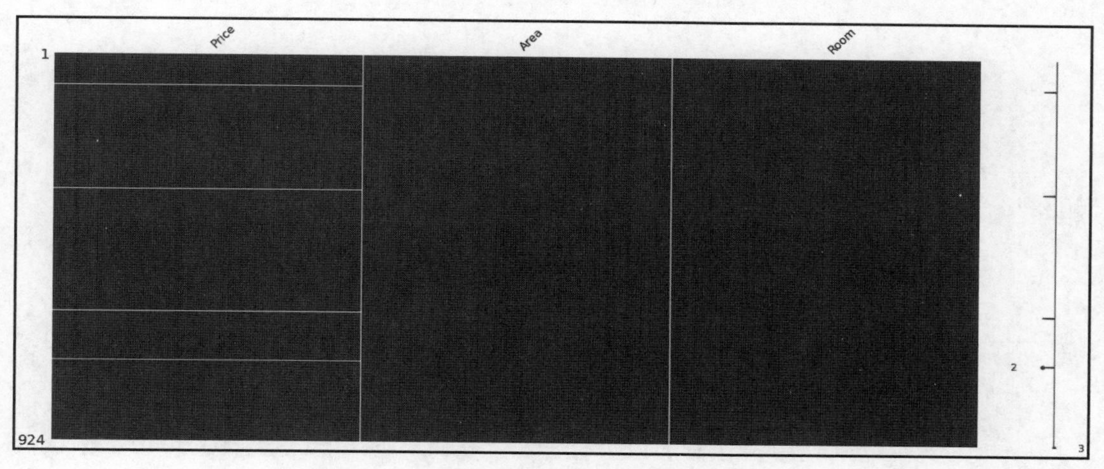

图 9.18　显示每个变量内完整值和缺失值的矩阵

现在我们已经确定了缺失值。

9.9.3　原理解释

在步骤（1）中，导入了所需的库。

在步骤（2）中，使用了 read_csv 函数加载房价数据，并对数据进行了子集化以仅选择 3 个相关列。

在步骤（3）中，使用了 head 方法检查前 5 行，并使用 shape 属性检查 DataFrame 的形状（行数和列数）。

在步骤（4）中，使用了 pandas 中的 isnull 和 sum 方法识别具有缺失值的列以及缺失值的数量。

在步骤（5）中，使用了 pandas 中的 info 属性来识别包含缺失值的列。此方法可以显示每列的完整记录数。

在步骤（6）中，使用了 missingno 库中的 bar 方法来识别数据集中各列中的缺失值，生成的条形图可以显示每列的完整记录数。

在步骤（7）中，使用了 missingno 库中的 matrix 方法来识别数据集中所有列的缺失值，该矩阵使用了水平线显示特定列中的缺失值数量。

在步骤（8）中，使用了 pandas 中的 isnull 方法对数据集进行子集化以查看缺失值。

9.10 删除缺失值

处理缺失值的简单方法之一是完全删除它们。删除缺失值的一些常见方法包括个案删除（listwise deletion）和成对删除（pairwise deletion）。

- 个案删除指的是删除包含一个或多个缺失值的所有观测记录，这种方法也称为完整案例分析（complete-case analysis，CCA），意味着仅分析完整案例。
- 成对删除指的是只删除需要用到的变量存在缺失值的观测记录，这意味着只有每个变量的可用数据用于分析，但包含缺失值的观测记录仍被纳入分析中，只不过对于每个观察记录来说，其变量的缺失值将被跳过/排除。对于没有缺失值的变量，则使用其存在的值进行分析。因此，成对删除也称为可用案例分析（available case analysis，ACA）。

个案删除会导致数据丢失，而成对删除则会保留数据。这两种方法有时都会给数据集带来偏差。图 9.19 解释了个案删除和成对删除之间的区别。

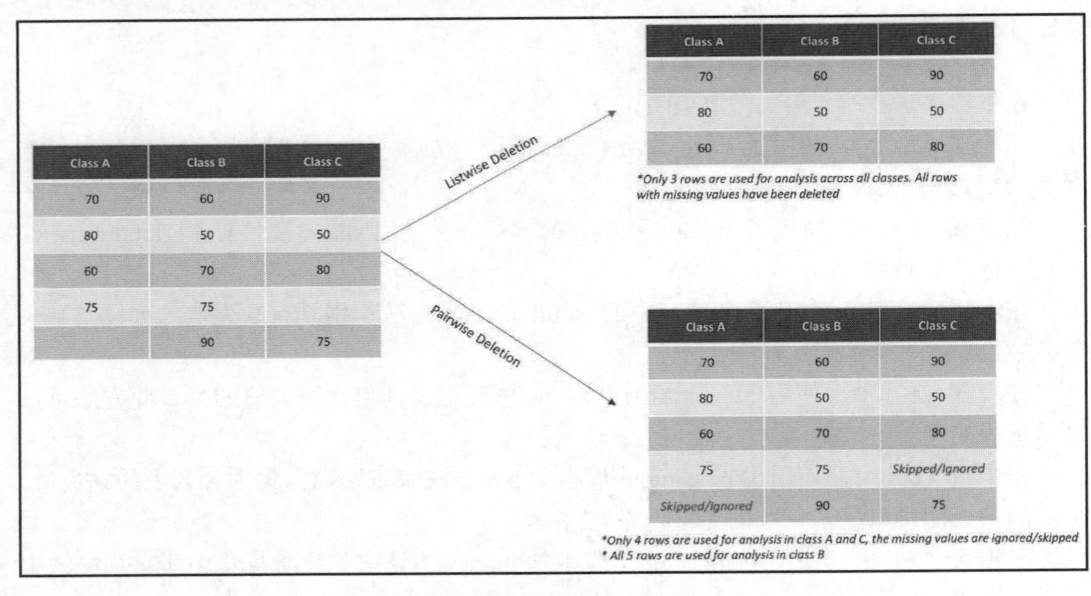

图 9.19 个案删除与成对删除

原 文	译 文
Class A	A 班
Class B	B 班

续表

原　　文	译　　文
Class C	C 班
Listwise Deletion	个案删除
* Only 3 rows are used for analysis across all classes. All rows with missing values have been deleted	* 只有 3 行记录用于所有班级的分析。已删除所有包含缺失值的行
Pairwise Deletion	成对删除
Skipped/Ignored	已跳过/已忽略
* Only 4 rows are used for analysis in class A and C, the missing values are ignored/skipped * All 5 rows are used for analysis in class B	* 在 A 班和 C 班中只有 4 行记录用于分析。缺失值被忽略/跳过 * B 班中的所有 5 行记录都用于分析

在如图 9.19 所示的示例中可以看到，个案删除导致只有 3 行记录用于所有班级的分析。但是，对于成对删除来说，其用于分析的行数取决于每个班级的可用案例，因此，A 班和 C 班只有 4 行记录可用于分析，而 B 班 5 行的所有记录都可用于分析，因为它不存在缺失值。

另一种可用于删除缺失值的方法是删除包含缺失值的整列。当整列都填充有缺失值或列中的大多数值都缺失时，通常会考虑使用此方法。

本秘笈将探索如何使用 pandas 中的 dropna 方法删除缺失值。

9.10.1　准备工作

本秘笈将使用来自 Kaggle 网站的 Amsterdam House Prices（阿姆斯特丹房价）数据。你也可以从本书配套 GitHub 存储库中找到所有文件。

9.10.2　实战操作

要使用 pandas、matplotlib 和 seaborn 库删除缺失值，请按以下步骤操作。

（1）导入相关库：

```
import pandas as pd
import matplotlib.pyplot as plt
import seaborn as sns
```

（2）使用 read_csv 将.csv 文件加载到 DataFrame 中，并对 DataFrame 进行子集化以使其仅包含相关列：

```
houseprice_data = pd.read_csv("data/HousingPricesData.csv")
```

```
houseprice_data = houseprice_data[['Price', 'Area', 'Room']]
```

（3）使用 head 方法检查前 5 行，还可以检查行数和列数：

```
houseprice_data.head()
   Price      Area   Room
0  685000.0   64     3
1  475000.0   60     3
2  850000.0   109    4
3  580000.0   128    6
4  720000.0   138    5

houseprice_data.shape
(924, 3)
```

（4）使用 pandas 中的 isnull 属性识别缺失值：

```
houseprice_data.isnull().sum()
Price    4
Area     0
Room     0
```

（5）使用 pandas 中的 dropna 方法删除缺失值并将其保存在新的 DataFrame 中：

```
houseprice_data_drop_missing = houseprice_data.dropna()
houseprice_data_drop_missing.shape
(920, 3)
```

（6）使用 pandas 中的 dropna 方法从列的子集中删除缺失值：

```
houseprice_data_drop_subset = houseprice_data.dropna(subset =
['Price', 'Area'])
houseprice_data_drop_subset.shape
(920, 3)
```

（7）使用 pandas 中的 drop 方法删除包含缺失值的整列：

```
houseprice_data_drop_column = houseprice_data.drop(['Area'],axis= 1)
houseprice_data_drop_column.shape
(924,2)
```

现在我们已经从数据集中删除了缺失值。

9.10.3　原理解释

在步骤（1）中，导入了所需的库。

在步骤（2）中，使用了 read_csv 函数加载房价数据，并对数据进行了子集化以仅选择 3 个相关列。

在步骤（3）中，使用了 head 方法检查前 5 行，并使用 shape 属性检查 DataFrame 的形状（行数和列数）。

在步骤（4）中，使用了 pandas 中的 isnull 和 sum 方法识别具有缺失值的列以及缺失值的数量。

在步骤（5）中，使用了 pandas 中的 dropna 方法删除包含一个或多个缺失值的所有行。这种方法正是个案删除。

在步骤（6）中，使用了 pandas 中的 dropna 方法从列的子集中删除包含一个或多个缺失值的所有行。我们指定了列表中的列，并将其提供给 pandas 中 dropna 方法的 subset 参数。

在步骤（7）中，使用了 pandas 中的 drop 方法删除整列。我们指定了列名作为第一个参数，将第二个参数 axis 的值设置为 1，该值表示删除列。

9.11　替换缺失值

直接删除缺失值固然简单而快速，但是这种方法要求缺失数据是完全随机缺失（MCAR）的数据，否则会产生明显的偏差。此外，即使缺失数据满足 MCAR 条件，直接删除法也会造成数据的浪费，大大削弱分析的能力。因此，直接删除法仅在缺失值极少时有效。当关键变量中包含许多缺失值并且这些值属于随机缺失的数据时，替换缺失值是更好的方法。这种方法也称为插补（imputation）。

可使用以下方法来填充缺失值。

- 统计测量：使用汇总统计数据（例如平均值、中位数、百分位数等）插补数据。
- 后向填充（back fill）或前向填充（forward fill）：在序列数据中，可以使用缺失值之前的最后一个值或缺失值之后的下一个值插补数据，这分别称为后向填充和前向填充。当处理缺失值可能与时间相关的时间序列数据时，此方法更合适。
- 基于模型：使用机器学习模型，例如线性回归或 K 最近邻（KNN）插补数据。下一个秘笈将对此展开详细介绍。

一般来说，插补方法非常有用。但是，当缺失数据不属于随机缺失类型时，它们可能会带来分析上的偏差。

本秘笈将探索如何使用汇总统计数据来替换缺失值。我们将使用 pandas 中的 mean、median 和 mode 方法来实现这一点。

9.11.1　准备工作

本秘笈将使用来自 Kaggle 网站的 Amsterdam House Prices（阿姆斯特丹房价）数据。你也可以从本书配套 GitHub 存储库中找到所有文件。

9.11.2　实战操作

要使用 pandas 库替换缺失值，请按以下步骤操作。

（1）导入相关库：

```
import pandas as pd
```

（2）使用 read_csv 将.csv 文件加载到 DataFrame 中，并对该 DataFrame 进行子集化以包含相关列：

```
houseprice_data = pd.read_csv("data/HousingPricesData.csv")
houseprice_data = houseprice_data[['Zip','Price', 'Area', 'Room']]
```

（3）使用 head 方法检查前 5 行，还可以检查行数和列数：

```
houseprice_data.head()
   Zip     Price     Area  Room
0  1091CR  685000.0  64    3
1  1059EL  475000.0  60    3
2  1097SM  850000.0  109   4
3  1060TH  580000.0  128   6
4  1036KN  720000.0  138   5

houseprice_data.shape
(924, 4)
```

（4）使用 pandas 中的 isnull 方法识别缺失值：

```
houseprice_data.isnull().sum()
Zip     0
Price   4
Area    0
Room    0
```

（5）使用 pandas 中的 isnull 方法查看包含缺失值的行：

```
houseprice_data[houseprice_data['Price'].isnull()]
     Zip        Price  Area  Room
73   1017 VV           147   3
321  1067 HP           366   12
610  1019 HT           107   3
727  1013 CK           81    3
```

（6）使用 pandas 中的 mean、median 和 mode 方法计算替换值：

```
mean = houseprice_data['Price'].mean()
median = houseprice_data['Price'].median()
mode = houseprice_data['Zip'].mode()[0]
print("mean: ",mean,"median: " ,median,"mode: ", mode)
mean: 622065 median: 467000 mode: 1075 XR
```

（7）用平均值（mean）替换缺失值：

```
houseprice_data['price_with_mean'] = houseprice_data['Price'].
fillna(mean)
houseprice_data.isnull().sum()
Zip                0
Price              4
Area               0
Room               0
price_with_mean    0
```

（8）用中位数（median）替换缺失值：

```
houseprice_data['price_with_median'] = houseprice_data['Price'].
fillna(median)
houseprice_data.isnull().sum()
Zip                  0
Price                4
Area                 0
Room                 0
price_with_mean      0
price_with_median    0
```

（9）用分组均值和分组中位数替换缺失值：

```
houseprice_data['group_mean'] = houseprice_data.groupby('Room')
['Price'].transform(lambda x: np.nanmean(x))
houseprice_data['group_median'] = houseprice_data.
groupby('Room')['Price'].transform(lambda x: np.nanmedian(x))
```

（10）查看所有替换：

```
houseprice_data[houseprice_data['Price'].isnull()]
```

这会产生如图 9.20 所示的结果。

	Zip	Price	Area	Room	price_with_mean	price_with_median	group_mean	group_median
73	1017 VV	NaN	147	3	622065.419565	467000.0	512416.39697	450000.0
321	1067 HP	NaN	366	12	622065.419565	467000.0	NaN	NaN
610	1019 HT	NaN	107	3	622065.419565	467000.0	512416.39697	450000.0
727	1013 CK	NaN	81	3	622065.419565	467000.0	512416.39697	450000.0

图 9.20　显示已替换缺失值的 DataFrame

现在我们已经使用汇总统计数据替换了缺失值。

9.11.3　原理解释

在步骤（1）中，导入了所需的库。

在步骤（2）中，使用了 read_csv 函数加载房价数据，并对数据进行了子集化以仅选择 4 个相关列。

在步骤（3）中，使用了 head 方法检查前 5 行，并使用 shape 属性检查 DataFrame 的形状（行数和列数）。

在步骤（4）中，使用了 pandas 中的 isnull 和 sum 方法识别具有缺失值的列以及缺失值的数量。

在步骤（5）中，使用了 isnull 方法了解包含缺失值的行。

在步骤（6）中，使用了 pandas 中的 mean（平均值）、median（中位数）和 mode（众数）方法计算替换值。

在步骤（7）中，使用了 fillna 方法用平均值填充缺失值。

在步骤（8）中，使用了 fillna 方法用中位数填充缺失值。

一般来说，数据的性质和分析的目的将决定是否应使用平均值或中位数来替换缺失值。要始终记住的一个关键点是：平均值对异常值敏感，而中位数则不然。众数通常适用于分类变量。fillna 方法也可以使用从 mode 方法计算的众数来填充分类变量中的缺失值。

在步骤（9）中，根据分组创建了替换值。我们使用了 pandas 中的 groupby 和 transform 方法以及 numpy 中的 nanmean 和 nanmedian 方法来实现这一点。nanmean 和 nanmedian 可以通过忽略缺失值（NaN）来计算平均值和中位数。

在步骤（10）中，使用了 isnull 方法显示所有分组替换。

在如图 9.20 所示的结果中可以看到，包含 12 居室的房子的 group_mean 和 group_median 两个分组替换仍然给出了 NaN，因为包含 12 居室的房子只有这一个观测值，并且该观测值缺失了价格，因此，没有任何值可用于计算包含 12 居室的房子的平均价格。在这种情况下，我们可能需要使用不同的方法来替换这个特定的缺失值。例如，可以考虑为此使用机器学习模型，下一个秘笈将详细介绍这种方法。这种分组替换方法通常可以比使用所有观察值的平均值产生更准确的结果。但是，当其他变量与包含缺失值的变量之间存在相关性时，则不妨考虑使用所有观察值的平均值。

9.12　使用机器学习模型插补缺失值

除了使用诸如平均值、中位数或百分位数之类的统计度量来替换缺失值，还可以使用机器学习模型来估算缺失值。此过程涉及根据其他字段中可用的数据来预测缺失值。

一种非常流行的方法是使用 K 最近邻（K-nearest neighbor，KNN）算法进行插补。这涉及识别缺失值周围的 k 个最接近的完整数据点（邻居），并使用这 k 个最接近的数据点的平均值来替换缺失值。

图 9.21 为 KNN 算法的示意图。

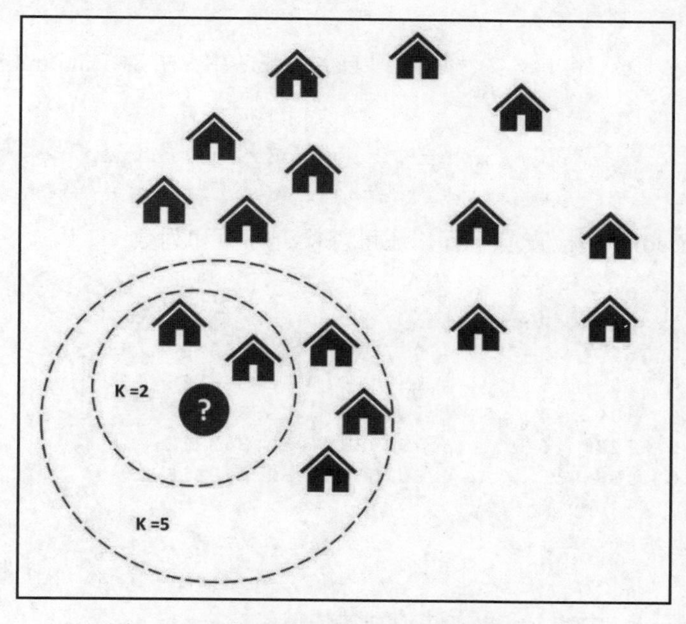

图 9.21　通过 KNN 算法来估算房价的示意图

图 9.21 显示了通过 KNN 算法来估算房价的工作原理。带问号的房子的价格可以根据邻近房子的价格来估算。在此示例中，我们使用了 2 个直接相邻的房屋和 5 个相邻的房屋（分别表示为 K = 2 和 K = 5）。虽然还有其他几种模型可以使用（例如线性回归、决策树等），不过，在这里我们将仅重点关注 KNN 模型。

本秘笈将探索如何使用机器学习模型值替换缺失值。我们将使用 scikit-learn 库中的 KNNImputer 类来实现这一点。

9.12.1　准备工作

本秘笈将使用来自 Kaggle 网站的 Amsterdam House Prices（阿姆斯特丹房价）数据。你也可以从本书配套 GitHub 存储库中找到所有文件。

9.12.2　实战操作

要使用 pandas 和 scikit-learn 库替换缺失值，请按以下步骤操作。

（1）导入相关库：

```
import pandas as pd
from sklearn.impute import KNNImputer
```

（2）使用 read_csv 将.csv 文件加载到 DataFrame 中，并对 DataFrame 进行子集化以包含相关列：

```
houseprice_data = pd.read_csv("data/HousingPricesData.csv")
houseprice_data = houseprice_data [['Price', 'Area', 'Room','Lon','Lat']]
```

（3）使用 head 方法检查前 5 行，还可以检查行数和列数：

```
houseprice_data.head()
   Price      Area  Room   Lon        Lat
0  685000.0   64    3      4.907736   52.356157
1  475000.0   60    3      4.850476   52.348586
2  850000.0   109   4      4.944774   52.343782
3  580000.0   128   6      4.789928   52.343712
4  720000.0   138   5      4.902503   52.410538

houseprice_data.shape
(924, 5)
```

（4）使用 pandas 中的 isnull 方法识别缺失值：

```
houseprice_data.isnull().sum()
Price    4
Area     0
Room     0
Lon      0
Lat      0
```

（5）使用 pandas 中的 index 方法识别缺失值的索引，并将索引保存在变量中：

```
missing_values_index = houseprice_data[houseprice_data['Price'].
isnull()].index
missing_values_index
Int64Index([73, 321, 610, 727], dtype='int64')
```

（6）使用 KNN 模型估算值替换缺失值：

```
imputer = KNNImputer(n_neighbors=5)
houseprice_data_knn_imputed = pd.DataFrame(imputer.fit_
transform(houseprice_data),columns = houseprice_data.columns)
```

（7）查看估算数据集的输出：

```
houseprice_data_knn_imputed.loc[missing_values_index,:]
```

这会产生如图 9.22 所示的结果。

	Price	Area	Room	Lon	Lat
73	1052000.0	147.0	3.0	4.897454	52.360707
321	3856000.0	366.0	12.0	4.787874	52.383877
610	694000.0	107.0	3.0	4.945022	52.369244
727	632000.0	81.0	3.0	4.880976	52.389623

图 9.22　显示估算缺失值的 DataFrame

现在我们已经使用基于模型的方法替换了缺失值。

9.12.3　原理解释

在步骤（1）中，导入了所需的库。

在步骤（2）中，使用了 read_csv 函数加载房价数据，并对数据进行了子集化以仅选择 5 个相关列。

在步骤（3）中，使用了 head 方法检查前 5 行，并使用 shape 属性检查 DataFrame 的形状（行数和列数）。

在步骤（4）中，使用了 pandas 中的 isnull 和 sum 方法识别具有缺失值的列以及缺失值的数量。

在步骤（5）中，使用了 pandas 中的 index 方法来识别缺失值的索引。

在步骤（6）中，使用了 scikit-learn 中的 KNNImputer 类创建模型，并使用 scikit-learn 中的 fit_transform 方法插补缺失值。

在步骤（7）中，显示了插补的结果。

第 10 章　在 Python 中执行自动化探索性数据分析

在分析大量数据时，有些应用场景可能需要非常快速地从数据中获得见解，而获得的见解则可以构成详细和深入分析的基础。自动化探索性数据分析可以帮助我们轻松实现这一目标。

顾名思义，自动化探索性数据分析就是将分析和可视化数据的操作过程进行自动化处理，只需几行代码即可提取趋势、模式和见解。自动化探索性数据分析库通常以快速有效的方式进行数据清洗、可视化和统计分析。如果手动执行这些任务，那么将非常困难或耗时。

自动化探索性数据分析在处理复杂或高维数据时特别有用，因为查找相关特征通常是一项艰巨的任务。它还有助于减少潜在的偏差，特别是要在大型数据集中选择进行分析的特定特征时。

本章包含以下主题：

- 使用 pandas profiling 执行自动化探索性数据分析
- 使用 D-Tale 执行自动化探索性数据分析
- 使用 AutoViz 执行自动化探索性数据分析
- 使用 Sweetviz 执行自动化探索性数据分析
- 使用自定义函数实现自动化探索性数据分析

10.1　技 术 要 求

本章将利用 Python 中的 pandas、ydata_profiling、dtale、autoviz、sweetviz、matplotlib 和 seaborn 库。

本章代码和 Notebook 可在本书配套 GitHub 存储库中找到，其网址如下：

https://github.com/PacktPublishing/Exploratory-Data-Analysis-with-Python-Cookbook

我们将在虚拟环境中工作，以避免某些现有安装（例如 Jupyter Notebook）与本章中要使用的包的安装之间发生可能的冲突。在 Python 中，虚拟环境是一个独立的环境，拥有自己的一组已安装的库、依赖项和配置。创建虚拟环境是为了避免系统上安装的不同版本的包和库之间发生冲突。也就是说，当我们创建虚拟环境时，可以安装特定版本的包和库，而不影响系统上的全局安装。

要建立虚拟环境，请按以下步骤操作。

（1）在工作目录中打开命令提示符并运行以下命令来创建一个名为 myenv 的 Python 环境：

```
python -m venv myenv
```

（2）使用以下命令初始化环境：

```
myenv\Scripts\activate.bat
```

（3）安装本章的所有相关库：

```
pip install pandas jupyter pandas_profiling dtale autoviz
sweetviz seaborn
```

10.2 使用 pandas profiling 执行自动化探索性数据分析

pandas profiling 是一个流行的自动化探索性数据分析库，它根据存储在 pandas DataFrame 中的数据集生成探索性数据分析报告。仅通过一行代码，该库即可生成详细的报告，其中涵盖了一些关键信息，例如汇总统计、变量分布、变量之间的相关性/交互作用以及缺失值等。该库对于快速、轻松地从大型数据集中生成见解非常有用，因为它只需要用户做很少的事情。其输出以交互式 HTML 报告的形式呈现，可以轻松定制。

pandas profiling 生成的自动化探索性数据分析报告包含以下部分。

- Overview（概述）：提供数据集的一般性摘要统计信息，包括观察数、变量数、缺失值和重复行等。
- Variables（变量）：提供有关数据集中变量的信息，包括汇总统计数据（平均值、中位数、标准差和不同值）、数据类型和缺失值等。它还包含提供直方图、常见值和极值的小节。
- Correlations（相关性）：提供了一个相关矩阵，使用热图来突出显示数据集中所有变量之间的关系。
- Interactions（交互作用）：显示数据集中变量对（variable pair）之间的双变量分析。它使用散点图、密度图（density plot）和其他可视化来执行此操作。用户只需单击按钮即可在变量之间切换。
- Missing values（缺失值）：突出显示每个变量中存在的缺失值的数量和百分比。

它还可使用矩阵、热图和树状图（dendrogram）提供信息。

- Sample（示例）：提供前 10 行和后 10 行的数据集示例。

以下是可以在 pandas profiling 中实现的一些自定义功能。

- 使用 minimal 配置参数来排除昂贵的计算（例如变量之间的相关性或相互作用），这在处理大型数据集时非常有用。
- 提供有关数据集及其变量的其他元数据或信息，以便这些信息也显示在 Overview（概述）部分。如果你计划与公众或团队分享报告，那么这一点至关重要。
- 使用 to_file 方法将 profiling 报告存储为 HTML 文件。

本秘笈将探索使用 ydata_profiling 库中的 ProfileReport 类来生成自动化探索性数据分析报告。虽然 pandas_profiling 库现已更名为 ydata_profiling，但很多人仍习惯性地将它称为 pandas_profiling。

10.2.1 准备工作

本章将仅使用一个数据集：来自 Kaggle 网站的 Customer Personality Analysis（客户个性分析）数据。

你可以为本章创建一个文件夹，并在该文件夹中创建一个新的 Python 脚本或 Jupyter Notebook 文件。你还可以创建一个 data 子文件夹并将 marketing_campaign.csv 文件放入该子文件夹中。或者，你也可以从本书配套 GitHub 存储库中找到所有文件。

提示：

Kaggle 网站提供的 Customer Personality Analysis（客户个性分析）公共数据的网址如下：

https://www.kaggle.com/datasets/imakash3011/customer-personality-analysis

本章将使用完整的数据集，在不同秘笈中使用数据集的不同样本。本章配套 GitHub 存储库中也提供了这些数据。

10.2.2 实战操作

要使用 pandas 和 ydata_profiling 库执行自动化探索性数据分析，请按以下步骤操作。

（1）导入 pandas 和 ydata_profiling 库：

```
import pandas as pd
from ydata_profiling import ProfileReport
```

（2）使用 read_csv 将.csv 文件加载到 DataFrame 中：

```
marketing_data = pd.read_csv("data/marketing_campaign.csv")
```

（3）使用 ydata_profiling 库中的 ProfileReport 类创建自动化探索性数据分析报告。使用 to_file 方法将报告输出到 HTML 文件：

```
profile = ProfileReport(marketing_data)
profile.to_file("Reports/profile_output.html")
```

这会产生如图 10.1 所示的输出。

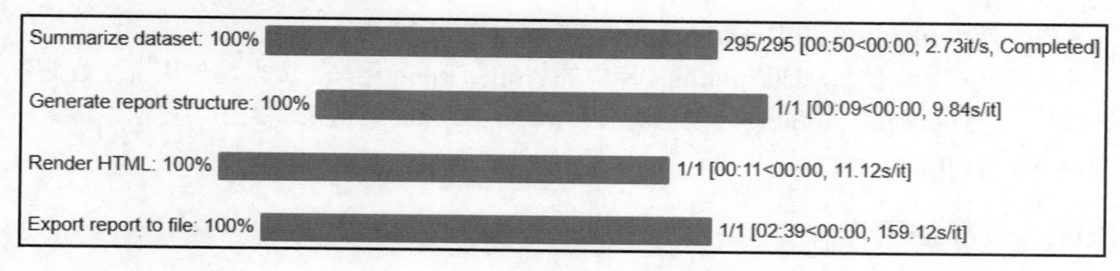

图 10.1　Pandas 分析报告进度条

（4）打开 Reports 目录中的 HTML 输出文件并查看报告的 Overview（概述）部分，如图 10.2 所示。

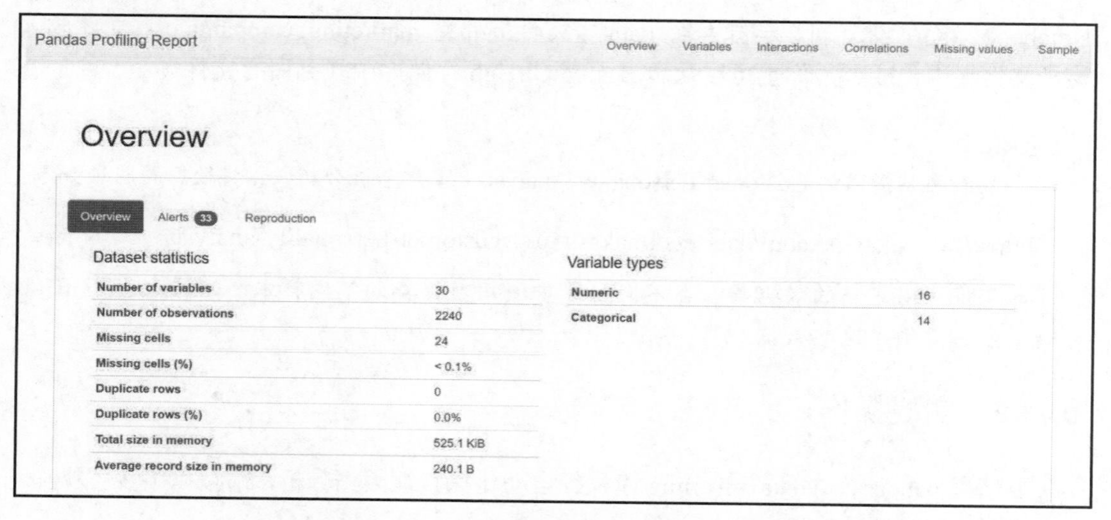

图 10.2　Pandas 分析报告 Overview（概述）部分

（5）查看报告的 Variables（变量）部分，如图 10.3 所示。

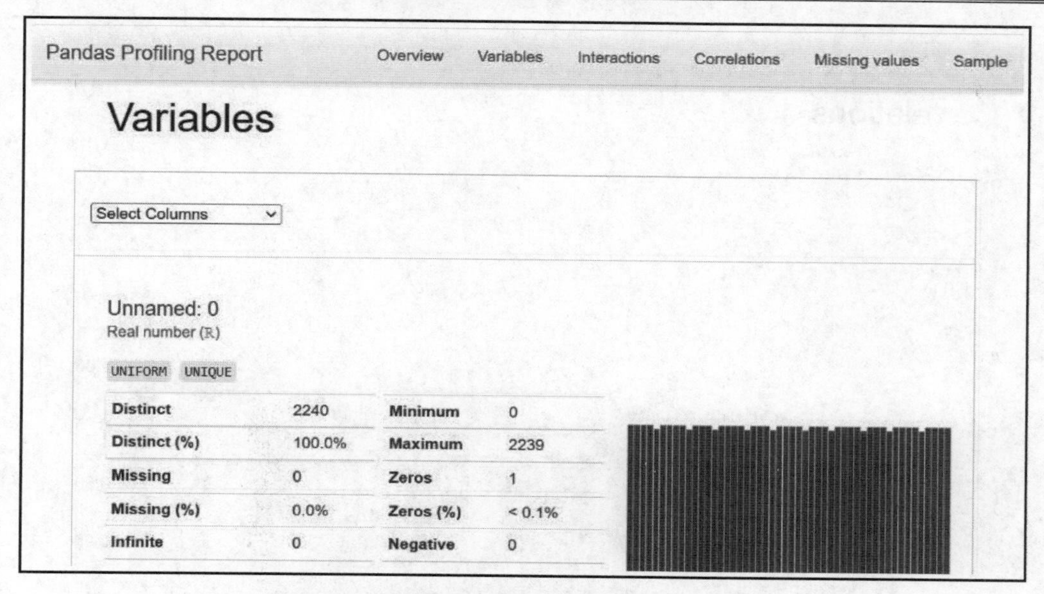

图 10.3　Pandas 分析报告 Variables（变量）部分

（6）查看变量 Interactions（交互）部分，如图 10.4 所示。

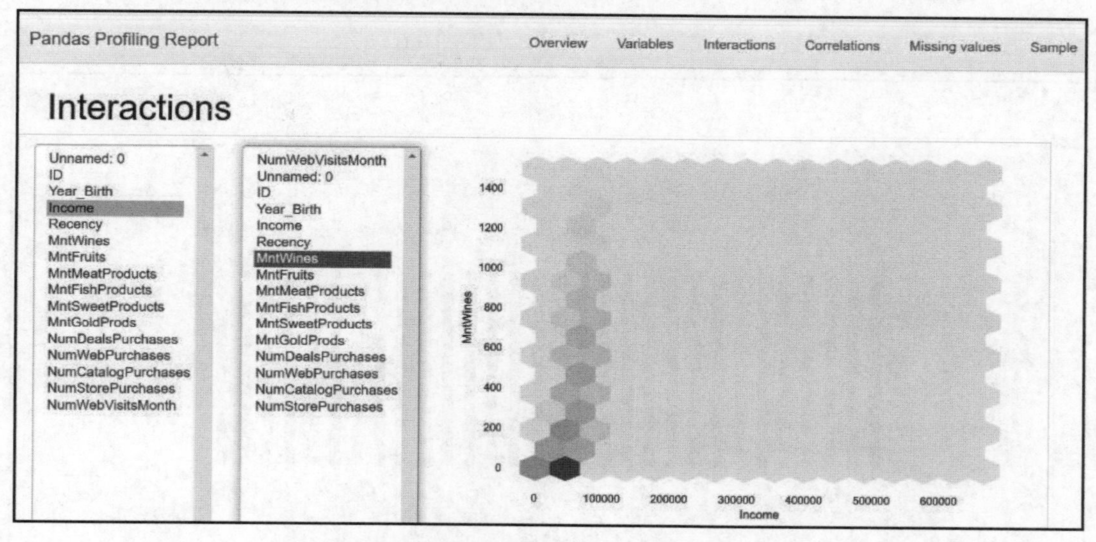

图 10.4　Pandas 分析报告 Interactions（交互）部分

（7）查看 Correlations（相关性）部分，如图 10.5 所示。

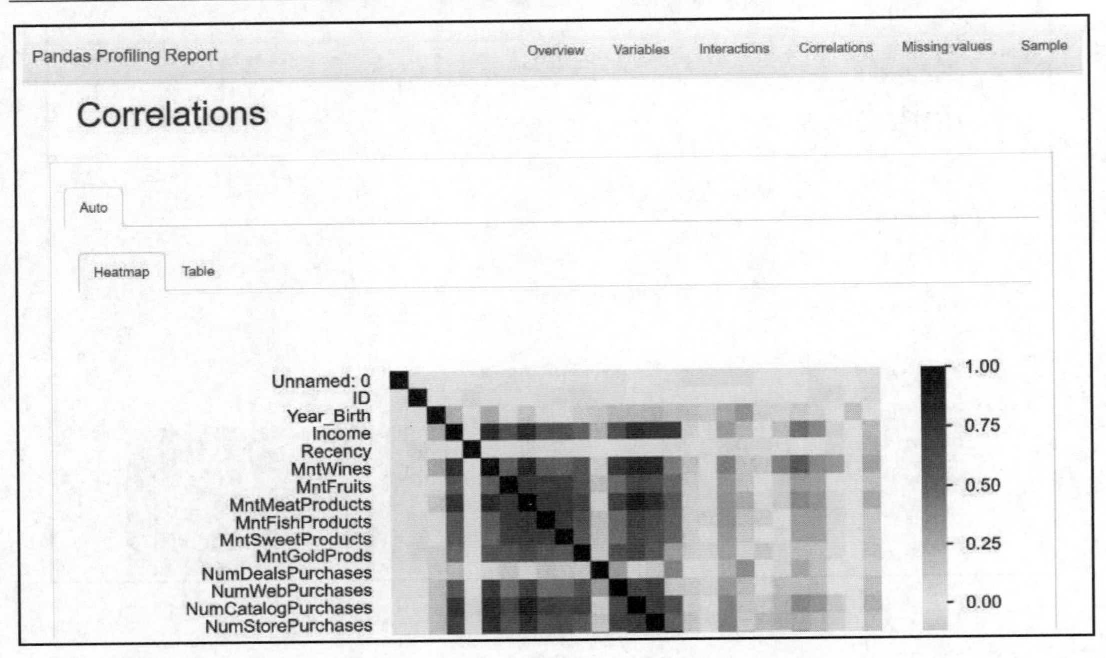

图 10.5　Pandas 分析报告 Correlations（相关性）部分

（8）查看 Missing values（缺失值）部分，如图 10.6 所示。

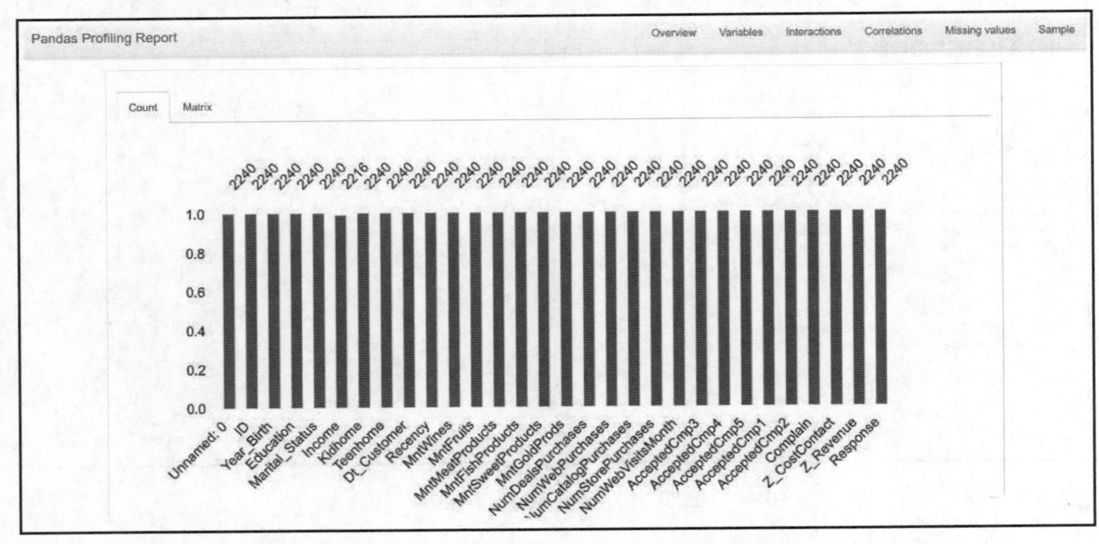

图 10.6　Pandas 分析报告 Missing values（缺失值）部分

（9）使用 minimal 配置参数创建自动化探索性数据分析报告，以排除昂贵的计算（例如变量之间的相关性或相互作用）：

```
profile_min = ProfileReport(marketing_data, minimal=True)
profile_min.to_file("Reports/profile_minimal_output.html")
```

这会产生如图 10.7 所示的输出。

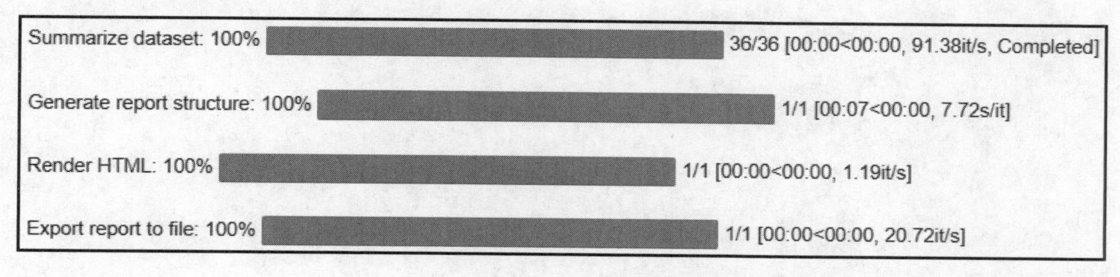

图 10.7　Pandas 分析报告进度条

（10）打开 Reports 目录中的 HTML 输出文件并查看报告的 Overview（概述）部分，如图 10.8 所示。

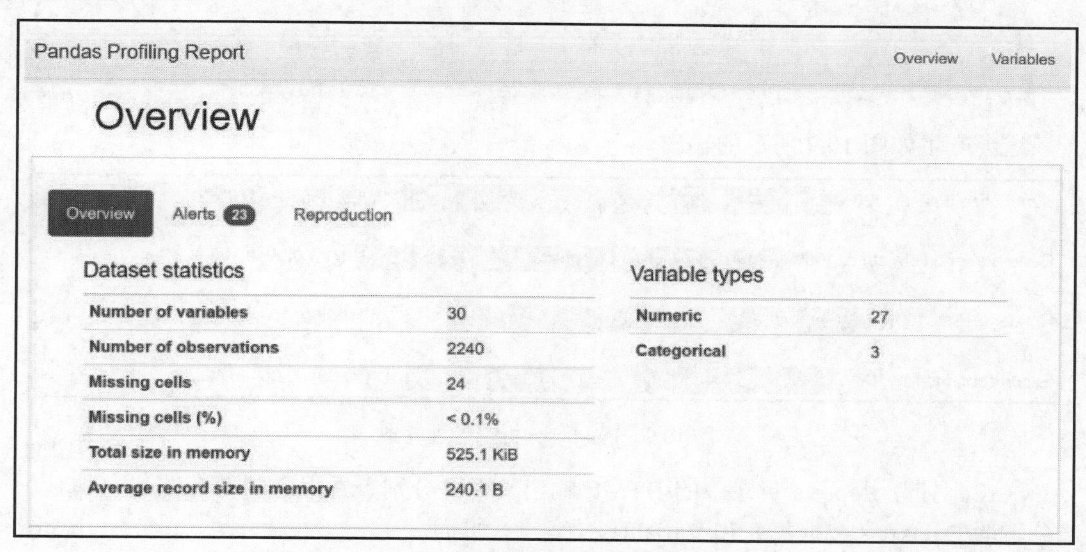

图 10.8　Pandas 分析报告的最小报告

（11）现在可以使用有关我们的数据集及其变量的附加元数据或信息创建自动化探索性数据分析报告：

```
profile_meta = ProfileReport(
```

```
    marketing_data,
    title="Customer Personality Analysis Data",
    dataset={
        "description": "This data contains marketing and sales
data of a company's customers. It is useful for identifying the
most ideal customers to target.",
        "url": "https://www.kaggle.com/datasets/imakash3011/
customer-personality-analysis.",
    },
    variables= {
        "descriptions": {
            "ID": "Customer's unique identifier",
            "Year_Birth": "Customer's birth year",
            "Education": "Customer's education level",
            ...     ...     ...     ...     ...
            "MntSweetProducts": "Amount spent on sweets in last 2 years",
            "MntGoldProds": "Amount spent on gold in last 2 years",
        }
    }
)

profile_meta.to_file("Reports/profile_with_metadata.html")
```

这会产生如图 10.9 所示的输出。

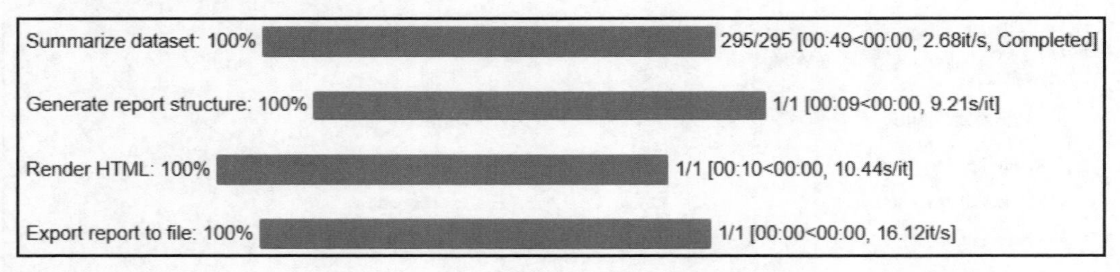

图 10.9　Pandas 分析报告进度条

（12）打开 Reports 目录中的 HTML 输出文件并分别查看报告的 Overview（概述）部分下的 Dataset（数据集）和 Variables（变量）页面。

Dataset（数据集）部分如图 10.10 所示。

Variables（变量）部分显示的详细信息如图 10.11 所示。

现在我们已经使用 pandas profiling 对数据集执行了自动化探索性数据分析。

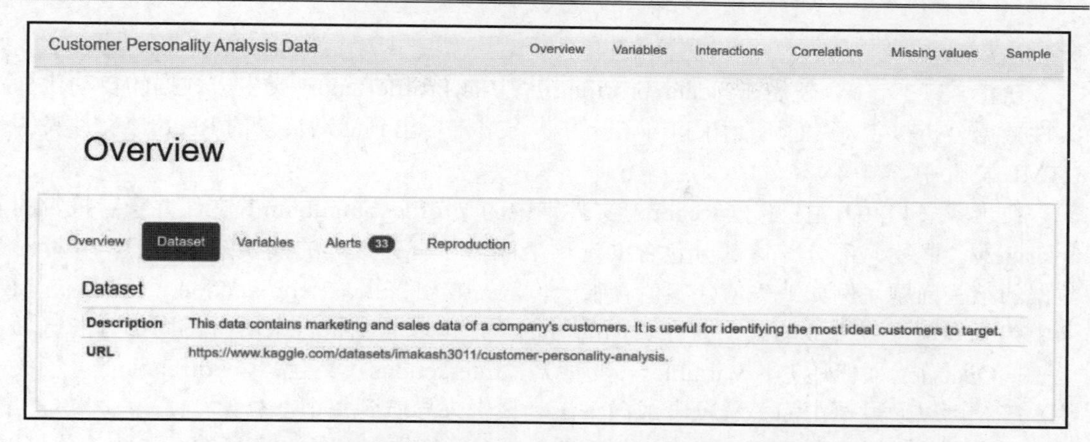

图 10.10　包含元数据的 Pandas 分析报告的 Dataset（数据集）选项卡

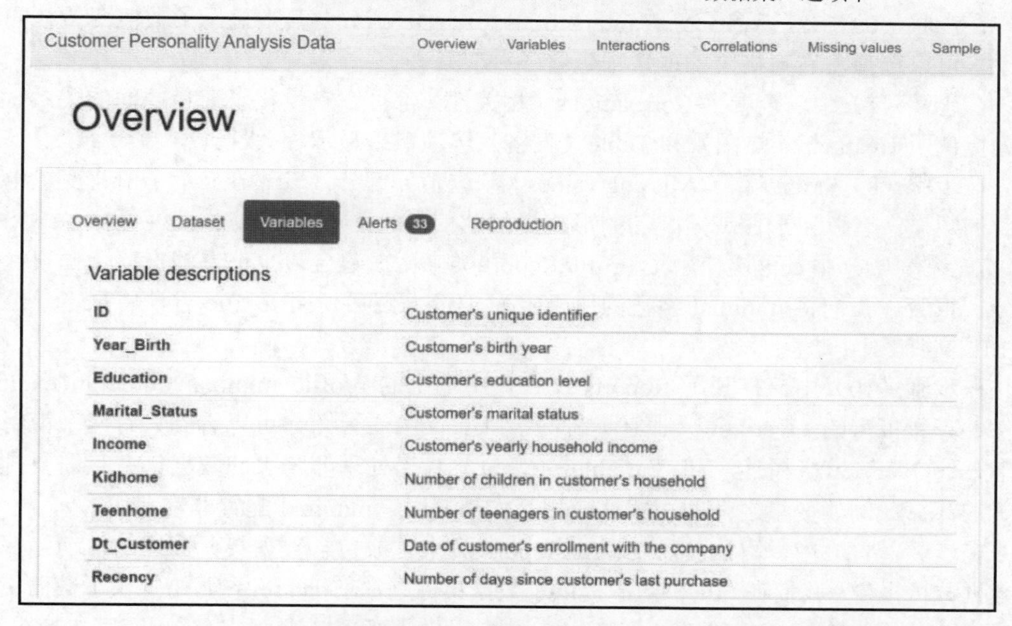

图 10.11　包含元数据的 Pandas 分析报告的 Variables（变量）选项卡

10.2.3　原理解释

本秘笈需要使用 pandas 和 ydata_profiling 库。

在步骤（1）中，导入了所需的库。

在步骤（2）中，使用了 read_csv 方法加载 Customer Personality Analysis（客户个性

分析）数据。

在步骤（3）中，使用了 ydata_profiling 库中的 ProfileReport 类生成数据的自动化探索性数据分析报告。我们还使用了 to_file 方法将报告导出到活动目录的 Reports 文件夹的 HTML 文件中。

在步骤（4）中，打开了 Reports 文件夹中的 profile_output.html 文件并查看报告的 Overview（概述）部分。该部分包含的选项卡涵盖了有关数据的摘要统计信息，并针对数据的某些问题（例如缺失值、零值、唯一值等）发出警报。Reproduction（复制）选项卡中包含有关报告生成的信息。在页面的右上角，可以看到报告中所有可用部分的选项卡——Overview（概述）、Variables（变量）、Interactions（交互）、Correlations（相关性）等。可以通过单击相关选项卡或向下滚动报告来导航到每个部分。

在步骤（5）中，转到了 Variables（变量）部分，其中包含每个变量的汇总统计信息。

在步骤（6）中，查看了变量 Interactions（交互）部分，其中显示了数值变量之间的关系。可以选择左右窗格中的变量来查看各种交互。

在步骤（7）中，查看了 Correlations（相关性）部分，它量化了变量之间的关系。本部分提供了 Heatmap（热图）和 Table（表格）选项卡来显示相关性。

在步骤（8）中，查看了 Missing values（缺失值）部分。该部分显示了所有变量中缺失值的数量。它以条形图或矩阵图的形式提供此信息。

在步骤（9）中，再次使用了 ProfileReport 类来生成包含最少信息的自动化探索性数据分析报告。我们将 minimal 参数的值指定为 True，然后使用 to_file 方法将报告导出到 HTML 文件。

在步骤（10）中，打开了 Reports 文件夹中输出的 profile_minimal_output.index.html 文件并查看报告的 Overview（概述）部分。在页面的右上角，可以看到只有两个可用选项卡——Overview（概述）和 Variables（变量）。当处理非常大的数据集并且需要排除昂贵的计算（例如变量之间的相关性或相互作用）时，minimal 配置非常有用。

在步骤（11）中，再次使用 ProfileReport 类来生成包含数据集元数据的自动化探索性数据分析报告。我们在 title 参数中提供了数据集标题，在 dataset 参数中提供了数据集的描述（采用了字典形式），并在 variables 参数中提供了变量描述（同样采用了字典形式）。

在步骤（12）中，查看了报告。该报告在 Overview（概述）部分下有 Dataset（数据集）和 Variables（变量）选项卡。这些选项卡可显示数据集的元数据。

10.2.4　参考资料

如果你对深入研究 pandas profiling 感兴趣，则可以访问以下资源：

https://pub.towardsai.net/advanced-eda-made-simple-using-pandas-profiling-35f83027061a
https://ydata-profiling.ydata.ai/docs/master/pages/advanced_usage/available_settings.html

10.3　使用 D-Tale 执行自动化探索性数据分析

D-Tale 是一个自动化探索性数据分析库，提供了用于分析 pandas DataFrame 的图形界面。用户可以轻松地与数据交互并执行常见任务，例如过滤、排序、分组和可视化数据，以快速生成见解。它加快了大型数据集上的探索性数据分析流程。

除了探索性数据分析，D-Tale 还提供对常见数据清理任务的支持，例如处理缺失值和删除重复项。它有一个基于 Web 的界面，使分析人员与数据的交互更加直观且不那么烦琐。它为所执行的分析提供了可共享的链接。

pandas profiling 通过提供详细报告来完成繁重的工作，相形之下，D-Tale 则为用户提供了灵活的用户界面来执行多项清理和探索性数据分析任务。使用 D-Tale，用户可以编辑单元格、执行条件格式化、对列执行操作、生成汇总统计数据以及创建各种可视化效果。D-Tale 可提供灵活性，但需要用户付出一些努力。

本秘笈将探索 D-Tale 中用于自动化探索性数据分析的常见选项。

10.3.1　准备工作

本秘笈将使用来自 Kaggle 网站的 Customer Personality Analysis（客户个性分析）数据。你也可以从本书配套 GitHub 存储库中找到所有文件。

10.3.2　实战操作

要使用 pandas 和 dtale 等库执行自动化探索性数据分析，请按以下步骤操作。

（1）导入相关库：

```
import pandas as pd
import dtale
```

（2）使用 read_csv 将.csv 文件加载到 DataFrame 中：

```
marketing_data = pd.read_csv("data/marketing_campaign.csv")
```

（3）使用 dtale 中的 show 和 open_browser 方法将数据显示在浏览器中。如果仅使用 show 方法，则将仅在 Jupyter Notebook 中显示数据：

```
dtale.show(marketing_data).open_browser()
```

这会产生如图 10.12 所示的结果。

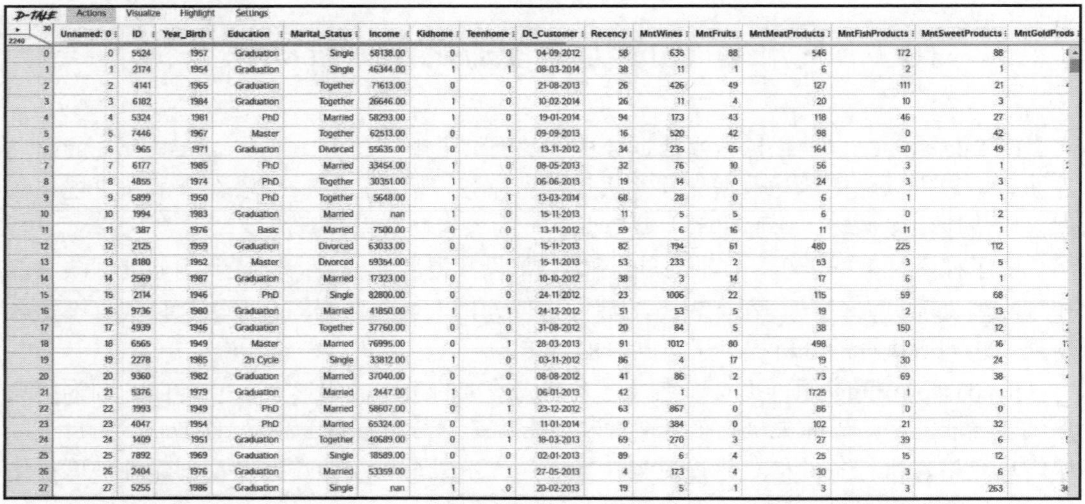

D-TALE　Actions　Visualize　Highlight　Settings

	Unnamed: 0	ID	Year_Birth	Education	Marital_Status	Income	Kidhome	Teenhome	Dt_Customer	Recency	MntWines	MntFruits	MntMeatProducts	MntFishProducts	MntSweetProducts	MntGoldProds
0	0	5524	1957	Graduation	Single	58138.00	0	0	04-09-2012	58	635	88	546	172	88	
1	1	2174	1954	Graduation	Single	46344.00	1	1	08-03-2014	38	11	1	6	2	1	
2	2	4141	1965	Graduation	Together	71613.00	0	0	21-08-2013	26	426	49	127	111	21	
3	3	6182	1984	Graduation	Together	26646.00	1	0	10-02-2014	26	11	4	20	10	3	
4	4	5324	1981	PhD	Married	58293.00	1	0	19-01-2014	94	173	43	118	46	27	
5	5	7446	1967	Master	Together	62513.00	0	1	09-09-2013	16	520	42	98	0	42	
6	6	965	1971	Graduation	Divorced	55635.00	0	1	13-11-2012	34	235	65	164	50	49	
7	7	6177	1985	PhD	Married	33454.00	1	0	08-05-2013	32	76	10	56	3	1	
8	8	4855	1974	PhD	Together	30351.00	1	0	06-06-2013	19	14	0	24	3	3	
9	9	5899	1950	PhD	Together	5648.00	1	1	13-03-2014	68	28	0	6	1	1	
10	10	1994	1983	Graduation	Married	nan	1	0	15-11-2013	11	5	5	6	0	2	
11	11	387	1976	Basic	Married	7500.00	0	0	13-11-2012	59	6	16	11	11	1	
12	12	2125	1959	Graduation	Divorced	63033.00	0	0	15-11-2013	82	194	61	480	225	112	
13	13	8180	1952	Master	Divorced	59354.00	1	1	15-11-2013	53	233	2	53	3	5	
14	14	2569	1987	Graduation	Married	17323.00	0	0	10-10-2012	38	3	14	17	6	1	
15	15	2114	1946	PhD	Single	82800.00	0	0	24-11-2012	23	1006	22	115	59	68	
16	16	9736	1980	Graduation	Married	41850.00	1	1	24-12-2012	51	53	5	19	2	13	
17	17	4939	1946	Graduation	Together	37760.00	0	0	31-08-2012	20	84	5	38	150	12	
18	18	6565	1949	Master	Married	76995.00	0	1	28-03-2013	91	1012	80	498	0	16	
19	19	2278	1985	2n Cycle	Single	33812.00	1	0	03-11-2012	86	4	17	19	30	24	
20	20	9360	1982	Graduation	Married	37040.00	0	0	08-08-2012	41	86	2	73	69	38	
21	21	5376	1979	Graduation	Married	2447.00	1	0	06-01-2013	42	1	1	1725	1	1	
22	22	1993	1949	PhD	Married	58607.00	0	1	23-12-2012	63	867	0	86	0	0	
23	23	4047	1954	PhD	Married	65324.00	0	1	11-01-2014	0	384	0	102	21	32	
24	24	1409	1951	Graduation	Together	40689.00	0	1	18-03-2013	69	270	3	27	39	6	
25	25	7892	1969	Graduation	Single	18589.00	0	0	02-01-2013	89	6	4	25	15	12	
26	26	2404	1976	Graduation	Married	53359.00	1	1	27-05-2013	4	173	4	30	3	6	
27	27	5255	1986	Graduation	Single	nan	1	0	20-02-2013	19	5	1	3	3	263	

图 10.12　数据页面

（4）在 Actions（操作）选项卡下查看可用的各种操作，如图 10.13 所示。

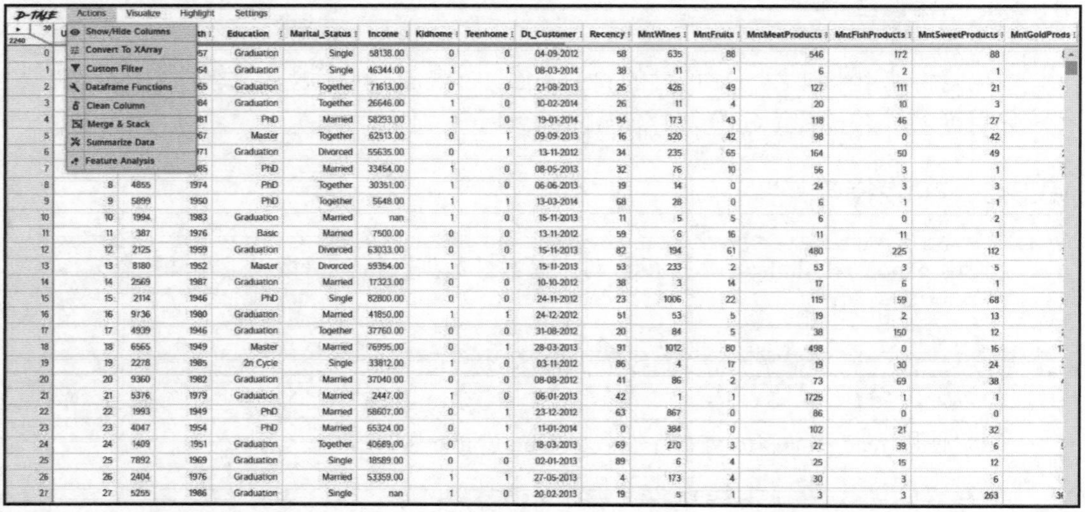

D-TALE　Actions　Visualize　Highlight　Settings

- Show/Hide Columns
- Convert To XArray
- Custom Filter
- Dataframe Functions
- Clean Column
- Merge & Stack
- Summarize Data
- Feature Analysis

	Unnamed: 0	ID	Year_Birth	Education	Marital_Status	Income	Kidhome	Teenhome	Dt_Customer	Recency	MntWines	MntFruits	MntMeatProducts	MntFishProducts	MntSweetProducts	MntGoldProds
0				Graduation	Single	58138.00	0	0	04-09-2012	58	635	88	546	172	88	
1				Graduation	Single	46344.00	1	1	08-03-2014	38	11	1	6	2	1	
2				Graduation	Together	71613.00	0	0	21-08-2013	26	426	49	127	111	21	
3				Graduation	Together	26646.00	1	0	10-02-2014	26	11	4	20	10	3	
4				PhD	Married	58293.00	1	0	19-01-2014	94	173	43	118	46	27	
5				Master	Together	62513.00	0	1	09-09-2013	16	520	42	98	0	42	
6				Graduation	Divorced	55635.00	0	1	13-11-2012	34	235	65	164	50	49	
7				PhD	Married	33454.00	1	0	08-05-2013	32	76	10	56	3	1	
8	8	4855	1974	PhD	Together	30351.00	1	0	06-06-2013	19	14	0	24	3	3	
9	9	5899	1950	PhD	Together	5648.00	1	1	13-03-2014	68	28	0	6	1	1	
10	10	1994	1983	Graduation	Married	nan	1	0	15-11-2013	11	5	5	6	0	2	
11	11	387	1976	Basic	Married	7500.00	0	0	13-11-2012	59	6	16	11	11	1	
12	12	2125	1959	Graduation	Divorced	63033.00	0	0	15-11-2013	82	194	61	480	225	112	
13	13	8180	1952	Master	Divorced	59354.00	1	1	15-11-2013	53	233	2	53	3	5	
14	14	2569	1987	Graduation	Married	17323.00	0	0	10-10-2012	38	3	14	17	6	1	
15	15	2114	1946	PhD	Single	82800.00	0	0	24-11-2012	23	1006	22	115	59	68	
16	16	9736	1980	Graduation	Married	41850.00	1	1	24-12-2012	51	53	5	19	2	13	
17	17	4939	1946	Graduation	Together	37760.00	0	0	31-08-2012	20	84	5	38	150	12	
18	18	6565	1949	Master	Married	76995.00	0	1	28-03-2013	91	1012	80	498	0	16	
19	19	2278	1985	2n Cycle	Single	33812.00	1	0	03-11-2012	86	4	17	19	30	24	
20	20	9360	1982	Graduation	Married	37040.00	0	0	08-08-2012	41	86	2	73	69	38	
21	21	5376	1979	Graduation	Married	2447.00	1	0	06-01-2013	42	1	1	1725	1	1	
22	22	1993	1949	PhD	Married	58607.00	0	1	23-12-2012	63	867	0	86	0	0	
23	23	4047	1954	PhD	Married	65324.00	0	1	11-01-2014	0	384	0	102	21	32	
24	24	1409	1951	Graduation	Together	40689.00	0	1	18-03-2013	69	270	3	27	39	6	
25	25	7892	1969	Graduation	Single	18589.00	0	0	02-01-2013	89	6	4	25	15	12	
26	26	2404	1976	Graduation	Married	53359.00	1	1	27-05-2013	4	173	4	30	3	6	
27	27	5255	1986	Graduation	Single	nan	1	0	20-02-2013	19	5	1	3	3	263	

图 10.13　Actions（操作）选项卡

（5）查看 Visualize（可视化）选项卡下可用的各种可视化选项。另外，还可以查看

Highlight（突出显示）选项卡下的选项。

Visualize（可视化）选项卡显示的选项如图 10.14 所示。

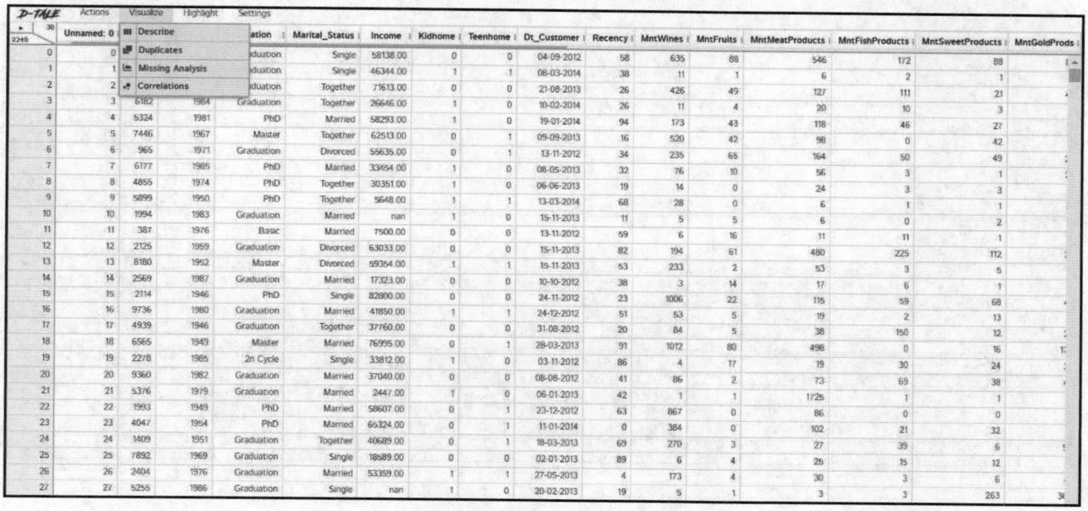

D-TALE　Actions　Visualize　Highlight　Settings

Describe | Duplicates | Missing Analysis | Correlations

30 / 2240	Unnamed: 0	ID		ation	Marital_Status	Income	Kidhome	Teenhome	Dt_Customer	Recency	MntWines	MntFruits	MntMeatProducts	MntFishProducts	MntSweetProducts	MntGoldProds
0	0			duation	Single	58138.00	0	0	04-09-2012	58	635	88	546	172	88	
1	1			duation	Single	46344.00	1	1	08-03-2014	38	11	1	6	2	1	
2	2			duation	Together	71613.00	0	0	21-08-2013	26	426	49	127	111	21	
3	3	6182	1984	Graduation	Together	26646.00	1	0	10-02-2014	26	11	4	20	10	3	
4	4	5324	1981	PhD	Married	58293.00	1	0	19-01-2014	94	173	43	118	46	27	
5	5	7446	1967	Master	Together	62513.00	0	1	09-09-2013	16	520	42	98	0	42	
6	6	965	1971	Graduation	Divorced	55635.00	0	1	13-11-2012	34	235	65	164	50	49	
7	7	6177	1985	PhD	Married	33454.00	1	0	08-05-2013	32	76	10	56	3	1	
8	8	4855	1974	PhD	Together	30351.00	1	0	06-06-2013	19	14	0	24	3	3	
9	9	5899	1950	PhD	Together	5648.00	1	1	13-03-2014	68	28	0	6	1	1	
10	10	1994	1983	Graduation	Married	nan	1	0	15-11-2013	11	5	5	6	0	2	
11	11	387	1976	Basic	Married	7500.00	0	0	13-11-2012	59	6	16	11	11	1	
12	12	2125	1959	Graduation	Divorced	63033.00	0	0	15-11-2013	82	194	61	480	225	112	
13	13	8180	1952	Master	Divorced	59354.00	1	1	15-11-2013	53	233	2	53	3	5	
14	14	2569	1987	Graduation	Married	17323.00	0	0	10-10-2012	38	3	14	17	6	1	
15	15	2114	1946	PhD	Single	82800.00	0	0	24-11-2012	23	1006	22	115	59	68	
16	16	9736	1980	Graduation	Married	41850.00	1	1	24-12-2012	51	53	5	19	2	13	
17	17	4939	1946	Graduation	Together	37760.00	0	0	31-08-2012	20	84	5	38	150	12	
18	18	6565	1949	Master	Married	76995.00	0	1	28-03-2013	91	1012	80	498	0	16	
19	19	2278	1985	2n Cycle	Single	33812.00	1	0	03-11-2012	86	4	17	19	30	24	
20	20	9360	1982	Graduation	Married	37040.00	0	0	08-08-2012	41	86	2	73	69	38	
21	21	5376	1979	Graduation	Married	2447.00	1	0	06-01-2013	42	1	1	1725	1	1	
22	22	1993	1949	PhD	Married	58607.00	0	1	23-12-2012	63	867	0	86	0	0	
23	23	4047	1954	PhD	Married	65324.00	0	1	11-01-2014	0	384	0	102	21	32	
24	24	1409	1951	Graduation	Together	40689.00	0	1	18-03-2013	69	270	3	27	39	6	
25	25	7892	1969	Graduation	Single	18589.00	0	0	02-01-2013	89	6	4	25	15	12	
26	26	2404	1976	Graduation	Married	53359.00	1	1	27-05-2013	4	173	4	30	3	6	
27	27	5255	1986	Graduation	Single	nan	1	0	20-02-2013	19	5	1	3	3	263	

图 10.14　Visualize（可视化）选项卡

Highlight（突出显示）选项卡显示的选项如图 10.15 所示。

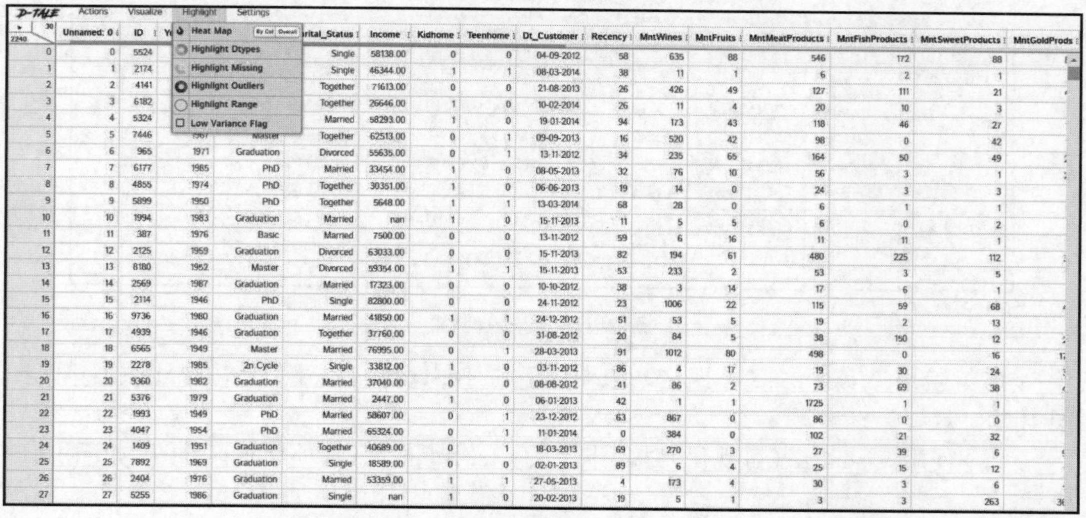

D-TALE　Actions　Visualize　Highlight　Settings

Heat Map (By Col / Overall) | Highlight Dtypes | Highlight Missing | Highlight Outliers | Highlight Range | Low Variance Flag

30 / 2240	Unnamed: 0	ID	Ye		rital_Status	Income	Kidhome	Teenhome	Dt_Customer	Recency	MntWines	MntFruits	MntMeatProducts	MntFishProducts	MntSweetProducts	MntGoldProds
0	0	5524			Single	58138.00	0	0	04-09-2012	58	635	88	546	172	88	
1	1	2174			Single	46344.00	1	1	08-03-2014	38	11	1	6	2	1	
2	2	4141			Together	71613.00	0	0	21-08-2013	26	426	49	127	111	21	
3	3	6182			Together	26646.00	1	0	10-02-2014	26	11	4	20	10	3	
4	4	5324			Married	58293.00	1	0	19-01-2014	94	173	43	118	46	27	
5	5	7446	1967	Master	Together	62513.00	0	1	09-09-2013	16	520	42	98	0	42	
6	6	965	1971	Graduation	Divorced	55635.00	0	1	13-11-2012	34	235	65	164	50	49	
7	7	6177	1985	PhD	Married	33454.00	1	0	08-05-2013	32	76	10	56	3	1	
8	8	4855	1974	PhD	Together	30351.00	1	0	06-06-2013	19	14	0	24	3	3	
9	9	5899	1950	PhD	Together	5648.00	1	1	13-03-2014	68	28	0	6	1	1	
10	10	1994	1983	Graduation	Married	nan	1	0	15-11-2013	11	5	5	6	0	2	
11	11	387	1976	Basic	Married	7500.00	0	0	13-11-2012	59	6	16	11	11	1	
12	12	2125	1959	Graduation	Divorced	63033.00	0	0	15-11-2013	82	194	61	480	225	112	
13	13	8180	1952	Master	Divorced	59354.00	1	1	15-11-2013	53	233	2	53	3	5	
14	14	2569	1987	Graduation	Married	17323.00	0	0	10-10-2012	38	3	14	17	6	1	
15	15	2114	1946	PhD	Single	82800.00	0	0	24-11-2012	23	1006	22	115	59	68	
16	16	9736	1980	Graduation	Married	41850.00	1	1	24-12-2012	51	53	5	19	2	13	
17	17	4939	1946	Graduation	Together	37760.00	0	0	31-08-2012	20	84	5	38	150	12	
18	18	6565	1949	Master	Married	76995.00	0	1	28-03-2013	91	1012	80	498	0	16	
19	19	2278	1985	2n Cycle	Single	33812.00	1	0	03-11-2012	86	4	17	19	30	24	
20	20	9360	1982	Graduation	Married	37040.00	0	0	08-08-2012	41	86	2	73	69	38	
21	21	5376	1979	Graduation	Married	2447.00	1	0	06-01-2013	42	1	1	1725	1	1	
22	22	1993	1949	PhD	Married	58607.00	0	1	23-12-2012	63	867	0	86	0	0	
23	23	4047	1954	PhD	Married	65324.00	0	1	11-01-2014	0	384	0	102	21	32	
24	24	1409	1951	Graduation	Together	40689.00	0	1	18-03-2013	69	270	3	27	39	6	
25	25	7892	1969	Graduation	Single	18589.00	0	0	02-01-2013	89	6	4	25	15	12	
26	26	2404	1976	Graduation	Married	53359.00	1	1	27-05-2013	4	173	4	30	3	6	
27	27	5255	1986	Graduation	Single	nan	1	0	20-02-2013	19	5	1	3	3	263	

图 10.15　Highlight（突出显示）选项卡

（6）使用 Actions（操作）选项卡下的 Summarize Data（汇总数据）选项汇总数据集。

Summarize Data（汇总数据）窗口中的参数如图 10.16 所示。

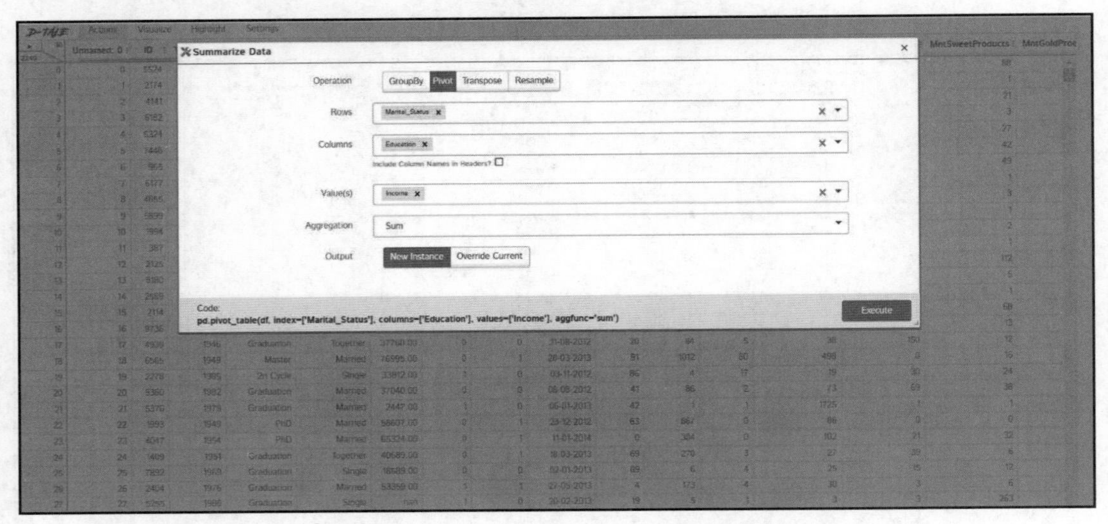

图 10.16　Summarize Data（汇总数据）参数窗口

Summarize Data（汇总数据）的结果如图 10.17 所示。

	Marital_Status	2n Cycle	Basic	Graduation	Master	PhD
0	Absurd	nan	nan	79244.00	65487.00	nan
1	Alone	nan	nan	34176.00	61331.00	35860.00
2	Divorced	1136088.00	9548.00	6488599.00	1862282.00	2761024.00
3	Married	3696088.00	439210.00	21793311.00	7353472.00	11046226.00
4	Single	1932262.00	328296.00	12625257.00	4014792.00	5118203.00
5	Together	2505239.00	297361.00	15891167.00	5315119.00	6500805.00
6	Widow	256961.00	22123.00	1924183.00	642417.00	1446914.00
7	YOLO	nan	nan	nan	nan	96864.00

图 10.17　汇总数据集

（7）使用 Visualize（可视化）选项卡下的 Describe（描述）选项描述数据集，如图 10.18 所示。

（8）使用 Visualize（可视化）选项卡下的 Charts（图表）选项绘制直方图，如图 10.19 所示。

现在我们已经使用 D-Tale 执行了自动化探索性数据分析。

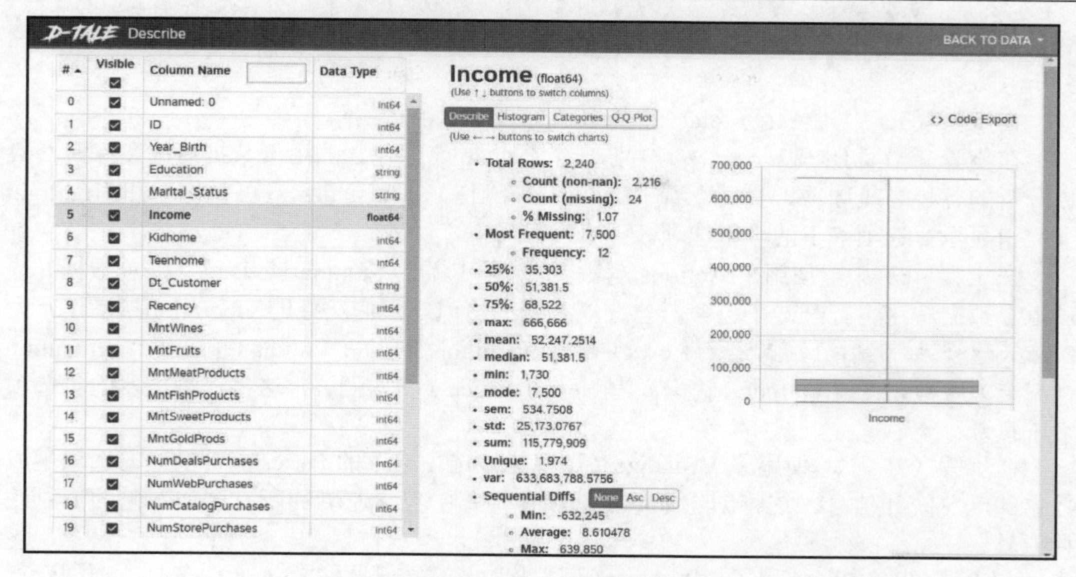

图 10.18　Describe（描述）页面

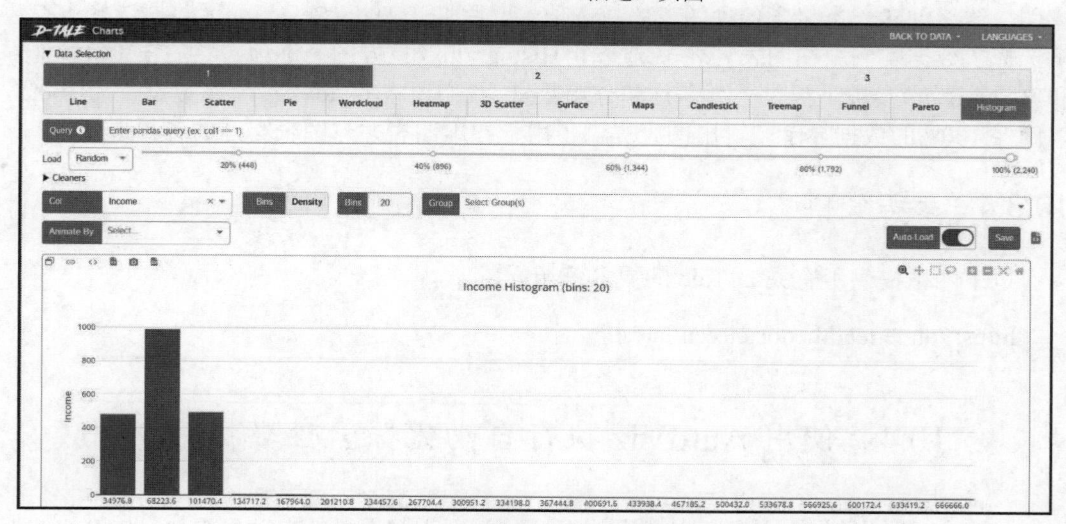

图 10.19　Charts（图表）页面中的直方图

10.3.3　原理解释

本秘笈需要使用 pandas 和 dtale 库。

在步骤（1）中，导入了相关的库。

在步骤（2）中，使用了 read_csv 方法加载 Customer Personality Analysis（客户个性分析）数据。

在步骤（3）中，使用了 dtale 中的 show 方法来显示数据。

在步骤（4）和步骤（5）中，分别查看了 dtale 库中包含的用于数据清洗和探索性数据分析的各种导航选项。我们查看了 Actions（操作）、Visualize（可视化）和 Highlight（突出显示）选项卡下的可用选项。

在步骤（6）中，使用了 Actions（操作）选项卡下的 Summarize Data（汇总数据）选项汇总数据。这将打开一个包含汇总选项参数的窗口。我们选择的 Operation（操作）为 Pivot（透视），然后分别指定了 Rows（行）、Columns（列）、Values（值）和 Aggregation（聚合）参数，设置 Output（输出）为 New Instance（新实例），这将在浏览器的新选项卡中打开。

在步骤（7）中，使用了 Visualize（可视化）选项卡下的 Describe（描述）选项生成数据的汇总统计信息。这将创建一个新选项卡，其中包含左侧的所有列和右侧的汇总统计信息。

在步骤（8）中，使用了 Visualize（可视化）选项卡下的 Charts（图表）选项创建直方图。这将创建一个包含各种图表的新选项卡。我们在 Data Selection（数据选择）参数下选择了数据实例。在图表列表下选择了 Histogram（直方图）选项，然后在 Col（列）和 Bins（分箱）参数下提供了列名称和分箱数量。我们还将 Load（载入）参数设置为 100%，以确保 100%的数据显示。输出图表提供了用于导出图表并与图表交互的各种选项。

10.3.4 参考资料

以下网址提供了有关 D-Tale 的更多资源：

https://dtale.readthedocs.io/en/latest/

10.4 使用 AutoViz 执行自动化探索性数据分析

AutoViz 是一个自动化探索性数据分析库，可用于数据集的自动可视化。与以前的库不同，它构建在 matplotlib 库之上。它提供了广泛的视觉效果来汇总和分析数据集，以提供快速的见解。该库将完成大部分繁重的工作，并且仅需要很少的用户输入。

AutoViz 生成的报告通常包括以下内容。

- Data cleaning suggestions（数据清洗建议）：提供对缺失值、唯一值和异常值的见解。还提供了有关如何处理异常值、不相关列、稀有类别、包含常量值的列等的建议。这对于数据清洗很有用。

- Univariate analysis（单变量分析）：使用直方图、密度图和小提琴图来深入了解数据的分布、异常值等。
- Bivariate analysis（双变量分析）：使用散点图、热图和配对图来深入了解数据集中两个变量之间的关系。
- Correlation analysis（相关性分析）：计算数据集中变量之间的相关性，并使用热图将其可视化以显示相关强度和方向。

本秘笈将探索如何使用 autoviz 库中的 AutoViz_Class 类执行自动化探索性数据分析。

10.4.1 准备工作

本秘笈将使用来自 Kaggle 网站的 Customer Personality Analysis（客户个性分析）数据。你也可以从本书配套 GitHub 存储库中找到所有文件。

10.4.2 实战操作

要执行自动化探索性数据分析，可以使用 pandas 和 autoviz 等库。请按以下步骤操作。

（1）导入相关库：

```
import pandas as pd
from autoviz.AutoViz_Class import AutoViz_Class
Imported v0.1.601. After importing, execute '%matplotlib inline'
to display charts in Jupyter.
    AV = AutoViz_Class()
    dfte = AV.AutoViz(filename, sep=',', depVar='', dfte=None,
header=0, verbose=1, lowess=False,
        chart_format='svg',max_rows_analyzed=150000,max_
cols_analyzed=30, save_plot_dir=None)
Update: verbose=0 displays charts in your local Jupyter notebook.
        verbose=1 additionally provides EDA data cleaning
suggestions. It also displays charts.
        verbose=2 does not display charts but saves them in
AutoViz_Plots folder in local machine.
        chart_format='bokeh' displays charts in your local
Jupyter notebook.
        chart_format='server' displays charts in your browser:
one tab for each chart type
        chart_format='html' silently saves interactive HTML
files in your local machine
```

（2）使用 read_csv 将.csv 文件加载到 DataFrame 中：

```
marketing_data = pd.read_csv("data/marketing_campaign.csv")
```

（3）执行以下代码以在 Jupyter Notebook 中显示图表。inline 命令将确保图表显示在 Jupyter Notebook 中：

```
%matplotlib inline
```

（4）使用 autoviz 中的 AutoViz_Class 类创建自动化探索性数据分析报告：

```
viz = AutoViz_Class()
df = viz.AutoViz(filename = '',dfte= marketing_data, verbose =1)
```

这会产生如图 10.20 所示的输出。

```
Shape of your Data Set loaded: (2240, 30)
############################################################################
######################## C L A S S I F Y I N G   V A R I A B L E S ##################
############################################################################
Classifying variables in data set...
Data cleaning improvement suggestions. Complete them before proceeding to ML modeling.
```

	Nullpercent	NuniquePercent	dtype	Nuniques	Nulls	Least num. of categories	Data cleaning improvement suggestions
Income	1.071429	88.125000	float64	1974	24	0	fill missing values, highly right skewed distribution: drop outliers or do box-cox transform
Unnamed: 0	0.000000	100.000000	int64	2240	0	0	possible ID column: drop
NumDealsPurchases	0.000000	0.669643	int64	15	0	0	
Z_Revenue	0.000000	0.044643	int64	1	0	0	invariant values: drop
Z_CostContact	0.000000	0.044643	int64	1	0	0	invariant values: drop
Complain	0.000000	0.089286	int64	2	0	0	
AcceptedCmp2	0.000000	0.089286	int64	2	0	0	
AcceptedCmp1	0.000000	0.089286	int64	2	0	0	
AcceptedCmp5	0.000000	0.089286	int64	2	0	0	
AcceptedCmp4	0.000000	0.089286	int64	2	0	0	
AcceptedCmp3	0.000000	0.089286	int64	2	0	0	
NumWebVisitsMonth	0.000000	0.714286	int64	16	0	0	
NumStorePurchases	0.000000	0.625000	int64	14	0	0	
NumCatalogPurchases	0.000000	0.625000	int64	14	0	0	
NumWebPurchases	0.000000	0.669643	int64	15	0	0	
MntGoldProds	0.000000	9.508929	int64	213	0	0	
ID	0.000000	100.000000	int64	2240	0	0	possible ID column: drop
MntSweetProducts	0.000000	7.901786	int64	177	0	0	
MntFishProducts	0.000000	8.125000	int64	182	0	0	
MntMeatProducts	0.000000	24.910714	int64	558	0	0	
MntFruits	0.000000	7.053571	int64	158	0	0	
MntWines	0.000000	34.642857	int64	776	0	0	
Recency	0.000000	4.464286	int64	100	0	0	

图 10.20　数据清洗建议

图 10.21 显示了单变量分析图表的示例。

图 10.22 显示了双变量分析图表的示例。

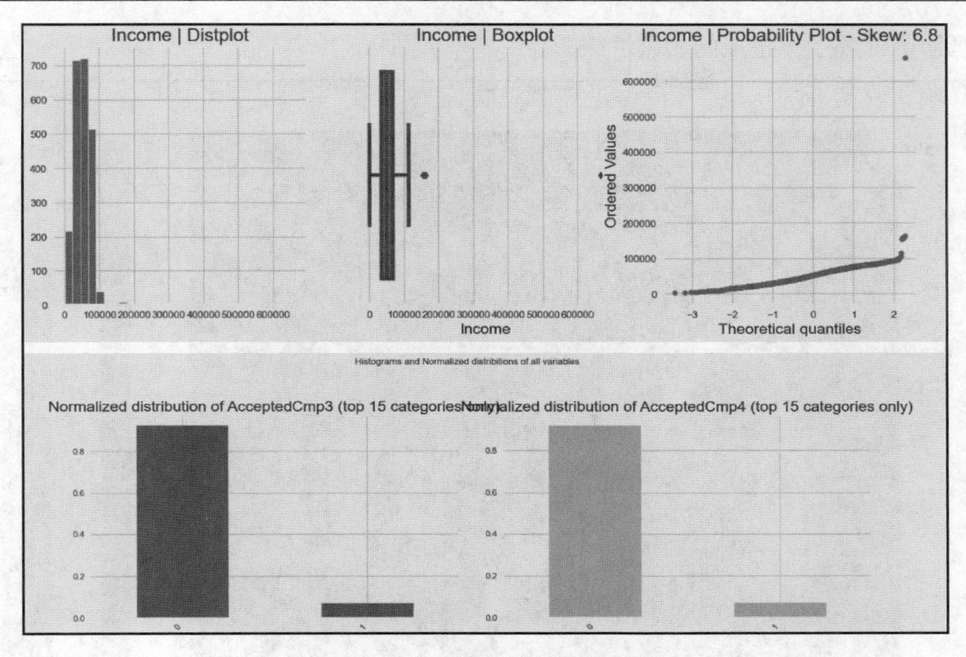

图 10.21　单变量分析（图表示例）

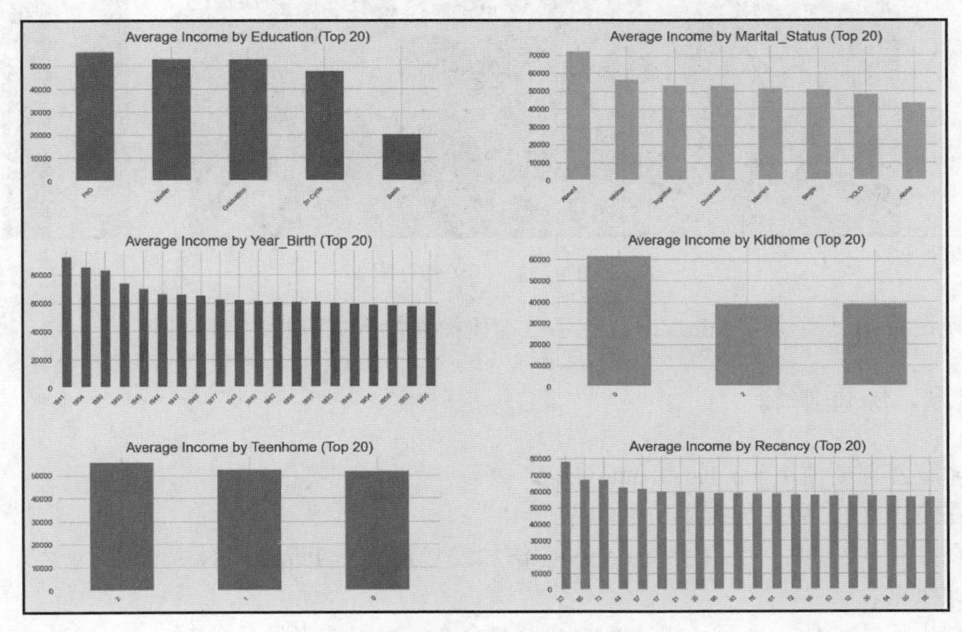

图 10.22　双变量分析（图表示例）

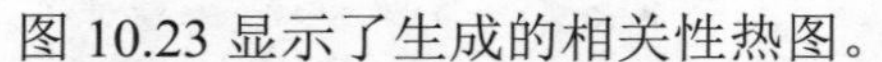
图 10.23 显示了生成的相关性热图。

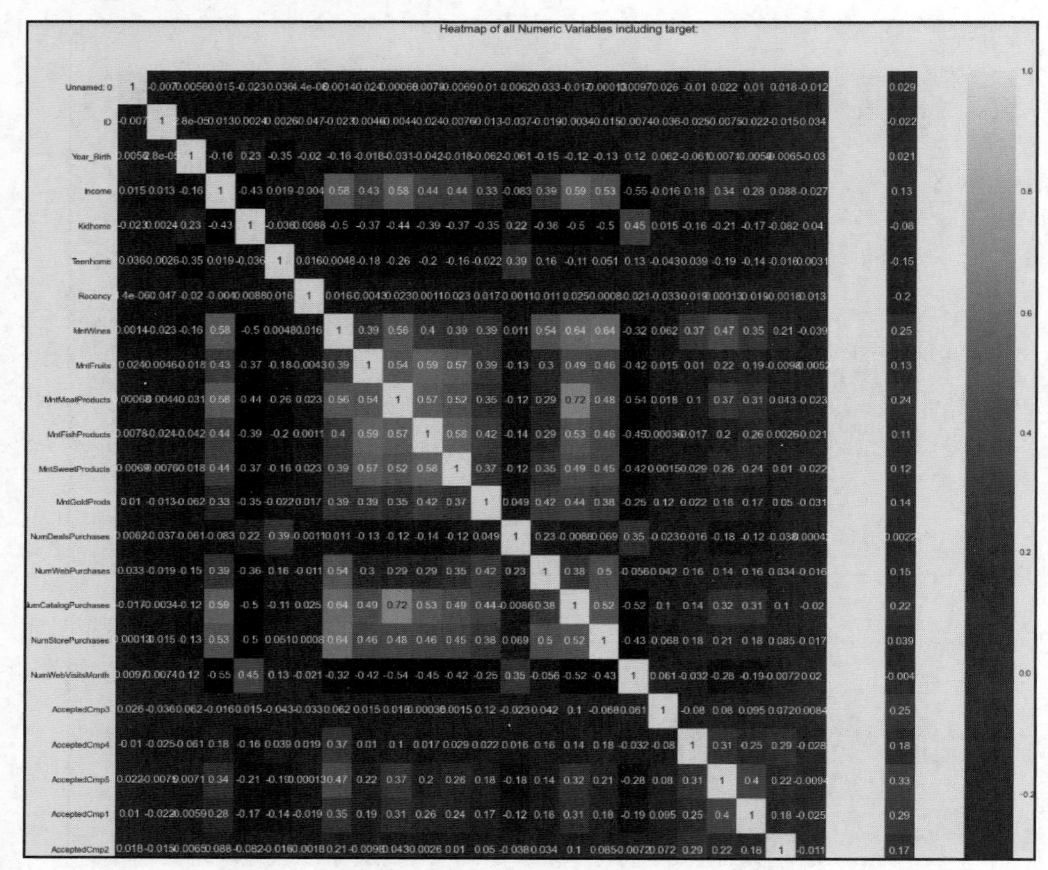

图 10.23　相关性分析

现在我们已经使用 AutoViz 执行了自动化探索性数据分析。

10.4.3　原理解释

本秘笈需要使用 pandas 和 autoviz 库。

在步骤（1）中，导入了所需的库。

在步骤（2）中，使用了 read_csv 方法加载 Customer Personality Analysis（客户个性分析）数据。

在步骤（3）中，执行了 matplotlib inline 命令以确保图表显示在 Jupyter Notebook 中。

在步骤（4）中，使用了 AutoViz_Class 生成自动化探索性数据分析报告。我们为 filename 参数提供一个空字符串，因为本示例并不直接加载.csv 文件。我们将 DataFrame 变量提供给 dfte 参数，因为 DataFrame 是数据源。最后，为 verbose 参数提供值 1，以确保报告包含所有图表和更多信息。

AutoViz 的输出提供了有关处理缺失值、偏态数据、异常值和不相关列的数据清洗建议。还包含用于单变量分析的条形图、箱线图和直方图，以及相关性分析、散点图和条形图等用于双变量分析的内容。

10.4.4　参考资料

以下网址提供了有关 AutoViz 的更多资源：

https://github.com/AutoViML/AutoViz

10.5　使用 Sweetviz 执行自动化探索性数据分析

Sweetviz 是另一个自动化探索性数据分析库，可自动化生成数据集的可视化效果。它可以提供对数据集的深入分析，也可以用于比较数据集。Sweetviz 在 HTML 报告中提供统计摘要和可视化，这和 pandas profiling 库是一样的。与同类产品类似，它也可以加快探索性数据分析流程，并且只需要很少的用户输入。

Sweetviz 报告通常包含以下元素。

- Overview（概述）：提供数据集的摘要。包括观测值数量、缺失值、汇总统计数据（平均值、中值、最大值和最小值）、数据类型等。
- Associations（关联）：生成一个热图，对变量（分类变量和数值变量）之间的相关性进行可视化。热图可提供对相关强度和方向的深入了解。
- Target analysis（目标分析）：一旦我们将目标变量指定为 sweetviz 报告方法中的参数，即可深入了解目标变量如何受到其他变量的影响。
- Comparative analysis（比较分析）：提供了并排比较两个数据集的功能。它生成可视化和统计摘要来识别它们之间的差异。当我们需要比较训练数据和测试数据时，这对于机器学习非常有用。

本秘笈将探索如何使用 Sweetviz 库中的 analyze 和 compare 方法执行自动化探索性数据分析。

10.5.1　准备工作

本秘笈将使用来自 Kaggle 网站的 Customer Personality Analysis（客户个性分析）数据。你也可以从本书配套 GitHub 存储库中找到所有文件。

10.5.2　实战操作

要使用 pandas 和 sweetviz 库来发现多变量异常值，请按以下步骤操作。

（1）导入 pandas 和 sweetviz 库：

```
import pandas as pd
import sweetviz
```

（2）使用 read_csv 将.csv 文件加载到 DataFrame 中：

```
marketing_data = pd.read_csv("data/marketing_campaign.csv")
```

（3）使用 sweetviz 库中的 analyze 方法创建自动化探索性数据分析报告。使用 show_html 方法将报告导出到 HTML 文件：

```
viz_report = sweetviz.analyze(marketing_data, target_feat = 'Response')
viz_report.show_html('Reports/sweetviz_report.html')
```

这会产生如图 10.24 所示的输出。

```
Done! Use 'show' commands to display/save.  [100%] 00:02 -> (00:00 left)

Report Reports/sweetviz_report.html was generated! NOTEBOOK/COLAB USERS: the web browser MAY not pop up, regardless, the report
IS saved in your notebook/colab files.
```

图 10.24　Sweetviz 进度条

（4）在新的浏览器窗口中查看生成的报告，如图 10.25 所示。

单击 ASSOCIATIONS（关联）按钮可生成如图 10.26 所示的内容。

（5）使用 sweetviz 库中的 compare 方法创建自动化探索性数据分析报告来比较数据集。使用 show_html 方法将报告导出到 HTML 文件：

```
marketing_data1 = sweetviz.compare(marketing_data[1220:],
marketing_data[:1120])
marketing_data1.show_html('Reports/sweetviz_compare.html')
```

这会产生如图 10.27 所示的输出。

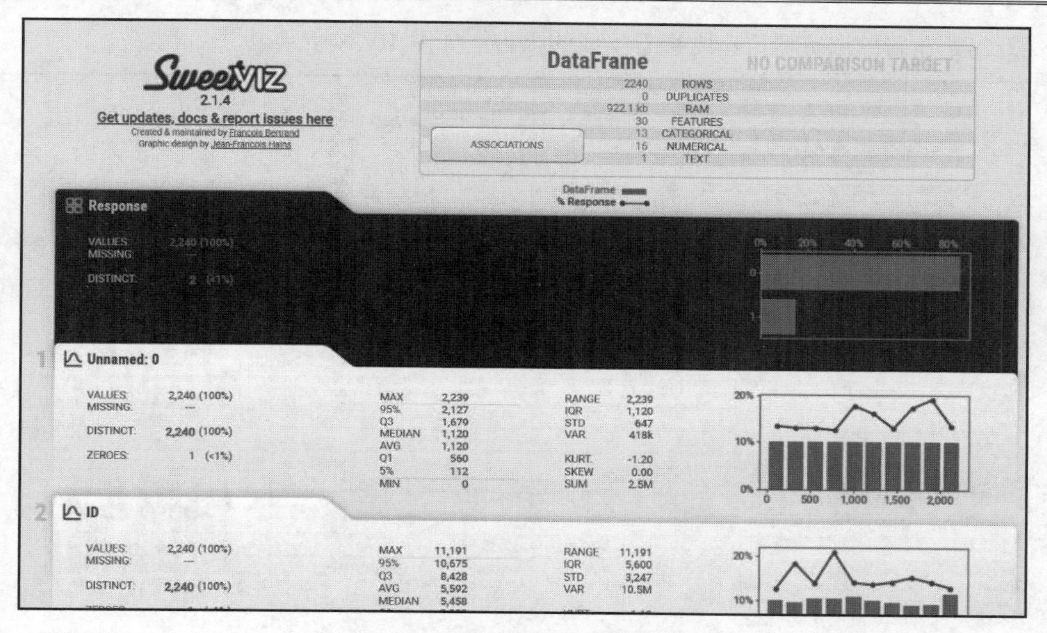

图 10.25　Sweetviz 概述和目标分析

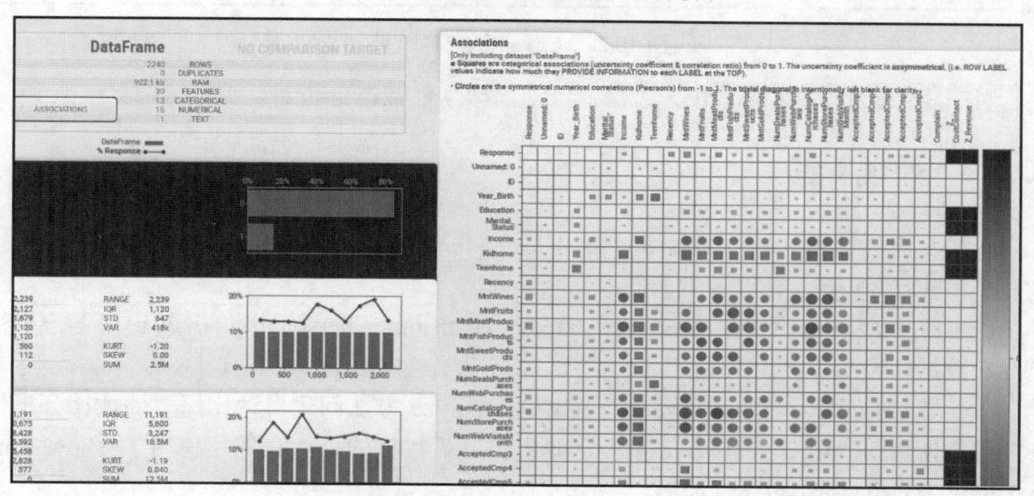

图 10.26　Sweetviz 关联结果

```
Done! Use 'show' commands to display/save.  [100%] 00:04 -> (00:00 left)

Report Reports/sweetviz_compare.html was generated! NOTEBOOK/COLAB USERS: the web browser MAY not pop up, regardless, the repor
t IS saved in your notebook/colab files.
```

图 10.27　Sweetviz 进度条

（6）在新的浏览器窗口中查看生成的报告，如图 10.28 所示。

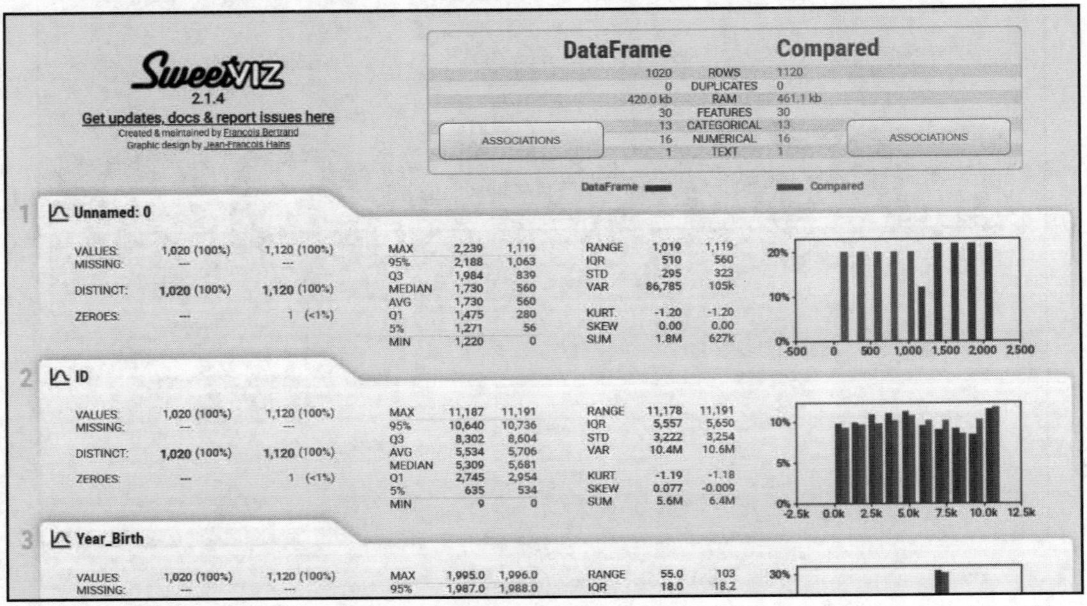

图 10.28　Sweetviz 关联结果

现在我们已经使用 Sweetviz 进行了自动化探索性数据分析。

10.5.3　原理解释

本秘笈需要使用 pandas 和 sweetviz 库。

在步骤（1）中，导入了所需的库。

在步骤（2）中，使用了 read_csv 方法加载 Customer Personality Analysis（客户个性分析）数据。

在步骤（3）中，使用了 sweetviz 库中的 analyze 方法创建自动化探索性数据分析报告。我们使用了 target_feat 参数来指定要用作分析目标的列。我们还使用了 show_html 方法提供 HTML 格式的报告输出。

在步骤（4）中，查看了输出的报告。在该报告中，首先可以看到 DataFrame 的汇总统计数据，然后可以看到每个变量的汇总统计数据以及每个变量相对于目标变量的分析。单击顶部的 ASSOCIATIONS（关联）按钮，会在右侧生成关联图，显示分类和数值变量之间的关系。正方形表示分类关联，即不确定性系数（uncertainty coefficient）和相关比率（correlation ratio），其值在 0 和 1 之间；而圆圈则表示数值相关性，即皮尔逊相关系数（Pearson correlation coefficient），其值在-1 和 1 之间。

在步骤（5）和（6）中，创建了另一个自动化报告来比较数据集的子集。我们使用了 compare 方法来比较数据集的子集。报告的输出显示了两个数据集所有变量之间的比较。

10.5.4　参考资料

以下网址提供了有关 Sweetviz 库的更多资源：

https://pypi.org/project/sweetviz/

10.6　使用自定义函数实现自动化探索性数据分析

在执行自动化探索性数据分析时，我们可能需要在可视化选项和分析技术方面具有更大的灵活性。在这种情况下，自定义函数可能比本章前面的秘笈中讨论的库更好，因为库在提供灵活性方面可能受到限制。

我们可以使用自己偏爱的可视化选项和分析技术编写自定义函数，并将它们保存为 Python 模块。该模块确保我们的代码是可重用的，这意味着我们可以轻松地将探索性数据分析任务进行自动化，而无须编写很多代码。这给了我们很大的灵活性，特别是该模块还可以根据偏好不断改进。大多数繁重的工作仅在我们最初编写自定义函数时发生。一旦自定义函数被保存到模块中，则只需要在单行代码中调用这些函数即可轻松重用它们。

本秘笈将探讨如何编写自定义函数来实现自动化探索性数据分析。我们将使用 matplotlib、seaborn、IPython、itertools 和 pandas 库实现。

10.6.1　准备工作

本秘笈将使用来自 Kaggle 网站的 Customer Personality Analysis（客户个性分析）数据。你也可以从本书配套 GitHub 存储库中找到所有文件。

10.6.2　实战操作

本秘笈将学习如何使用自定义函数实现自动化探索性数据分析。我们将使用 pandas、matplotlib、seaborn、IPython、itertools 等库。

（1）导入相关库：

```
import pandas as pd
import matplotlib.pyplot as plt
import seaborn as sns
from IPython.display import HTML
from itertools import combinations, product
```

（2）使用 read_csv 将.csv 文件加载到 DataFrame 中：

```
marketing_data = pd.read_csv("data/marketing_campaign.csv")
```

（3）创建一个自定义汇总统计函数，并排显示分类变量和数值变量的汇总统计数据。具体代码示例如下：

```
def dataframe_side_by_side(*dataframes):
    html = '<div style="display:flex">'
    for dataframe in dataframes:
        html += '<div style="margin-right: 2em">'
        html += dataframe.to_html()
        html += '</div>'
    html += '</div>'
    display(HTML(html))

def summary_stats_analyzer(data):
    df1 = data.describe(include='object')
    df2 = data.describe()
    return dataframe_side_by_side(df1,df2)
```

（4）使用自定义函数生成汇总统计数据：

```
summary_stats_analyzer(marketing_data)
```

这会产生如图 10.29 所示的结果。

	Education	Marital_Status	Dt_Customer
count	2240	2240	2240
unique	5	8	663
top	Graduation	Married	31-08-2012
freq	1127	864	12

	Unnamed: 0	ID	Year_Birth	Income	Kidhome	Teenhome	Recency	
count	2240.000000	2240.000000	2240.000000	2216.000000	2240.000000	2240.000000	2240.000000	22
mean	1119.500000	5592.159821	1968.805804	52247.251354	0.444196	0.506250	49.109375	3
std	646.776623	3246.662198	11.984069	25173.076661	0.538398	0.544538	28.962453	3
min	0.000000	0.000000	1893.000000	1730.000000	0.000000	0.000000	0.000000	
25%	559.750000	2828.250000	1959.000000	35303.000000	0.000000	0.000000	24.000000	
50%	1119.500000	5458.500000	1970.000000	51381.500000	0.000000	0.000000	49.000000	1
75%	1679.250000	8427.750000	1977.000000	68522.000000	1.000000	1.000000	74.000000	5
max	2239.000000	11191.000000	1996.000000	666666.000000	2.000000	2.000000	99.000000	14

图 10.29　汇总统计数据

（5）识别数据中的数值和分类数据类型。在给定各种图表选项的情况下，这也是单变量分析的要求。

```
categorical_cols = marketing_data.select_dtypes(include =
'object').columns
categorical_cols[:4]
Index(['Education', 'Marital_Status', 'Dt_Customer'], dtype='object')

discrete_cols = [col for col in marketing_data.select_
dtypes(include = 'number') if marketing_data[col].nunique() < 15]
discrete_cols[:4]
['Kidhome', 'Teenhome', 'NumCatalogPurchases', 'NumStorePurchases']

numerical_cols = [col for col in marketing_data.select_
dtypes(include = 'number').columns if col not in discrete_cols]
numerical_cols[:4]
['Unnamed: 0', 'ID', 'Year_Birth', 'Income']
```

（6）创建用于执行单变量分析的自定义函数：

```
def univariate_analyzer (data,subset):
categorical_cols = data.select_dtypes(include = 'object').
columns
    discrete_cols = [col for col in marketing_data.select_
dtypes(include = 'number') if marketing_data[col].nunique() < 15]
    numerical_cols = [col for col in marketing_data.select_
dtypes(include = 'number').columns if col not in discrete_cols]
    all_cols = data.columns

    plots = []
    if subset == 'cat':
        print("categorical variables: ", categorical_cols)
        for i in categorical_cols:
            plt.figure()
            chart = sns.countplot(data = data, x= data[i])
            plots.append(chart)
    ... ... ... ... ...
    else:
        for i in all_cols:
            if i in categorical_cols:
                plt.figure()
                chart = sns.countplot(data = data, x= data[i])
                plots.append(chart)
```

```
... ... ... ... ...

        else:
            pass

for plot in plots:
    print(plot)
```

（7）使用自定义代码执行单变量分析：

```
univariate_analyzer(marketing_data,'all')
```

这会产生多个图表，图 10.30 显示了其中的两个图表。

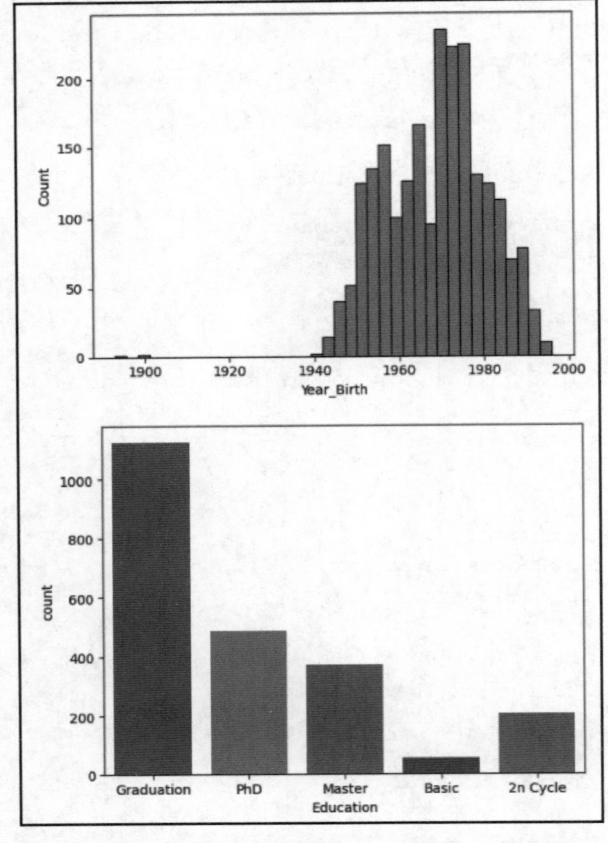

图 10.30　自定义探索性数据分析函数单变量分析（图表示例）

（8）创建原始数据的子集以避免创建太多的双变量分析图表：

```
marketing_sample = marketing_data[['Education', 'Marital_Status',
'Income', 'Kidhome', 'MntWines',
                                    'MntMeatProducts',
'NumWebPurchases', 'NumWebVisitsMonth','Response']]
```

（9）识别子集数据中的数值和分类数据类型。在给定各种图表选项的情况下，这也是双变量分析的要求。

```
categorical_cols_ = marketing_sample.select_dtypes(include =
'object').columns
discrete_cols_ = [col for col in marketing_sample.select_
dtypes(include = 'number') if marketing_sample[col].nunique() < 15]
numerical_cols_ = [col for col in marketing_sample.select_
dtypes(include = 'number').columns if col not in discrete_cols_]
```

（10）为所有列数据类型（例如数值-分类、数值-数值等）创建值对：

```
num_cat = [(i,j) for i in numerical_cols_ for j in categorical_cols_]
num_cat[:4]
[   ('Income', 'Education'),
    ('Income', 'Marital_Status'),
    ('MntWines', 'Education'),
    ('MntWines', 'Marital_Status')]

cat_cat = [t for t in combinations(categorical_cols_, 2)]
cat_cat[:4]
[('Education', 'Marital_Status')]

num_num = [t for t in combinations(numerical_cols_, 2)]
num_num[:4]
[   ('Income', 'MntWines'),
    ('Income', 'MntMeatProducts'),
    ('Income', 'NumWebPurchases'),
    ('Income', 'NumWebVisitsMonth')]

dis_num = [(i,j) for i in discrete_cols_ for j in numerical_
cols_ if i != j]
dis_num[:4]
[   ('Kidhome', 'Income'),
    ('Kidhome', 'MntWines'),
    ('Kidhome', 'MntMeatProducts'),
    ('Kidhome', 'NumWebPurchases')]

dis_cat = [(i,j) for i in discrete_cols_ for j in categorical_
```

```
cols_ if i != j]
dis_cat[:4]
[   ('Kidhome', 'Education'),
    ('Kidhome', 'Marital_Status'),
    ('Response', 'Education'),
    ('Response', 'Marital_Status')]
```

（11）创建原始数据的子集以避免创建太多双变量分析图表：

```
def bivariate_analyzer (data):
    categorical_cols_ = marketing_sample.select_dtypes(include =
'object').columns
    discrete_cols_ = [col for col in marketing_sample.select_
dtypes(include = 'number') if marketing_sample[col].nunique() < 15]
    numerical_cols_ = [col for col in marketing_sample.select_
dtypes(include = 'number').columns if col not in discrete_cols]

    num_num = [t for t in combinations(numerical_cols_, 2)]
    cat_cat = [t for t in combinations(categorical_cols_, 2)]
    num_cat = [(i,j) for i in numerical_cols_ for j in
categorical_cols_ ]
    dis_num = [(i,j) for i in discrete_cols_ for j in numerical_
cols_ if i != j]
    dis_cat = [(i,j) for i in discrete_cols_ for j in
categorical_cols_ if i != j]

    plots = []
    for i in num_num:
        plt.figure()
        chart = sns.scatterplot(data = data, x= data[i[0]], y=
data[i[1]])
        plots.append(chart)
    for i in num_cat:
        plt.figure()
        chart = sns.boxplot(data = data, x= data[i[1]], y=
data[i[0]] )
        plots.append(chart)
        ... ... ... ... ...

    else:
        pass

    for plot in plots:
```

```
        print(plot)
```

（12）对数据子集执行双变量分析：

```
bivariate_analyzer(marketing_sample)
```

这会产生多个图表，图 10.31 显示了其中的两个图表。

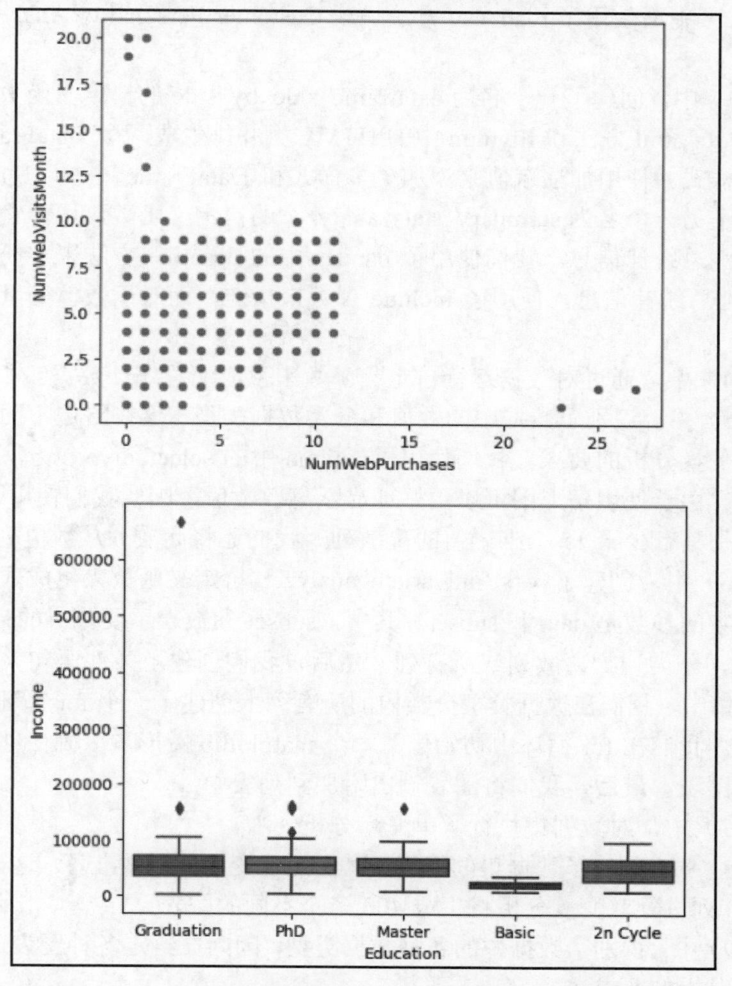

图 10.31　自定义探索性数据分析函数双变量分析（图表示例）

现在我们已经使用自定义函数执行了自动化探索性数据分析。

10.6.3 原理解释

本秘笈需要使用 matplotlib、seaborn、IPython、itertools 和 pandas 库。

在步骤（1）中，导入了所需的库。

在步骤（2）中，使用了 read_csv 方法加载 Customer Personality Analysis（客户个性分析）数据。

在步骤（3）中，创建了一个名为 dataframe_side_by_side 的自定义函数，该函数使用了 pandas 中的 to_html 方法和 IPython 中的 HTML 类并排生成两个 DataFrame。在该函数中，我们定义样式并使用加法赋值来添加更多样式和 DataFrame，提供 HTML 输出。然后，我们创建了另一个名为 summary_stats_analyzer 的自定义函数，用于输出 object 和数值数据类型的汇总统计信息。我们使用了 pandas 中的 describe 方法来实现这一点。对于 object 变量的汇总统计信息，使用了 include 参数来指定，而对于数值变量，则使用了默认参数。

在步骤（4）中，通过对数据运行自定义函数来生成汇总统计数据。

在步骤（5）中，识别了数据中的数值和分类数据类型。这在给定不同图表选项的情况下，也是单变量分析的要求。我们使用了 unique 中的 select_dtypes 方法来识别数值或对象数据类型。由于使用条形图可以更好地显示离散数值，因此我们使用了 pandas 中的 unique 方法识别具有少于 15 个唯一值的离散列。我们还将离散列从数值列中排除。

在步骤（6）中，创建了一个 univariate_analyzer 自定义函数来生成数据的单变量分析图表。该函数的参数是 data 和 subset。其中，subset 参数表示要分析的列的数据类型，可以是数值列、分类列、离散列或所有列。然后，我们创建了条件语句来处理各种子集值。在每个条件中，我们在数据类型分类内的所有列上创建了一个 for 循环，并绘制该分类的相关图表。我们在 for 循环中初始化了一个 matplotlib 图形，以确保创建多个图表，而不只是一个图表。最后，我们将图表输出附加到列表中。

在步骤（7）中，对数据集执行了单变量分析。

在步骤（8）中，创建了数据集的子集，以便为双变量分析做准备。这一点至关重要，因为对全部 30 列进行双变量分析将生成 400 多个不同的图表。

在步骤（9）中，识别了数据中的各种数据类型，因为在给定各种图表选项的情况下，这也是双变量分析的要求。

在步骤（10）中，为各种数据类型组合创建了值对。这些组合包括数值-分类、数值-数值、分类-分类、离散-分类和离散-数值。对于涉及不同数据类型的组合，我们使用了列表推导式来循环遍历两个类别并在元组中提供列对。对于涉及同一类别的组合，则使用了 itertools 库中的 combinations 函数来防止重复。例如，('Income', 'MntWines')在技术上与('MntWines', 'Income')是一样的。

在步骤（11）中，创建了一个 bivariate_analyzer 自定义函数来生成数据的双变量分析图表。该函数将 data 作为唯一参数。我们创建了条件语句来处理各种数据类型组合。在每个条件中，我们在每个数据类型组合内的所有列对（column pair）上创建了一个 for 循环，并为该组合绘制相关图表，然后将图表输出附加到列表中。

在步骤（12）中，对数据集执行了双变量分析。

10.6.4　扩展知识

我们可以从自定义函数中创建一个可重用的模块。具体实现方法是：在新的 .py 文件中创建所有函数，然后将该文件保存为 automatic_EDA_analyzer.py。保存完成后，可使用以下命令调用该模块：

```
import automated_EDA_analyzer as eda
```

可以使用点符号调用每个自定义函数。示例如下：

```
eda.bivariate_analyzer(data)
```

为了使上述代码正常工作，必须确保 automatic_EDA_analyzer.py 文件存储在工作目录中。本书配套 GitHub 存储库中提供了一个名为 automated_EDA_analyzer 的示例模块以及本秘笈的代码。其网址如下：

https://github.com/PacktPublishing/Exploratory-Data-Analysis-with-Python-Cookbook